Christel Weiß
Axel W. Bauer

Via medici Buchreihe
Promotion

Die Publikation dieses Buches ist mit freundlicher Unterstützung der Allianz Privaten Krankenversicherungs-AG verwirklicht worden.

Via medici

Christel Weiß
Axel W. Bauer

Promotion

Die medizinische Doktorarbeit – von der Themensuche bis zur Dissertation

2. überarbeitete Auflage

Georg Thieme Verlag
Stuttgart · New York

Frau Dr. sc. hum. Christel Weiß
Klinikum Mannheim gGmbH
Inst. f. Biomathematik
Theodor-Kutzer-Ufer
68135 Mannheim

Herr Prof. Dr. med. Axel W. Bauer
Universität Heidelberg
Inst. f. Geschichte d. Medizin
Im Neuenheimer Feld 327
69120 Heidelberg

Bibliografische Information Der Deutschen Bibliothek

Die Deutsche Bibliothek verzeichnet diese Publikation in der Deutschen Nationalbibliografie; detaillierte bibliografische Daten sind im Internet über http://dnb.ddb.de abrufbar.

Rüdigerstraße 14, D-70469 Stuttgart
Unsere Homepage:
http://www.thieme.de
Umschlaggestaltung:
Thieme Verlagsgruppe
Umschlagabbildung: Christian Schnalke

Satz: Druckhaus Götz GmbH, Ludwigsburg
Druck: Westermann Druck Zwickau GmbH

ISBN 3-13-127212-0 2 3 4 5 6

Geleitwort

Für den Medizinstudenten ist es üblich, das Studium durch eine Promotionsarbeit abzurunden. Etwa zwei Drittel der Medizinstudenten verfolgen heute dieses Ziel. Das wissenschaftliche Arbeiten auf dem Gebiet der klinischen Medizin stellt jedoch für den Studenten eine ganz besondere Herausforderung dar. So ist die Planung und Durchführung eines Projekts ebenso wie das Verfassen einer zusammenhängenden Arbeit für den promotionswilligen Studenten oft sehr schwierig. Im Studium lernt er nur wenig über die Besonderheiten wissenschaftlichen Arbeitens. Umso mehr erfordert die Promotionsarbeit sehr viel Eigeninitiative des Studenten. Daher werden Doktorarbeiten oft mit großem Eifer begonnen, jedoch nach einiger Zeit, verbunden mit Frustration und Enttäuschung, wieder abgebrochen. Wer erfolgreich eine Promotion durchführen und abschließen will, sollte sich nicht überstürzt in das nächstbeste Promotionsthema stürzen, sondern sein Vorhaben mit großer Sorgfalt und gezielt planen.

Ich bin davon überzeugt, dass dieses Buch dem Bedarf des Doktoranden, seine Arbeit zu planen und durchzuführen, kompetent entspricht. Den Verfassern ist es gelungen, durch eine klar strukturierte Gliederung des Themas alle wesentlichen Aspekte der medizinischen Promotion zu beleuchten. So geben sie dem Studenten eine klare Hilfestellung an die Hand, um den begehrten Titel „Dr. med." zu erlangen. Dieses Buch trägt dazu bei, das wissenschaftliche Arbeiten zu einer interessanten Abwechslung und Herausforderung des Studienalltags werden zu lassen.

Glückwunsch an die Verfasser und viel Erfolg denen, die ihre Dissertationsarbeit damit vorbereiten.

Prof. Dr. K. Hörmann
Prodekan der Fakultät für Klinische Medizin Mannheim
der Universität Heidelberg

Mannheim, im Februar 2004

Vorwort zur ersten Auflage

Dieses Buch ist kein medizinisches oder wissenschaftstheoretisches Lehrbuch, das spezielles Fachwissen vermittelt. Es ist auch keine Anleitung, die Sie zu einem perfekten Autor wissenschaftlicher Texte macht. Es soll Ihnen vielmehr mit konkreten Hinweisen und praktischen Tipps beim Erstellen Ihrer Dissertation behilflich sein und dazu beitragen, dass Ihnen diese Arbeit Spaß macht und in angemessener Zeit erfolgreich abgeschlossen werden kann.

Die Basis für dieses Buch bilden die Erfahrungen, die wir während unserer Tätigkeit am Klinikum Mannheim gesammelt haben. Wir haben zahlreiche Studenten in Medizinischer Statistik bzw. in Geschichte, Theorie und Ethik der Medizin unterrichtet und vielen von ihnen beim Erstellen ihrer Doktorarbeit geholfen, nicht zuletzt im Rahmen eines seit 1996 gemeinsam abgehaltenen Proseminars mit dem Titel *Die medizinische Promotion: Themensuche, Arbeitsplanung, Textgestaltung*, das uns die Anregung zu diesem Buch gab.

In der Regel beginnt ein Student seine Dissertation mit sehr viel Enthusiasmus und merkt dann irgendwann, dass er (oder sie)* alleine nicht mehr weiterkommt. Es gibt hierfür einige typische Situationen: Der Doktorand verfügt über eine Fülle unterschiedlichster Daten und weiß nicht, wie er sie analysieren soll. Er findet sich in der Literatur nicht zurecht, weil diese unübersehbar scheint. Er ist bei einer klinischen Studie auf die Beobachtung von Patienten angewiesen, wird aber über wichtige Untersuchungen nicht informiert. Er müsste Laborwerte messen und hat dazu keine Möglichkeit. Messgeräte funktionieren nicht oder sind nicht vorhanden. Kompetentes Personal ist nicht verfügbar oder nicht hilfsbereit. Der Statistiker ist der Meinung, dass die Bedingungen für die Datenanalyse nicht erfüllt sind, fühlt sich für dieses Problem aber nicht zuständig. Derweil erwartet der Betreuer Ergebnisse und verweist gerne darauf, dass der Doktorand selbstständig arbeiten müsse. Schließlich merkt er beim Schreiben, dass sich dies bei weitem schwieriger gestaltet, als er sich das ursprünglich vorgestellt hat.

Oft hat der Doktorand neben der Dissertation noch andere zeitraubende Verpflichtungen – sei es aufgrund des Studiums, des Berufs oder der familiären Situation. Meist (aber keineswegs immer!) wird die Arbeit irgendwie beendet – der Doktorand und der Betreuer sind dann zwar erleichtert; ihre Erwartungen sind jedoch keineswegs immer erfüllt.

Es ist das Ziel dieses Buches, Ihnen über solche Stolpersteine hinwegzuhelfen. Die Lektüre sei auch Ihren Betreuern empfohlen! Schließlich profitieren alle Beteiligten davon, wenn eine Dissertation erfolgreich abgeschlossen, eventuell sogar veröffentlicht wird und die medizinische Wissenschaft ein wenig voran bringt.

Zahlreiche Doktoranden des Klinikums Mannheim haben zum Gelingen dieses Buches beigetragen, indem sie uns ihre vielfältigen Erfahrungen – positiver und negativer Art – zukommen ließen. Dozenten aus diversen Fachbereichen schilderten die Dinge aus ihrer Sicht. Ihnen allen sei ganz herzlich gedankt! Wir waren somit in der Lage, die Problematik aus unterschiedlichen Positionen zu betrachten und zu bewerten.

Besonders hilfreich sind in diesem Zusammenhang die Erlebnisse jener Studenten, die eine Doktorarbeit begonnen hatten und nach langer Zeit zu der bitteren Erkenntnis gelangten, dass die ganze Mühe niemals zum erhofften Ziel führen würde. Es möge ihnen ein kleiner Trost sein, dass ihre leidvollen Erfahrungen sich im Nachhinein doch noch als nützlich erweisen (wenn auch auf ganz andere Weise, als sie ehemals gedacht hatten) und hoffentlich dazu beitragen, Kommilitonen vor ähnlichen Enttäuschungen zu bewahren.

Mannheim, im Februar 2001

Christel Weiß
Axel W. Bauer

* Übrigens: Bezeichnungen wie „Doktorand", „Betreuer" oder „Arzt" werden in diesem Buch geschlechtsneutral verwendet. In jedem Fall kann damit eine Dame oder ein Herr gemeint sein. Das ausdrückliche Formulieren jeweils beider Bezeichnungen (etwa ***der Doktorand*** und ***die Doktorandin***) ist in der deutschen Sprache unschön, in anderen Sprachen unüblich und wird daher in diesem Buch nicht verwendet.

Vorwort zur zweiten Auflage

Wir freuen uns, dass unser Buch nun in der zweiten Auflage erscheint.

Die Resonanzen zur ersten Auflage haben gezeigt, dass dieses Buch nicht nur Doktoranden anspricht, sondern darüber hinaus auch Leser findet, die ihre Promotion längst abgeschlossen haben. Es eignet sich nämlich nicht nur als Ratgeber für promotionswillige Studenten, sondern zugleich als Nachschlagewerk für Mediziner, die sich einen kompetenten Überblick über wissenschaftstheoretische Grundlagen, medizinische Studiendesigns oder statistische Analysemethoden aneignen möchten.

Wir haben uns daher bemüht, die bewährte Konzeption beizubehalten. An einigen Stellen wurde der Text ergänzt oder aktualisiert. Wir bedanken uns an dieser Stelle bei unseren Kollegen Frau Dipl.-Soz. Dipl.-Dok. (FH) Petra Riethmüller, die das Kapitel 6 überarbeitet hat, und bei dem EDV-Beauftragten der Fakultät für Klinische Medizin Mannheim, Herrn Harald Schoppmann, der uns ebenfalls mit wertvollen Hinweisen zur Seite stand. Danken möchten wir auch Frau Anja Dessauvagie, Frau Dr. Eva-Cathrin Schulz und Frau Dr. Bettina Hansen vom Thieme-Verlag für die hervorragende Zusammenarbeit.

Für Anregungen und konstruktive Kritik sind wir jederzeit dankbar.

Mannheim, im Februar 2004

Christel Weiß
christel.weiss@urz.uni-heidelberg.de
www.ma.uni-heidelberg.de/inst/biom

Axel W. Bauer
awb@uni-hd.de
www.awbauer.uni-hd.de

Inhaltsverzeichnis

1 **Überlegungen vor der Promotion 1**
Lohnt sich eine Promotion? 3
Oder soll man's bleiben lassen? 4
Die Promotion ist eine Erfahrung fürs Leben! 5
Formale Voraussetzungen 7
Für ehrgeizige Kandidaten: das Bewertungssystem 8
Die günstigste Zeit für den Beginn 9

2 **Die Themensuche 11**
2.1 Wichtig: das Beurteilen der eigenen Person 13
2.2 Ein passendes Thema – wie finde ich das? 15
2.3 Für jeden etwas: Wählen Sie! 17
2.4 Der Doktorand und sein Betreuer 21
2.5 Das erste Gespräch mit dem Betreuer 25
2.6 Thema gefunden – jetzt geht's los! 30

3 **Wissenschaftstheoretische Grundlagen 33**
3.1 Die Wissenschaft und ihre Komponenten 35
3.2 Was ist Wissenschaftlichkeit? 39
3.3 Logische Schlüsse in der Wissenschaft oder: Alle Kater sind schwarz 40
3.4 Hypothesenbildung 42
3.5 Hypothesenprüfung 44
3.6 Hempels Rabe oder Münchhausens Zopf: Wann habe ich meine Hypothese ausreichend bestätigt? 47
3.7 Vom Schluss zum Trugschluss: Vorsicht vor der Lieblingshypothese! 51

4 **Ein Exkurs in die medizinische Forschung 53**
4.1 Die Methodik in der medizinischen Forschung 55
4.2 Unterschiedliche Studientypen 60
4.3 Spezielle Studien 63
4.4 Das A & O: eine ordentliche Versuchsplanung 70
4.5 Der Umgang mit dem Versuchsfehler 74
4.6 Die Aufgaben der Ethikkommission 76
4.7 Einige Bemerkungen zu Tierversuchen 77

5 Die statistische Analyse – ein Kapitel für sich 81
5.1 Wozu benötigt man Statistik? 83
5.2 Am Anfang steh'n die Daten – Schnellkurs in deskriptiver Statistik 85
5.3 Der Schluss über die Stichprobe hinaus – Schnellkurs in induktiver Statistik 96
5.4 Die Zusammenarbeit mit dem Biometriker 105

6 Ein wesentlicher Teil: das Literaturstudium 111
6.1 Literatur zum Einstieg 113
6.2 Die Dienste einer modernen Bibliothek 115
6.3 Lesen, recherchieren und ordnen 122
6.4 Das Internet 129

7 Die Hauptsache: das Schreiben 137
7.1 Bereiten Sie sich vor! 139
7.2 Das Gelbe vom Ei: der Inhalt der Arbeit 141
7.3 Ein Hoch auf die Technik: der Computer 158
7.4 Ein paar formale Dinge 162

8 Stolpersteine – und wie man sie umgeht 169
8.1 Einige Bemerkungen vorab 171
8.2 Probleme im Umgang mit anderen 174
8.3 Die Zeit läuft davon 179

9 Ende gut – alles gut 183
9.1 Der Ablauf des Promotionsverfahrens 185
9.2 Die Veröffentlichung der Dissertation 191

10 Beispiele von Doktorarbeiten 193

Anhang 221
Weiterführende Literatur 223
Nützliche Internet-Adressen 224

Sachverzeichnis 225

1 Überlegungen vor der Promotion

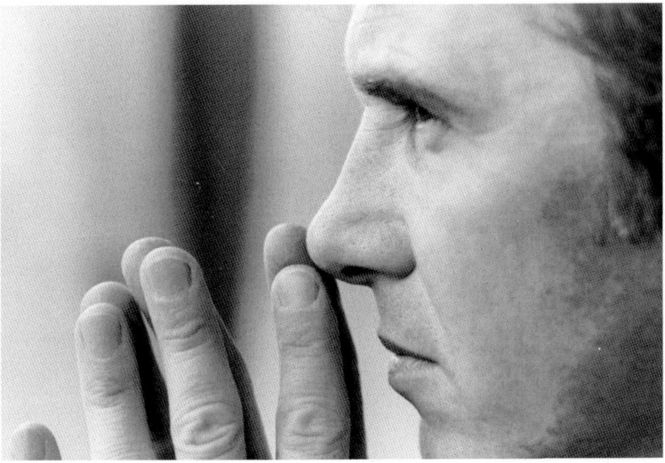

1 Überlegungen vor der Promotion

Lohnt sich eine Promotion?

In der Medizin gehört der Doktortitel – mehr als in jedem anderen Studienfach – zum Berufsbild eines Hochschulabsolventen dazu. Derzeit sind etwa zwei Drittel aller Mediziner promoviert; in den 1970er Jahren war dieser Anteil mit über 80% sogar noch wesentlich höher. Offenbar legen sowohl die Ärzte selbst als auch die Gesellschaft, in der sie leben und arbeiten, immer noch großen Wert auf diesen Titel.

Dennoch ist eine Promotion in der Medizin keineswegs selbstverständlich. Schließlich müssen die Doktoranden neben ihrem Studium oder ihrem Beruf sehr viel Zeit und Mühen investieren, um den begehrten „Dr. med." oder „Dr. med. dent." zu erhalten. Vor diesem Hintergrund darf sehr wohl gefragt werden: Lohnt sich die Promotion wirklich – oder geht es dabei nur um einen Titel, auf den man ebenso gut verzichten kann? Gibt es darüber hinaus irgendeinen erkennbaren Nutzen, der die damit verbundenen Strapazen rechtfertigt? Die Antwort ist eindeutig: Ja, die Promotion ist der Mühen wert, und zwar aus mehreren Gründen.

Für Sie als Doktorand bedeutet die Promotion einen **Erkenntnisgewinn** in vielfacher Hinsicht. Sie müssen nachweisen, dass Sie in der Lage sind, eine wissenschaftliche Fragestellung selbstständig zu bearbeiten. Dadurch gewinnen Sie Einblicke in die medizinische Forschung, wie Sie Ihnen anderweitig kaum möglich wären. Sie erkennen, wie schwierig und mühsam es ist, zu neuen wissenschaftlichen Erkenntnissen zu gelangen. Aufgrund dieser Erfahrungen werden Sie in Ihrem späteren Beruf neu entwickelte Methoden ganz anders beurteilen als jene, die niemals in einen Forschungsprozess involviert waren. Außerdem haben Sie die Möglichkeit, eine Klinik oder ein Institut sowie dessen Mitarbeiter, Arbeitsmethoden und Einrichtungen von Grund auf kennenzulernen. Dies kann Ihnen später bei der Entscheidung für oder gegen ein berufliches Spezialgebiet sehr hilfreich sein. Insofern dient die Promotion auch der **Berufsfelderkundung**. Für Studenten, die eine akademische Karriere anstreben (dazu gehört in der Regel die Habilitation), ist die Promotion die Basis für den beruflichen Werdegang und damit ein unbedingtes Muss.

Ferner ist sie nützlich bei Bewerbungen auf eine Assistenzarztstelle und bei der Facharztausbildung. Auch Chefärzte legen Wert auf den Doktortitel – nicht nur wegen des Renommees ihrer Klinik und auch nicht unbedingt deshalb, weil der Bewerber detaillierte Kenntnisse in einem kleinen Spezialgebiet erworben hat. Ein promovierter Kandidat hat bewiesen, dass er mit Schwierigkeiten umgehen kann und bereit ist, hart zu arbeiten – und auf diese Eigenschaften legen Chefs ganz besonderen Wert.

Nicht zuletzt ist auch die **Erwartungshaltung der Patienten** von Bedeutung. Obwohl der Beruf eines Arztes längst nicht mehr von dem Nimbus umgeben ist wie in vergangenen Zeiten, und obwohl die meisten Patienten wesentlich aufgeklärter sind als früher, wird ein Arzt im Volksmund immer noch gerne als der „Herr Doktor" oder die „Frau Doktor" bezeichnet. Dies ist historisch bedingt – bereits seit dem 17. Jahrhundert ist in Deutschland der Doktor das Synonym für einen Arzt. Offenbar flößt diese Anrede auch heute noch vielen Patienten und deren Angehörigen Vertrauen und Respekt ein. Die wenigsten Patienten wissen, dass der Doktortitel fast nichts über die Qualifikation eines Arztes besagt – für die meisten ist ein Arzt ohne „Dr. med." auf dem Praxisschild eben kein „richtiger Doktor". Vielleicht belächeln Sie diese Einstellung oder glauben, darüber erhaben zu sein. Vergessen Sie aber bitte nicht, dass Sie als praktisch tätiger Arzt auf das Vertrauen Ihrer Patienten angewiesen sind.

In letzter Zeit finden zunehmend mehr Mediziner ihr Betätigungsfeld im **nicht-kurativen** Bereich: in der pharmazeutischen Industrie, im Bibliothekswesen, bei einem Verlag, einer Versicherung oder im Verkauf, sei es als Journalist, als Manager oder als Unternehmensberater. In diesen Branchen wird mittlerweile der Doktortitel bei fast allen Akademikern erwartet – bei Juristen, bei Naturwissenschaftlern und erst recht bei Medizinern. Ohne ein Dr. vor dem Namen ist man hier nahezu chancenlos.

Diese Argumente zeigen, dass Ihnen die Promotion in jedem Fall von Nutzen sein wird – unabhängig davon, welchen beruflichen Werdegang Sie einschlagen. Jede Doktorarbeit behandelt eine neue Fragestellung, und jeder Doktorand darf zu Recht für sich in Anspruch nehmen, dass er ein klein wenig zum Fortschritt in der Medizin beigetragen hat.

Oder soll man's bleiben lassen?

Dennoch gibt es in den letzten Jahren zunehmend mehr Absolventen, die den Sinn einer Promotion ernsthaft in Frage stellen. Bei einer Umfrage unter den Studenten des 1. klinischen Semesters am Klinikum Mannheim meinten zwar mehr als 90%, dass sie eine Promotion anstreben (was nicht bedeutet, dass auch 90% promovieren). Eine kleine Minderheit der Studenten ist sich jedoch unsicher, ob sie ein solches Wagnis eingehen soll oder lehnt dies gar ab.

Einige zweifeln, ob sie in der Lage seien, eine Dissertation zu verfassen. Und das ist auch kein Wunder – das Medizinstudium ist leider weitgehend verschult. Die Fähigkeit, selbstständig wissenschaftlich zu arbeiten, wird dabei kaum vermittelt. Deshalb trauen sich viele Studenten einfach nicht zu, dies alles neben ihrem Studium zu bewältigen – angefangen von den oft zeitraubenden Untersuchungen oder

Aktendurchsichten über das Besorgen und Lesen von Fachartikeln (die meisten davon in englischer Sprache), die Datenanalyse bis hin zum Schreiben der Arbeit am Computer.

Es gibt weitere Einwände gegen die Promotion, die nicht von der Hand zu weisen sind. Sie ist kein Bestandteil des Studiums, keine Voraussetzung für die Approbation und auch nicht unbedingt notwendig für die berufliche Weiterentwicklung (abgesehen von den wenigen Kandidaten, die sich habilitieren möchten). Die ärztlichen Honorare werden aufgrund des Doktortitels auch nicht höher. Einige Studenten sagen klipp und klar, dass sie das Getue um diesen Titel und den damit verbundenen höheren Sozialstatus einfach lächerlich finden. Andere haben die Frustrationen von Kommilitonen miterlebt, die an einen schlechten Betreuer geraten waren und nach Jahren erfolglos abbrechen mussten. Dann drängen sich zwangsläufig Fragen auf: Ist die Dissertation eher ein Risiko mit ungewissem Ausgang als eine sinnvolle Beschäftigung? Könnte man die Zeit, die neben dem Studium verbleibt, nicht effektiver nutzen, beispielsweise für Praktika?

Um es klar zu sagen: Eine Promotion ist für jeden Studenten gewinnbringend, wenn er ein geeignetes Thema und einen kompetenten Betreuer hat. Man muss die Sache allerdings richtig angehen (und dazu dieses Buch lesen). Wer auf den Doktortitel bewusst verzichtet, sollte bedenken, dass er sich zum Außenseiter macht, und dass er seine Chancen im Berufsleben drastisch reduziert. Dies muss bei der heutigen Arbeitsmarktsituation unbedingt berücksichtigt werden. Das sollten auch diejenigen bedenken, die später ein vermeintlich sicheres Auskommen (z.B. durch eine Praxisübernahme) haben. Auch sie sind bis zum Ende ihrer Ausbildung auf das Wohlwollen ihrer Chefs und später ganz besonders auf das ihrer Patienten angewiesen, die auf einen Doktortitel Wert legen.

Nach unseren Erfahrungen bereuen die meisten nicht-promovierten Ärzte diesen Schritt irgendwann einmal und versuchen dann, die Promotion nachzuholen. Theoretisch ist dies zwar möglich – praktisch ist es aber für einen niedergelassenen Arzt, der den Kontakt zur Uni fast verloren hat, aus organisatorischen und zeitlichen Gründen wesentlich schwieriger als für einen Studenten im klinischen Studienabschnitt.

Die Promotion ist eine Erfahrung fürs Leben!

Schließlich sollten Sie bei Ihrer Entscheidung nicht nur die unmittelbaren Vorteile im Auge haben, die sich aufgrund des Titels und der besseren Berufschancen ergeben. Die Promotion ist eine Herausforderung und eine Erfahrung fürs Leben!

Sie haben beim Erstellen Ihrer Dissertation eine Menge Dinge zu lernen, mit denen Sie wahrscheinlich vorher nie etwas zu tun hatten.

Sie müssen Literaturrecherchen durchführen sowie Fachartikel kritisch lesen und beurteilen. Außerdem sollten Sie mit einem Textverarbeitungsprogramm und eventuell mit Statistik- oder Grafiksoftware umgehen können, Daten analysieren, Ergebnisse interpretieren etc. Schließlich müssen Sie die Dissertation schreiben – d. h. Ihre Gedanken ordnen, die verwendeten Methoden beschreiben, die Ergebnisse sinnvoll zusammenstellen und diskutieren.

Diese Techniken haben teilweise mit Medizin nicht viel zu tun, und deren Erlernen kostet Zeit. Aber es macht sich auf Dauer bezahlt! Bedenken Sie: Jeder Arzt muss Fachartikel lesen und Literaturrecherchen durchführen. Kein Arzt kommt heute umhin, einen Computer zu benutzen. Viele Ärzte in den unterschiedlichsten Branchen müssen Texte verfassen – seien es Gutachten, Fachartikel oder Kongressbeiträge. Dabei werden Ihnen die Erfahrungen der Promotion von großem Nutzen sein. Jeder Mensch, der promoviert hat, beurteilt Dinge viel gelassener und weist eine höhere Frustrationsschwelle auf als andere, die „nur" ein verschultes Studium absolviert haben. Er lässt sich durch angeblich sensationelle Befunde nicht so leicht beeindrucken und durch unerwartete Ereignisse weniger erschüttern.

Ein weiterer Aspekt sind die **Kontakte**, die Sie während der Promotion knüpfen. Wenn Sie Ihre Dissertation in einer Klinik oder einem Institut anfertigen, müssen Sie mit Mitarbeitern aus unterschiedlichen Bereichen zusammenarbeiten. Dass dies nicht immer einfach ist, versteht sich von selbst. Sie lernen dabei aber, mit Konflikten umzugehen und Sie begreifen, dass Sie auf die Unterstützung anderer Menschen angewiesen sind. Nebenbei müssen Sie versuchen, Ihre Zeit effizient einzuteilen. All diese Erfahrungen sind für das spätere Berufsleben von unschätzbarem Wert.

Darüber hinaus haben Sie eventuell die Möglichkeit, an **Kongressen** teilzunehmen. Möglicherweise können Sie dort ein Poster zeigen oder gar selbst einen Vortrag halten. Damit wagen Sie die ersten Schritte in die „große weite Welt", die Ihnen als kleinem Studenten normalerweise verborgen bleibt. Vielleicht lernen Sie die eine oder andere Koryphäe kennen und stellen verwundert fest: Der ist ja auch nur ein Mensch! Sie können sich (bei öffentlichen Veranstaltungen oder abends in gemütlicher Runde) an Diskussionen beteiligen und werden dadurch – nach anfänglichen Schwierigkeiten – selbstbewusster und sicherer im Auftreten. Oft ergeben sich aus derlei Kontakten echte Freundschaften oder unerwartete, berufliche Chancen. Vielleicht finden Sie durch die Promotion eine Stelle oder gar eine Möglichkeit für einen Auslandsaufenthalt.

Insofern zahlt sich die Energie, die man in seine Promotion investiert hat, in vielfacher Weise aus. Es ist nicht übertrieben zu behaupten: Man ist nach der Promotion ein ganz anderer Mensch. Sehr viel erfahrener und ein klein wenig weiser!

Formale Voraussetzungen

Im Allgemeinen wird jeder Bewerber zur Promotion zugelassen, falls er den letzten Abschnitt der ärztlichen Prüfung erfolgreich abgeschlossen hat. Nach der neuen Approbationsordnung , die am 1. Oktober 2003 in Kraft getreten ist, ist dies der zweite Abschnitt; nach der alten Approbationsordnung handelt es sich um den dritten. Der Doktorgrad kann also erst nach dem Praktischen Jahr verliehen werden; es ist jedoch üblich, zu einem wesentlich früheren Zeitpunkt mit der Dissertation zu beginnen (s. S. 9).

Der **Doktorvater** muss habilitiert sein. Dies kann ein Professor oder auch ein Privatdozent sein.

Weitere Details sind in der **Promotionsordnung**, die von jeder Universität herausgegeben wird, geregelt. Sie umfasst einige Seiten mit Kleingedrucktem, enthält aber in den seltensten Fällen irgendwelche Paragraphen, die Schwierigkeiten beinhalten. Im Normalfall – wenn Sie an der Universität, an der Sie studieren, bei einem dort habilitierten Betreuer promovieren – gibt es keine formalen Probleme.

Es ist aber unbedingt erforderlich, eventuelle Unklarheiten so früh wie möglich zu klären, damit es nicht nach langer Zeit ein böses Erwachen gibt. Dies gilt insbesondere dann, wenn bei Ihnen eine der folgenden Situationen vorliegt:

- Sie sind an der Universität, an der Sie promovieren möchten, nicht immatrikuliert. Überzeugen Sie sich, ob dies vorausgesetzt wird und stellen Sie ggf. einen Antrag, um sich von dieser Vorschrift befreien zu lassen.
- Sie haben Ihr Examen an einer Universität im Ausland abgelegt. In diesem Fall muss nachgewiesen werden, dass diese Prüfung bezüglich ihrer Anforderungen der deutschen gleichwertig ist. Darüber entscheidet letzten Endes die **Promotionskonferenz,** die sich aus allen Professoren, die dem Fakultätsrat angehören, zusammensetzt.
- Sie möchten die Dissertationsschrift nicht auf Deutsch schreiben. Dies betrifft vor allem Studenten, die eine andere Muttersprache als Deutsch haben. Auch dieser Fall bedarf der Genehmigung der Promotionskonferenz.
- Sie möchten mit einem anderen Kommilitonen zusammen eine Arbeit schreiben. Selbst wenn die Promotionsordnung diese Möglichkeit vorsieht (nicht an allen deutschen Unis ist dies erlaubt), sollte man sich genau überlegen, ob dies sinnvoll ist (s. Abschn. 8.2, S. 175).

Besorgen Sie sich die Promotionsordnung so früh wie möglich (spätestens nachdem Sie ein Thema gefunden haben). Sie ist im Dekanat, in der studentischen Fachschaft oder über das Internet erhältlich.

Wenn Sie nicht sicher sind, ob in Ihrem besonderen Fall alle Voraussetzungen erfüllt sind, dann wenden Sie sich am besten an jemanden, der Ihnen weiterhelfen kann. Dies kann ein Mitarbeiter des Dekanats, ein Vertreter der Fachschaft oder ein Ihnen bekannter Professor sein. Wenn Sie bereits ein Thema für Ihre Arbeit haben, empfiehlt es sich, offene Fragen in einem persönlichen Gespräch mit Ihrem Doktorvater zu klären. Dieser kann Ihre Angelegenheit dann auch – falls erforderlich – vor dem Promotionsausschuss vertreten.

Für ehrgeizige Kandidaten: das Bewertungssystem

Wir beginnen bescheiden: **Rite** ist die schlechteste Bewertung für bestandene Arbeiten. Zu deutsch heißt dies: in Ordnung, also bestanden – ohne Pfiff und ohne Bravour. Diese Arbeiten haben keine allzu große Bedeutung für die medizinische Wissenschaft oder Praxis.

Besser ist **Cum laude** – zu deutsch: mit Lob. Diese Bewertung wird vergeben für ordentliche Arbeiten, die aber in keiner Weise Aufsehen erregen – weder im negativen noch im positiven Sinn. Eine cum laude-Arbeit setzt immerhin voraus, dass ein deutliches Maß eigener geistiger Produktivität des Doktoranden erkennbar ist.

Magna cum laude (mit großem Lob) ist schon recht selten und entspricht der Schulnote „sehr gut". Diese Bewertung wird in der Regel nur dann vergeben, wenn die Ergebnisse der Arbeit in einer angesehenen medizinischen Fachzeitschrift veröffentlicht werden.

Summa cum laude (mit höchstem Lob) ist höchst außergewöhnlich für Arbeiten, aus denen bedeutende wissenschaftliche Erkenntnisse hervorgegangen sind. Diese Arbeiten müssen ebenfalls veröffentlicht sein, und zwar in der Regel mit dem Doktoranden als Erstautor. Bezüglich dieser Bewertung hat jede Universität ihre eigenen Richtlinien; sie sind in der Promotionsordnung nachzulesen.

Der Vollständigkeit wegen sei noch die Bewertung **Insufficienter** genannt – also ungenügend. Eine solche Arbeit wird vom Promotionsausschuss abgelehnt. Dem Doktoranden bleibt noch eine Chance: Er kann eine neue oder verbesserte Dissertation vorlegen. Glücklicherweise tritt dieser Fall so gut wie nie ein – jeder Betreuer ist bemüht, eine solche auch für ihn außerordentlich peinliche Situation im Vorfeld zu verhindern.

Wonach richtet sich nun die Bewertung? Nach vielerlei Gesichtspunkten: die Sorgfalt, mit der die Untersuchungen durchgeführt wurden; die Darstellung der Ergebnisse; das Engagement des Doktoranden; die Originalität seiner Ideen; seine Fähigkeit, Lösungswege aufzuzeigen; die Berücksichtigung und Bewertung der aktuellen Literatur; auch der Aufbau, der Schreibstil und die äußere Form der Arbeit sind Kriterien.

Ein ganz wesentliches Kriterium ist jedoch die Art des Themas: Bei theoretischen Abhandlungen einfachster Art oder bei retrospektiven Studien ist von vornherein nur „rite“ oder bestenfalls „cum laude“ zu erwarten. Andere Arbeiten erfordern einen höheren Arbeits- und Zeitaufwand: so zum Beispiel prospektive Studien, bei denen Patienten über eine längere Zeit beobachtet werden, oder experimentelle Arbeiten, in denen eine neue, bisher nicht etablierte Methode entwickelt wird. Bei diesen Arbeiten kann man – bei ordentlicher Bearbeitung des Themas – auch eine sehr gute Bewertung erwarten („magna cum laude“ ist durchaus realistisch).

Für Kandidaten, denen es in erster Linie um den Erwerb des Titels geht, spielt die Note eine untergeordnete Rolle. Falls Sie jedoch vorhaben, sich an einer Universitätsklinik oder einem wissenschaftlichen Institut zu profilieren, darf Ihnen die Bewertung nicht gleichgültig sein. Welche Ansprüche stellen Sie diesbezüglich? Diese Frage sollten Sie klären, ehe Sie mit der Themensuche beginnen!

Die günstigste Zeit für den Beginn

Alle Studenten, die bereits seit einiger Zeit mit ihrer Dissertation beschäftigt sind, und insbesondere die promovierten Ärzte, mit denen wir gesprochen haben, haben auf diese Frage geantwortet: „So früh wie möglich“. Das bedeutet im Klartext: Sie sollten sich bereits zu Beginn des klinischen Studienabschnitts nach einem Thema umsehen. Nach dem ersten Staatsexamen verbleiben dann noch zwei Jahre bis zum Praktischen Jahr. Diese Zeit mit den dazugehörenden Semesterferien lässt sich sinnvoll nutzen für die Dissertation. Danach ist man viel mehr eingespannt: Es beginnt das Praktische Jahr, dann folgt das zweite Staatsexamen (nach der neuen Approbationsordnung) und schließlich die Zeit als Arzt im Praktikum. In dieser Zeit fallen die Themensuche und auch das Arbeiten an der Dissertation wesentlich schwerer, da man sich auf neue Herausforderungen konzentrieren muss. Durch die Tätigkeit in einer Klinik oder Praxis ist man so sehr in Anspruch genommen, dass für eigene wissenschaftliche Tätigkeiten kaum noch Zeit bleibt. Deshalb sollten zeitraubende Arbeiten für die Dissertation (Untersuchungen im Labor, Schreiben etc.) nicht in dieser Zeit begonnen werden, sondern vorher weitgehend abgeschlossen sein.

Hin und wieder wird eingewandt, dass ein Student zu Beginn des klinischen Studienabschnitts keine ausreichenden Erfahrungen gesammelt hat und demzufolge gar nicht wissen kann, wo seine Interessensgebiete liegen. Wollte man aber diesem Argument folgen, wüssten einige Studenten nicht einmal nach Abschluss ihres Studiums, welches Thema sie in Angriff nehmen sollen. Sicherlich ist es von Vorteil, wenn man in dem Fach, in dem man seine Arbeit schreibt, vorher einen Kurs oder ein Praktikum absolviert hat. Man kann sich aber auch, ehe man Interesse für ein spezielles Fachgebiet entwickelt hat, für ein Thema begeistern (vielleicht ergeben sich gerade durch dessen Bearbeitung Neigungen in eine bestimmte Richtung). Andere Studenten wiederum sind sich bereits sehr früh sicher, dass für sie nur ein bestimmtes Fach in Frage kommt, in dem sie promovieren und später arbeiten möchten.

Besonders eifrige Studenten sehen sich bereits im ersten vorklinischen Semester – kurz nachdem sie ihr Studium aufgenommen haben – nach einer Arbeit um. Das ist eindeutig zu früh! Nutzen Sie diese Zeit, um sich das für Ihr weiteres Studium erforderliche Basiswissen anzueignen. Für die Wahl eines geeigneten Themas Ihrer Doktorarbeit fehlt Ihnen noch der Überblick!

Es ist auch nicht günstig, unmittelbar vor einem Examen mit der Doktorarbeit zu beginnen. Wenn Sie zufällig ein Thema finden, das Sie interessiert, sollten Sie Ihren Betreuer bitten, den Anfangszeitpunkt etwas hinauszuzögern. Sie sollten auch nicht beginnen, wenn private Änderungen gravierender Art anstehen (zum Beispiel am Ende einer Schwangerschaft). Die Promotion ist ein neuer, sehr wichtiger Teil des Studiums, und man sollte sich in der Anfangsphase ganz darauf konzentrieren können.

Diese Ratschläge sind natürlich irrelevant für jemanden, der sein Studium beendet hat und neben seiner beruflichen Tätigkeit eine Dissertation beginnt. Gerade in diesem Fall sollten Sie sich darüber im Klaren sein, dass eine Dissertation sehr viel Zeit und Nerven kostet und dies entsprechend einplanen.

2 Die Themensuche

2.1 Wichtig: das Beurteilen der eigenen Person

Die meisten (wenn auch nicht alle) Studenten haben zunächst nur vage Vorstellungen bezüglich eines geeigneten Themas. Ehe Sie sich auf die Suche begeben, sollten Sie sich aber zumindest über Ihre ganz persönlichen Vorlieben, Schwächen und Ansprüche im Klaren sein. Versuchen Sie deshalb, die folgenden Fragen zu beantworten:

- **Fachgebiet:** Gibt es ein Fachgebiet (oder eventuell mehrere), das Sie ganz besonders interessiert? Oder gibt es ein Fach, das für Sie keinesfalls in Frage kommt? Manche Studenten wissen schon zu Beginn des klinischen Studienabschnitts, worauf sie sich später spezialisieren werden – dann kann es nicht schaden, ein Thema in diesem Gebiet zu bearbeiten.
- **Art der Arbeit:** Hätten Sie gerne die Möglichkeit, im Rahmen Ihrer Dissertation Patienten zu untersuchen (s. S. 17)? Oder möchten Sie nur Patientendaten auswerten, ohne dass Sie selbst in direkten Kontakt zu diesen Patienten treten (s. S. 17)? Wären Sie auch bereit, an einer epidemiologischen Studie mitzuarbeiten (s. S. 18)? Oder arbeiten Sie lieber in der biomedizinischen Grundlagenforschung (s. S. 19)? Sind Sie dann auch bereit, an Tierversuchen mitzuwirken? Oder arbeiten Sie am liebsten rein theoretisch an einer Literaturarbeit, ganz ohne Patienten und ohne Labor (s. S. 20)?
- **Vorlieben und Abneigungen:** Haben Sie eine Vorliebe für eine der Naturwissenschaften Physik oder Chemie oder für eine medizinische Hilfswissenschaft wie Biostatistik oder Informatik? Oder verabscheuen Sie eines dieser Fächer so sehr, dass Sie nach Möglichkeit nichts damit zu tun haben möchten?
- **Zeiteinteilung:** Sind Sie bereit und in der Lage, auch an Wochenenden oder nach Abruf in einer Klinik oder einem Labor zu erscheinen? Können Sie eventuell in den Semesterferien mehrere Wochen nacheinander in einem Institut arbeiten? Oder bevorzugen Sie eine Arbeit, bei der Sie Ihre Zeit weitgehend selbst einteilen können? Wäre es Ihnen lieb oder sind Sie sogar darauf angewiesen, möglichst viel zu Hause erledigen zu können?
- **Innovativer Anspruch:** Möchten Sie gerne innovativ tätig sein und etwas Neues erforschen (wofür in der Regel mehr Zeit eingeplant werden muss), oder legen Sie Wert darauf, in möglichst kurzer Zeit Ihre Arbeit abschließen zu können?
- **Bewertung:** Ist für Sie die Bewertung zweitrangig (d. h. es geht Ihnen in erster Linie um den Titel), oder haben Sie gewisse Mindestansprüche? Wenn Sie eine akademische Karriere und die Habilitation nicht ausschließen, darf Ihnen die Bewertung nicht gleichgül-

tig sein. In diesem Fall müssen Sie sich an eine Arbeit heranwagen, bei der „magna cum laude“ realistisch erscheint.

Um diese Fragen zu beantworten und die richtigen Konsequenzen daraus zu ziehen, sollten Sie dieses Kapitel aufmerksam durchlesen. Es muss Ihnen aber – gleichgültig, welches Thema Sie angehen – von Anfang an klar sein, dass eine Promotion selbstständiges und über weite Strecken auch hartes Arbeiten erfordert.

Sie sollten auch wissen: Nicht alle Wünsche sind erfüllbar. Bei jeder Doktorarbeit ist es erforderlich, sich in fachfremde Gebiete einzuarbeiten. So muss bei den meisten Arbeiten eine statistische Datenanalyse durchgeführt werden – gleichgültig, ob und wie sehr Ihnen die Biostatistik zusagt. Bei anderen Arbeiten müssen Sie sich in spezielle Software-Produkte oder Rechnertypen einarbeiten. Wenn Sie den Anspruch haben, eine wissenschaftlich hochwertige Arbeit zu erstellen, können Sie nicht erwarten, dass Ihnen dies in kürzester Zeit unter geringstem Aufwand zu Hause am Schreibtisch gelingt.

Noch eine Bemerkung zu Fremdsprachenkenntnissen: Es wird in jedem Fall vorausgesetzt, dass Sie in der Lage sind, englisch-sprachige Texte zu lesen (ohne dass dies hervorgehoben wird). Wenn bei speziellen Themen darüber hinaus besondere Sprachkenntnisse erforderlich sind, muss dies in der Themenausschreibung erwähnt werden.

Manche Doktoranden fürchten, dass sie sich mit dem Thema ihrer Arbeit automatisch auf ihr späteres berufliches Spezialgebiet festlegen. Das ist nicht das Ziel einer Promotion, und deshalb sind diese Bedenken unbegründet! Nutzen Sie das Studium und die Promotion, um Erfahrungen zu sammeln und ihre Neigungen zu entdecken. Erst dann sollten Sie sich Gedanken über eine Facharztausbildung machen.

2.2 Ein passendes Thema – wie finde ich das?

Hier gilt die Devise: Augen und Ohren offen halten! Achten Sie überall an der Universität oder an Ihrem Klinikum auf entsprechende Aushänge. Diese findet man dort, wo viele Studenten verkehren: bei der Fachschaft, in der Mensa, im Dekanat oder in einzelnen Kliniken.

In vielen Unis und Klinika kann man sich über das Promotionsbüro im Dekanat Listen besorgen mit Namen von Dozenten, die eine Doktorarbeit zu vergeben haben. Oft enthalten diese Listen auch die Arbeitsthemen oder zumindest eine grobe Beschreibung, sodass Sie wählen können, was für Sie in Frage kommt.

Auch Mundpropaganda kann erfolgreich sein: Wenn man sich unter Kommilitonen umhört, erfährt man häufig von Instituten oder Dozenten, die ein Thema zu vergeben haben. Manchmal bieten auch Dozenten von sich aus einzelnen Studenten ein Thema an.

Hin und wieder werden Doktorarbeiten über das Internet angeboten. Viele medizinische Fakultäten bieten ein Doktorandenforum an, das zu vergebende Themen und andere nützliche Informationen zu Doktorarbeiten enthält. Seit Februar 2004 gibt es im Internet unter der Adresse www.doktorandenboerse.info eine Doktorandenbörse, auf der man bundesweit medizinische Doktorarbeiten anbieten und suchen kann. Diese Möglichkeit wird zwar momentan von wenigen Unis genutzt; aber das kann sich bald ändern.

Wenn Sie schon bestimmte Vorstellungen haben, in welchem Fach Sie Ihre Dissertation schreiben möchten, ist es sinnvoll, sich in der betreffenden Klinik oder Institut nach entsprechenden Aushängen umzusehen oder in der Liste des Dekanats gezielt nach Themen zu suchen. Es kann auch nützlich sein, einen (Ihnen vielleicht bekannten) Dozenten anzusprechen.

Selten hat ein Student einen eigenen Themenvorschlag und muss dann einen Dozenten suchen, der seine Arbeit betreut. In diesem Fall sollten Sie sich sehr gut überlegen, welcher Dozent geeignet ist und sich dann an diesen wenden.

Es gibt Studenten, die sich zuerst ihren Betreuer wählen. Wenn Sie beispielsweise einen Professor aufgrund einer Vorlesung oder einen Dozenten aufgrund eines Seminars kennen und gerne bei ihm promovieren möchten, dann wagen Sie es einfach, ihn zu fragen, ob er ein Thema zu vergeben hat. Im Übrigen gilt auch für Studenten, die ein Dissertationsthema suchen: Es ist nie zu früh, Kontakte zu knüpfen – beispielsweise als Hiwi oder als Student, der an einer Klinik eine Famulatur absolviert. Dabei trifft man in der Regel auf Personen, die Doktorarbeiten betreuen. In diesen Fällen ist es günstig, dass man seinen Betreuer vorab persönlich kennt und abschätzen kann, wie sich die Zusammenarbeit mit ihm gestaltet. Eventuell können auch Kontakte zur pharmazeutischen Industrie hilfreich sein. Es ist denkbar, in Zusammenarbeit mit der Universität in einem Industriebetrieb zu promovieren (eventuell sogar gegen Bezahlung).

Eine ganz andere Möglichkeit, an ein Thema zu kommen, bieten Stellenanzeigen (z. B. über den Stellenmarkt einer Universität oder im Deutschen Ärzteblatt), in denen Doktoranden gesucht werden. Wenn man diese Möglichkeit ins Auge fasst, muss man allerdings zu einem Ortswechsel bereit sein. Hin und wieder werden auch Stellen angeboten, die einen Hochschulabschluss voraussetzen und bei denen die Doktoranden bezahlt werden (freilich nicht allzu üppig – etwa nach BAT II/2, wofür Einsatz quasi rund um die Uhr erwartet wird). Diese Möglichkeit bietet sich für Kandidaten an, die während ihres Studiums – aus welchen Gründen auch immer – kein Thema gefunden haben. Die Konkurrenz ist dennoch groß und die Erwartungen der Arbeitgeber sind entsprechend hoch!

Mit sehr viel Glück kann man ein Doktoranden-Stipendium ergattern und dann – mit finanzieller Unterstützung – im Rahmen eines Forschungsprojektes promovieren. Dabei werden allerdings sehr hohe Ansprüche an die Kandidaten gestellt. Die Arbeiten haben ein entsprechend hohes Niveau und sind daher für Doktoranden geeignet, die eine akademische Laufbahn anstreben.

2.3 Für jeden etwas: Wählen Sie!

In diesem Abschnitt werden die Arbeitstypen klassifiziert, und zwar hauptsächlich bezüglich des Umfelds, in dem die Arbeit erstellt wird. Dies ermöglicht Ihnen eine erste, grobe Orientierung innerhalb der Themenvielfalt.

Beliebt: klinisch-retrospektive Arbeiten

Eine retrospektive Studie als Basis für eine Doktorarbeit ist außerordentlich beliebt, und zwar aus folgendem Grund: Die Daten, die auszuwerten sind, sind meist bereits dokumentiert (z.B. in Krankenakten). Man braucht nicht auf das Eintreten von Ereignissen zu warten, was bei prospektiven Studien monate- oder gar jahrelang dauern kann. Da ein wesentlicher Teil dieser Arbeiten aus statistischer Analyse besteht, werden sie hin und wieder auch als „statistische Arbeiten" bezeichnet. Diese Bezeichnung finden wir allerdings etwas unpassend, da bei klinischen oder tierexperimentellen Arbeiten ebenfalls eine statistische Datenanalyse erforderlich ist.

Der Vorteil bei retrospektiven Studien besteht darin, dass sie relativ zügig durchgeführt werden können (wobei jedoch auch hier eine Bearbeitungszeit von zwei Jahren als normal gilt). Nachteilig ist allerdings, dass man als Doktorand so gut wie keinen Einfluss auf die Art, die Qualität und die Vollständigkeit der Daten hat. So passiert es hin und wieder, dass ein Doktorand mit einer Unmenge von schlampig geführten Patientenakten überhäuft wird und dann immense Schwierigkeiten bei deren Auswertung hat.

Ein weiterer Vorteil ist, dass man sich seine Zeit weitgehend selbst einteilen und viel zu Hause erledigen kann. Die Arbeit in der Klinik oder dem Institut beschränkt sich hauptsächlich darauf, relevante Daten zu sammeln. Es ist nicht notwendig, zu bestimmten Zeiten bei Patienten oder im Labor zu erscheinen.

Retrospektive Studien eignen sich für Leute, die weniger auf wissenschaftliche Leistung Wert legen als vielmehr darauf, dass sie möglichst schnell ihre Arbeit abhaken können. Die Bewertung liegt meist bei „rite", seltener bei „cum laude". Beispiele s. Kap. 10, S. 195 ff.

Praxisbezogen: klinisch-prospektive Arbeiten

Bei diesen Arbeiten werden die Daten prospektiv erhoben; das heißt, sie fallen erst im Laufe der Studie bei der Untersuchung von Patienten an. Ein klassisches Beispiel bilden die klinischen Therapiestudien, bei denen zwei Therapieformen (z.B. eine neu entwickelte Therapie und eine Standardtherapie) an zwei Patientengruppen miteinander verglichen werden (s. Abschn. 4.3, S. 64).

Als Doktorand sind Sie also unmittelbar in den Klinikbetrieb involviert. Eventuell müssen Sie auch zu ungünstigen Zeiten (etwa am Wochenende oder nachts) zur Verfügung stehen. Der Knackpunkt bei diesen Studien: Sie müssen abwarten, bis Sie eine hinreichend große Patientenanzahl rekrutiert haben. Aus diesen Gründen dauern solche Arbeiten in der Regel länger als retrospektive Studien.

Auch bei diesem Arbeitstypus ist eine statistische Datenanalyse erforderlich. Im Übrigen ist es notwendig, dass Sie sich in die Untersuchungsmethoden einarbeiten. Dafür haben Sie die Qualität und die Vollständigkeit Ihrer Daten in der Hand! Diese Arbeiten sind wissenschaftlich anspruchsvoller als retrospektive Studien. Je nach Qualität schwankt die Bewertung zwischen „cum laude“ bis hin zur Höchstnote „summa cum laude“ (wenn die Ergebnisse sehr bedeutend für die Praxis sind). Wegen Beispielen sei auf Kap. 10, S. 200 ff. verwiesen.

Interessant: epidemiologische Arbeiten

Bei epidemiologischen Studien wird ein großer Personenkreis außerhalb einer Klinik untersucht, etwa die Kinder einer Schule oder die Bewohner eines bestimmten Gebietes. Derartige Arbeiten behandeln meist sehr interessante Fragestellungen. Ein typisches Beispiel hierfür stellen Diagnosestudien dar, deren Ziel die Evaluierung der Aussagekraft eines diagnostischen Verfahrens ist (s. Abschn. 4.3, S. 67). Epidemiologische Arbeiten können auch retrospektiv durchgeführt werden; dabei wird auf bereits dokumentiertes Datenmaterial zurückgegriffen. Ein Beispiel stellt eine Studie dar, bei der Risikofaktoren eines großen Patientenkollektivs im Nachhinein eruiert werden (Beispiel s. Kap. 10, S. 206).

Da bei diesen Arbeiten oft Hunderte von Personen beobachtet bzw. deren Daten gesammelt werden müssen, sind sie sehr zeit- und arbeitsintensiv. Insbesondere bei prospektiven Arbeiten muss man in der Regel einige Wochen investieren, in denen man täglich mit Untersuchungen befasst ist. Andererseits lässt sich der zeitliche Rahmen gut abschätzen, da die Untersuchungen exakt geplant werden müssen.

Wer eine solche Arbeit angeht, sollte keine allzu große Abneigung gegen Statistik hegen, da eine immense Datenmenge anfällt und analysiert werden muss. Außerdem ist damit zu rechnen, dass man Reisen durchführen muss, um an die Daten heranzukommen. Die Ergebnisse können für die klinische Praxis und die Forschung eine große Bedeutung haben; das heißt, eine gute bis sehr gute Bewertung ist (nicht zuletzt wegen des enormen Arbeitsaufwandes) durchaus möglich.

Anspruchsvoll: experimentelle Arbeiten

Diese Arbeiten werden vorwiegend in den biomedizinischen Grundlagenfächern (Physiologie, Pharmakologie, Molekularbiologie etc.) erstellt. Die Untersuchungen werden in einem Labor durchgeführt; man hat keinen direkten Kontakt zu Patienten. Das bedeutet jedoch nicht unbedingt, dass man vollkommen unabhängig von Patienten arbeitet. Bei manchen Arbeiten ist es erforderlich, dass der Doktorand beispielsweise Blutproben kurz nach deren Entnahme untersuchen muss und dann auf Abruf im Labor zu erscheinen hat (Beispiele s. Kap. 10, S. 207 ff.).

Eine Sonderform stellen Arbeiten dar, bei denen Tierversuche durchgeführt werden. Sie kommen natürlich nur für Kandidaten in Frage, die Tierexperimenten nicht ablehnend gegenüberstehen. Manchmal werden auch Arbeiten vergeben, bei denen tierische Organe oder Gewebe vom Schlachthof verwendet werden. Solche Studien sind weniger umstritten als Arbeiten, bei denen der Doktorrand mit lebenden Tieren arbeitet, die anschließend getötet werden.

Der Doktorand kann das Tiermodell nicht allein entwickeln (dafür fehlen ihm die notwendigen Kenntnisse), und er darf die Versuche nicht allein durchführen. Er muss sich jedoch mit dem Modell kritisch auseinandersetzen und sich an den Versuchen aktiv beteiligen. Diese erfordern in der Regel über einen Zeitraum von mehreren Wochen die tägliche Anwesenheit in einem Labor. Dazu muss man meist einen Teil der Semesterferien opfern oder ein Urlaubssemester beantragen. Vorteilhaft ist jedoch, dass in den meisten Fällen die Untersuchungen nach einer absehbaren Zeit abgeschlossen werden können, und man nicht unbestimmte Zeit auf das Eintreten gewisser Ereignisse warten muss (wie etwa bei klinischen Studien, bei denen man sich zu gedulden hat, bis eine hinreichend große Anzahl von Patienten rekrutiert ist). Kenntnisse in Statistik sind vonnöten. Die Hauptfrage, die sich bei einer tierexperimentellen Arbeit stellt, lautet: Inwieweit sind die Ergebnisse auf den Menschen übertragbar? Bei einem adäquaten Modell liefern die Ergebnisse mitunter wertvolle Erkenntnisse. Mehr zu diesem Thema lesen Sie in Abschnitt 4.7. Beispiele für eine solche Arbeit finden Sie in Kap. 10, S. 209 ff.

Experimentelle Arbeiten sind Kandidaten zu empfehlen, die den Ehrgeiz haben, die medizinische Wissenschaft voran zu bringen. Die Arbeiten sind wissenschaftlich hochwertig und lassen eine gute bis sehr gute Bewertung erwarten. Vorteilhaft ist außerdem, dass der Doktorand Kenntnisse bezüglich experimentellen Arbeitens erwirbt und – insbesondere bei Tierversuchen – die Komplexität biologischer Systeme unmittelbar erkennen kann.

Besonders anspruchsvoll sind Arbeiten, die das Modifizieren einer etablierten Methode für einen neuen Untersuchungsgegenstand oder das Entwickeln einer neuen Methode beinhalten. Um eine neue Methode zu validieren, sind zahlreiche Probeläufe und sehr viel Zeit im Labor erforderlich; schnelle Ergebnisse sind nicht unbedingt zu erwarten. Eine solche Arbeit erfordert viel Geduld und Durchhaltevermögen; der zeitliche Ablauf ist daher kaum planbar. Andererseits kann der Doktorand für sich in Anspruch nehmen, die Methode entwickelt zu haben, womit er sich mit Sicherheit gute Chancen auf dem akademischen Arbeitsmarkt erwirbt. Bei gutem Gelingen kann er sich Hoffnung auf ein „summa cum laude" machen.

Außergewöhnlich: Literaturarbeiten

Diese Arbeiten gründen sich – mehr als die bisher erwähnten Themengebiete – auf ein umfassendes Literaturstudium (deshalb spricht man auch von theoretischen Arbeiten). Sie können unabhängig von einem Labor oder einer Klinik durchgeführt werden und eignen sich demzufolge für Kandidaten, die zeitlich und örtlich ungebunden sein möchten sowie gerne und viel lesen. Der Themenkomplex ist sehr vielfältig und heterogen.

Dieser Typus ist vorrangig in Fächern wie Geschichte, Theorie und Ethik der Medizin, Medizinischer Informatik angesiedelt. Solche Themen werden naturgemäß eher selten bearbeitet (Beispiele s. Kap. 10, S. 215 ff.). Die Einarbeitung in fachfremde Gebiete ist dabei unumgänglich; dafür erfordern diese Themen meist keine oder wenig Statistik.

Es gibt auch Literaturarbeiten, die sich mit klinischen Fragestellungen befassen. Im weiteren Sinne zählen dazu auch Einzelfallbeschreibungen, bei denen ein einzelner, besonders interessanter Fall beschrieben und mit ähnlich gelagerten Fällen aus der Literatur verglichen und analysiert wird (auch dafür ist kaum Statistik vonnöten). Andere Arbeiten haben zum Inhalt, die gesamte verfügbare Literatur zu einem bestimmten Thema zu finden und auszuwerten. Dabei fällt eine enorme Datenmenge an; deshalb ist in diesen Fällen die statistische Analyse ein elementarer Bestandteil der Arbeit! Ein Beispiel finden Sie in Kap. 10, S. 219 f.

Die Bewertungsskala reicht von „rite" (für Arbeiten mit überwiegend deskriptivem Charakter) bis zu „summa cum laude" (für Arbeiten mit neuen, bahnbrechenden Erkenntnissen).

Es sei noch darauf hingewiesen, dass nicht jede Arbeit eindeutig einem der genannten Typen zugeordnet werden kann. Es gibt „Mischformen" – z. B. Arbeiten, in denen zunächst Daten retrospektiv ausgewertet werden, um auf dieser Basis prospektiv weitere Untersuchungen durchzuführen. Ein Beispiel dafür findet man in Kap. 10, S. 199.

2.4 Der Doktorand und sein Betreuer

Bei wem und wo kann man promovieren?

Der Doktorvater, der für die Themenvergabe verantwortlich ist, hat nur eine einzige Bedingung zu erfüllen: Er muss habilitiert sein (wobei allerdings hinzuzufügen ist, dass man mit der Habilitation keineswegs die Fähigkeit erwirbt, Doktorarbeiten ordentlich zu betreuen). Im Normalfall ist der Doktorvater ein Professor oder ein Privatdozent Ihrer Universität. Dies hat entscheidende Vorteile: Dem Doktorvater sind die Spielregeln bestens bekannt, und er wird später die Arbeit vor dem Promotionsausschuss vertreten.

Aber auch ein emeritierter Professor, ein Wissenschaftler aus der Industrie oder einem nicht-universitären Institut, selbst ein niedergelassener Arzt oder ein Arzt in einem akademischen Lehrkrankenhaus kann Doktorarbeiten eigenverantwortlich vergeben, sofern er habilitiert ist. Es ist wohl eher ungewöhnlich, bei einem außeruniversitär tätigen Wissenschaftler zu promovieren. Mit der Promotionsordnung ist dies jedoch durchaus vereinbar. Der Vorteil ist, dass Sie wahrscheinlich der einzige Doktorand sind und nicht mit anderen Kommilitonen in Konkurrenz stehen; die Betreuung ist dementsprechend intensiver. Oft sind die Mitarbeiter einer solchen Institution gegenüber einzelnen Doktoranden offener und hilfsbereiter als die Mitarbeiter einer Klinik oder einer universitären Einrichtung, in der zahlreiche Doktoranden verkehren.

Eine Arbeit in der Industrie oder einer Forschungseinrichtung (wie z. B. dem Max-Planck-Institut) erfordert meist eine mehrmonatige, ganztägige Anwesenheit (während der Semesterferien oder eines Urlaubssemesters). Die Doktoranden stehen unter einem gewissen Druck, denn es müssen in einem festgelegten zeitlichen Rahmen Ergebnisse produziert werden, nicht zuletzt aus ökonomischen Gründen. Der Vorteil dabei ist, dass die Arbeit dadurch zeitlich gut planbar wird.

Wenn sich für Sie zufällig eine solche Gelegenheit ergibt, sollten Sie bedenken, dass Ihr Doktorvater Ihre Arbeit nicht vor der Promotionskonferenz der Universität vertreten kann. Achten Sie also darauf, dass dieser den Kontakt zur Universität nicht verloren hat. Am besten ist es, wenn er in enger Beziehung zu einem Professor Ihrer Universität steht. Diese Fragen sollten unbedingt zu Beginn der Arbeit geklärt werden.

Es ist generell auch denkbar, dass Sie nicht an der Universität promovieren, an der Sie immatrikuliert sind, sondern an einer anderen, möglicherweise sogar im Ausland. Bei speziellen Themen, die an Ihrer Universität nicht betreut werden können (z. B. bei Untersuchungen zu

2

Tropenkrankheiten) bietet sich diese Möglichkeit an. Es gibt auch Professoren, die einen guten Kontakt zu einer Universität im Ausland pflegen und ihre Doktoranden ermuntern, dort zu promovieren. Besonders beliebt sind Aufenthalte in den USA. Für viele Studenten ist dies sicherlich eine interessante Alternative – ein solcher Aufenthalt ist nicht nur nützlich für die Promotion, sondern bietet auch die Möglichkeit, eine fremde Sprache zu erlernen und mit Land und Leuten in Kontakt zu treten. Es ist möglich, dass ein Professor Ihrer Universität als offizieller Betreuer fungiert; es ist aber auch denkbar, dass Sie offiziell bei einem Dozenten einer anderen Universität promovieren. Sie sollten in jedem Fall sicherstellen, dass eine ordnungsgemäße Betreuung gewährleistet ist. Bedenken sollten Sie außerdem, dass Sie für eine Arbeit an einer Fremduniversität mehr Zeit und Geld einkalkuieren müssen, für Reisen oder einen längeren Aufenthalt dort.

Der ideale Betreuer

Einige Studenten (insbesondere diejenigen, die eine akademische Karriere anstreben) legen Wert darauf, dass ihr Doktorvater bekannt und im wissenschaftlichen Umfeld reputiert ist. Sie sind später stolz, wenn sie sagen können: „Ich habe bei diesem Professor promoviert". Es kann freilich nicht schaden, wenn der Doktorvater ein gewisses Renommee hat, aber das sollte nicht der wichtigste Aspekt bei der Themenwahl sein. Bedenken Sie: Gerade ein bekannter und angesehener Professor will seinem Ruf gerecht werden und fordert von seinen Doktoranden eine besondere Leistung, was jedoch nicht zwangsläufig bedeutet, dass eine adäquate Betreuung gewährleistet ist. Im Übrigen wird der Wert einer Dissertation nicht durch den Namen des Doktorvaters, sondern in erster Linie durch die Arbeit des Doktoranden bestimmt. Auch bei jungen Privatdozenten lassen sich hervorragende Arbeiten schreiben.

Für die meisten Studenten ist das Renommee ihres Doktorvaters bei der Wahl des Themas nicht ausschlaggebend. Ihnen ist vielmehr eine gute Betreuung wichtig.

Nun ist der Doktorvater nicht immer identisch mit dem eigentlichen Betreuer der Arbeit. An größeren Instituten oder Kliniken ist es üblich, dass ein erfahrener, nicht-habilitierter Arzt den Doktoranden betreut – angefangen von der Themenvergabe bis hin zum Schreiben des Gutachtens. Für den Doktoranden kann dies durchaus von Vorteil sein: Diese Betreuer haben in der Regel ebenfalls ein Ziel vor Augen, nämlich ihre Habilitation. Sie sind deshalb auch an den Ergebnissen ihrer Doktoranden interessiert, mit denen sie ja selbst einige Lorbeeren verdienen können.

Wie sieht nun der ideale Betreuer aus? Darüber gibt es unterschiedliche Ansichten – die Geschmäcker sind bekanntlich verschieden. In jedem Fall sollte er eine gewisse Autorität besitzen, geprägt von gegenseitiger Sympathie. Schließlich arbeitet man jahrelang zusammen mit einem großen, gemeinsamen Ziel vor Augen: dem erfolgreichen Abschluss der Doktorprüfung. Er sollte natürlich Interesse an der Arbeit zeigen. Im Idealfall ist er selbst Fachmann auf diesem Gebiet und hat eigene Publikationen vorzuweisen. Außerdem sollte er häufig präsent und leicht erreichbar sein (z. B. über E-Mail), damit der Doktorand bei Problemen nicht wochenlang auf sich allein gestellt ist.

Ansonsten kursieren zahlreiche Vorurteile. So hört man öfter, jüngere Betreuer seien kritischer und stellen weit höhere Ansprüche als alte Hasen, die schon zahlreiche Doktorarbeiten betreut haben. Als Gegenargument lässt sich hier anführen, dass junge Wissenschaftler, die ihre Karriere noch vor sich haben, oft wesentlich motivierter sind als erfahrene Kollegen, für die eine Doktorarbeit nichts Besonderes mehr darstellt. Man sollte sich in jedem Fall davor hüten, irgendwelchen Pauschalurteilen zu erliegen, sondern versuchen, sich ein eigenes Urteil zu bilden.

Ob die Betreuung einer Doktorarbeit gut war, lässt sich eigentlich erst nach ihrem Abschluss beurteilen. Dennoch gibt es Möglichkeiten, sich vor der Inangriffnahme einer Arbeit über den Betreuer ein Bild zu machen. Es bietet sich an, seine jetzigen und ehemaligen Doktoranden zu befragen. Mitunter ist es sinnvoll, sich von jemandem aus der Fachschaft Rat zu holen – in vielen Fachschaften dokumentiert man nämlich die Erfahrungen von Doktoranden. Sie werden dabei wahrscheinlich nicht nur Positives erfahren und Sie sollten auch bedenken, dass Ihre Kommilitonen möglicherweise andere Vorstellungen bezüglich einer Doktorarbeit haben als Sie. Es ist deshalb wichtig, mehrere Meinungen zu hören. Wenn Ihnen allerdings von verschiedenen Seiten gesagt wird, dass die Betreuung miserabel ist, sollten Sie vorsichtig sein! Es ist dann kaum anzunehmen, dass ausgerechnet Sie zufrieden sein werden. Weitere Hinweise zur Person des Betreuers ergibt das erste Gespräch mit ihm (s. S. 25).

Der ideale Doktorand

Wie wünscht sich ein Betreuer einen Doktoranden? Er ist fleißig, er ist selbstständig, er kann sich schnell in ein Thema einarbeiten, er ist bereit Probleme anzupacken und eigenständig eine Lösung zu finden und kommt nicht wegen jeder kleinen Schwierigkeit, die sich ihm in den Weg stellt, angelaufen. Er ist ferner umgänglich, kooperativ und hilfsbereit. Jeder Betreuer erwartet, dass der Doktorand ihn über den Fortgang seiner Arbeit auf dem Laufenden hält und das Gespräch mit ihm sucht (nicht umgekehrt).

Manche Betreuer bevorzugen weibliche Doktoranden mit dem Argument, diese seien fleißiger als ihre männlichen Kommilitonen. Man mag darüber spötteln – aber diese Doktorandinnen sind in der Regel sehr zufrieden mit ihrer Betreuung. Andere Betreuer bevorzugen weibliche Kandidaten aus anderen Gründen – auch diese Einstellung kann zu einem erfolgreichen Abschluss der Arbeit führen. Diesen Betreuern eilt in der Regel ein entsprechender Ruf voraus. Wiederum andere favorisieren männliche Kandidaten, weil diese angeblich flexibler und sofort zur Stelle sind, wenn man sie braucht.

Sie sollten sich in jedem Fall darüber im Klaren sein, dass Sie von diversen Leuten abhängig sind – nicht nur von Ihrem Betreuer, sondern auch von Mitarbeitern des Labors, der Klinik oder des Instituts, in dem Sie Ihre Untersuchungen durchführen. Sie sind darauf angewiesen, dass Ihnen jemand hilft, sich in die Methodik einzuarbeiten oder dass Sie jemanden finden, der Ihnen bei Schwierigkeiten zur Seite steht. Deshalb sollten Sie sich – soweit es in Ihren Möglichkeiten liegt – um ein gutes Arbeitsklima bemühen.

Es passiert leider hin und wieder, dass Doktoranden mit einer unglaublichen Arroganz in einem Institut auftreten, sich als kompetente Akademiker gebärden, langjährige Mitarbeiter belehren wollen und glauben, jeder sei ihnen zu Diensten, damit ihre Doktorarbeit möglichst schnell über die Runden kommt. Bei solchen Verhaltensweisen werden Sie von vornherein auf Ablehnung stoßen. Ein guter Umgang mit den Mitarbeitern Ihres Instituts oder Ihrer Klinik wird Ihnen einiges erleichtern.

Ab und an trifft man etwas naiv anmutende Kandidaten, die glauben, dass ihnen andauernd jemand zur Seite steht und sie begleitet. Sie leben in der irrtümlichen Annahme, für Problemchen jeder Art sei der Betreuer zuständig und kommen gar nicht erst auf den Gedanken, selbst nach einer Lösung zu suchen. Bei einer Promotion ist jedoch Eigeninitiative gefragt!

2.5 Das erste Gespräch mit dem Betreuer

Vereinbaren Sie einen Termin!

Wenn Sie schließlich ein Thema ins Auge gefasst haben, sollten Sie einen Termin für ein erstes Gespräch mit Ihrem Betreuer vereinbaren. Wenn Sie die Möglichkeit haben, ihn persönlich anzusprechen, dann nehmen Sie diese Gelegenheit wahr. Ansonsten tun Sie dies am besten telefonisch. Dabei gewinnt man schon einen ersten Eindruck: Wenn der Betreuer oder dessen Sekretärin niemals erreichbar sind, keine Zeit für ein kurzes Telefonat haben oder eine Verabredung gar vergessen, ist dies kein gutes Zeichen. Jeder Betreuer, der an einer Doktorarbeit ernsthaft interessiert ist, wird auch Zeit finden, einen Gesprächstermin zu vereinbaren.

Das erste Gespräch dient dem näheren Kennenlernen. Der Gesprächsfaden liegt in Ihrer Hand. Dazu sollten Sie sich vorab informieren, um welche Arbeit es sich handelt (s. Abschn. 2.3, S. 17). Nur dann können Sie die richtigen Fragen stellen. Sie geben ein beschämendes Bild ab, wenn Sie nicht einmal über die wichtigsten Eigenschaften der angebotenen Arbeit Bescheid wissen.

Es ist außerordentlich wichtig, dass Sie sich im Vorfeld überlegen, welche Fragen wichtig sind und diese notieren. Bereiten Sie sich gut auf dieses Gespräch vor! Achten Sie auf ein gepflegtes Äußeres (es soll Leute geben, die darauf Wert legen, und schaden kann es in keinem Fall). Vermitteln Sie durch intelligente Fragen den Eindruck, dass Sie an der angebotenen Arbeit interessiert sind. Es gibt Doktoranden, die meinen, jedermann müsse Verständnis dafür aufbringen, dass sie ohne großes Engagement ihren Titel erwerben möchten – jede andere Vorstellung sei unrealistisch. Dann dürfen Sie sich nicht wundern, wenn das erste Gespräch sehr schnell beendet ist, ohne dass sie ein Thema haben. Heucheln Sie jedoch auch nicht Interesse, wenn Sie in der Hauptsache am Titel interessiert sind und Ihnen eine Arbeit angeboten wird, die sehr viel Einsatz erfordert. Spätestens bei der zeitaufwendigen Arbeit im Labor werden Sie ein solches Vorgehen bereuen – und mit einem Abbruch der Arbeit ist weder Ihnen noch dem Betreuer gedient. Bleiben Sie also realistisch!

Stellen Sie präzise Fragen!

Es gibt bei jedem Thema einige ganz allgemeine Punkte, die Sie ansprechen sollten:

- **Fragestellung:** Klären Sie vorab, wie die konkrete Fragestellung lautet. Lassen Sie sich nicht abspeisen mit lapidaren Hinweisen wie: „Das wird man sehen, wenn erst einmal alle Daten erhoben sind“ oder „Die ergibt sich von selbst im Laufe der Zeit“. Damit gehen Sie ein unkalkulierbares Risiko ein! In jedem Fall sollte – wenn noch nicht der genaue Titel – wenigstens die zu behandelnde Fragestellung als Hypothese formuliert sein. Im Rahmen Ihrer Doktorarbeit werden Sie dann versuchen, diese Hypothese zu bestätigen.

- **Nichtbestätigte Hypothese:** Was geschieht, wenn sich die Hypothese nicht bestätigen lässt? Auch bei einer optimalen Planung ist dies nicht ausgeschlossen. Fragen Sie unbedingt, wie dann weiter verfahren wird: Kann man trotzdem promovieren, oder muss man in ein neues Thema einsteigen und von vorn beginnen?
- **Dauer:** Versuchen Sie zu klären, welcher Zeitraum bis zur Abgabe einzukalkulieren ist. Dies hängt natürlich von sehr vielen Faktoren ab, die teilweise nicht vorhersehbar sind. Seien Sie aber skeptisch, wenn man Ihnen sagt, dass die Arbeit in einigen wenigen Monaten abzuschließen sei. In seltenen Einzelfällen mag dies zutreffen – aber im Allgemeinen ist jede Zeitangabe unter zwei Jahren unrealistisch.
- **Bewertung:** Natürlich kann sich Ihr Betreuer diesbezüglich nicht festlegen. Aber Sie wissen ja selbst, dass die Bewertung auch vom Arbeitstypus abhängt und dass beispielsweise bei retrospektiven Studien in der Regel eine schlechtere Bewertung zu erwarten ist als bei prospektiven Arbeiten. Sie sollten ihm in jedem Fall sagen, welche Note Sie anstreben und fragen, ob dies realistisch ist.
- **Kommunikation:** Wie verläuft die Kommunikation zwischen Ihrem Betreuer und Ihnen? Lassen Sie durchblicken, dass Sie an einem regen Informationsaustausch interessiert sind. In größeren Instituten gibt es eventuell eine Arbeitsgruppe bestehend aus mehreren Doktoranden, die sich regelmäßig trifft, um Informationen und Erfahrungen auszutauschen. Andernfalls liegt es an Ihnen, in regelmäßigen Abständen Kontakt zu suchen.
- **Verlassen der Universität:** Bei Privatdozenten muss man damit rechnen, dass sie die Universität verlassen, wenn sie einen Ruf auf eine Professur erhalten. Wenn Sie vermuten, dass Ihr Betreuer eine solche Möglichkeit ins Auge fasst, sollten Sie ihn darauf ansprechen (s. Abschn. 8.2, S. 177).
- **Literatur:** Welche Literatur ist für den Einstieg zu empfehlen? Es müsste für Ihren Betreuer ein Leichtes sein, Ihnen einige Fachbücher und Zeitschriftenartikel zu nennen, die Sie sich dann schnellstmöglich besorgen sollten. Seien Sie kritisch, wenn Sie Bemerkungen hören wie etwa: „Die Idee zu Ihrem Thema ist so brandneu, dass es dazu noch keine Literatur gibt“ oder: „Es gibt zwar Einiges, aber für den Anfang wäre dies nur verwirrend“. Im Klartext heißt dies: „Ich habe keine Ahnung von der aktuellen Literatur“. Ein gutes Omen ist dies wahrlich nicht.

Abhängig von der Themenart ist Folgendes zu erörtern:

- **Retrospektive Studien**: Sind die Daten bereits dokumentiert und (wenn ja) in welcher Form? Kann die spezielle Fragestellung anhand dieser Daten beantwortet werden? Es ist auch denkbar, dass Patienten oder andere Personen nach zurückliegenden Ereignissen befragt werden müssen. In diesem Fall sollten Sie sehr vorsichtig sein. Erfahrungsgemäß muss man damit rechnen, dass man auch mit den allergrößten Bemühungen (freundliche Briefe, insistierende Telefongespräche etc.) nur einen kleinen Teil dieser Personen erreicht – die so erhaltenen Informationen sind dann kaum zu verwerten.
- **Prospektive Studien**: Wie viele Patienten werden benötigt (dazu bedarf es der Beratung eines Biostatistikers)? In welchem Zeitraum ist diese Anzahl rekrutierbar (diese Frage sollte der Betreuer beantworten können)? Ist die Untersuchungsmethodik etabliert und gibt es einen Ansprechpartner, der Ihnen in der Einarbeitungsphase behilflich ist? Sie sollten auch fragen, ob die Studie von einer Ethikkommission begutachtet worden ist und ob deren Votum schon vorliegt (dies kann nämlich mehrere Monate dauern).
- **Experimentelle Studien:** Hier sollte vorab geklärt werden, wie viele Experimente durchzuführen sind und wann dies geschehen soll. Außerdem ist abzusprechen, ob es jemanden im Institut gibt, der Ihnen bei der Einweisung in die Methodik behilflich ist. Eventuell muss der Rat eines Biostatistikers hinzugezogen werden. Bei Tierexperimenten sollten Sie fragen, welches Modell (insbesondere welche Spezies) verwendet wird und sich nach dem Votum des Regierungspräsidiums erkundigen, das jede Tierversuchsserie genehmigen muss.

Wenn Sie wegen Ihrer Arbeit längere Zeit in einer Klinik oder einem Institut eingebunden sind, sind folgende Themen anzusprechen:

- **Arbeitsplatz:** Gibt es einen Arbeitsplatz für jeden Doktoranden, oder müssen sich mehrere Doktoranden einen Arbeitsplatz teilen? Wie ist dieser zugänglich? Erhalten Sie einen Schlüssel oder müssen Sie sich an jemanden wenden, um eingelassen zu werden?
- **Ausstattung:** Wie ist dieser Arbeitsplatz ausgestattet? Gibt es einen PC mit Drucker und Internet-Anschluss, und welche Software ist installiert?
- **Probeweise Mitarbeit:** Besteht eventuell die Möglichkeit, in einer Arbeitsgruppe oder einem Labor einige Tage probeweise mitzuarbeiten? Manche Doktorväter bieten dies von sich aus an. Dies wäre ideal – Sie lernen dabei die Mitarbeiter kennen und Sie erkennen vorab, ob Ihnen das Arbeitsumfeld zusagt.

- **Urlaubssemester:** Ist die Zeit, die man während des Semesters oder in den Semesterferien erübrigen kann, ausreichend für die anstehenden Untersuchungen oder Experimente? Es gibt Betreuer, die vom Doktoranden erwarten, dass er ein oder zwei Semester pausiert und ihm in dieser Zeit sogar ein kleines Gehalt bezahlen. Bei aufwendigen Laboruntersuchungen sollten Sie diese Alternative überdenken. Einerseits verzögert sich dadurch zwar das Ende des Studiums, andererseits kann man während dieser Zeit konzentriert an der Dissertation arbeiten.
- **Finanzierung:** Ist die Finanzierung der Studie gesichert? Es ist schon vorgekommen, dass sich wenige Wochen oder Monate nach der Themenvergabe herausgestellt hat, dass man einen Projektantrag stellen muss, oder dass die Finanzierung ausläuft. Wenn eine Studie von einer Institution wie beispielsweise der Deutschen Forschungsgemeinschaft finanziert wird, existieren in der Regel Projektbeschreibungen. Diese sollten Sie sich zeigen lassen, da sie sehr detaillierte Informationen bezüglich der Doktorarbeit beinhalten.

Es gibt darüber hinaus einige spezielle Punkte, die nicht für jeden Doktoranden (aber eventuell für Sie) wichtig sind:

- **Fortbildung:** Gibt es Fortbildungsveranstaltungen (etwa Kolloquien), die auch für Doktoranden zugänglich sind? Hat man vielleicht selbst einmal die Möglichkeit, seine Arbeit vorzustellen? Manchmal bieten diese Veranstaltungen die Möglichkeit, informative Vorträge zu hören und interessante Leute kennenzulernen, manchmal sind sie allerdings nur lästige Pfichtveranstaltungen.
- **Publikation:** Können Teile der Arbeit in einer Fachzeitschrift veröffentlicht werden oder bietet es sich eventuell an, sie auf einem Kongress zu präsentieren?
- **Doktorandenförderung:** Besteht die Möglichkeit einer Doktorandenförderung? Vielleicht können Sie als wissenschaftliche Hilfskraft bei Ihrem Betreuer arbeiten; das wäre die optimale Art, Ihre Doktorarbeit mit der Notwendigkeit des Geldverdienens zu verbinden. Eventuell können Sie sich mit der Hilfe Ihres Betreuers um ein Stipendium bemühen; erfolgreich ist dies jedoch nur in den seltensten Fällen.

Ziehen Sie ein Resümee!

Wenn Sie nach diesem Gespräch nicht ganz sicher sind, ob Sie die Arbeit annehmen wollen, sollten Sie sich Bedenkzeit erbitten. Es wäre unklug, vorschnell zuzusagen aus Angst, dass ein anderer Kommilitone Ihnen das Thema vor der Nase wegschnappt. Niemandem wäre damit gedient, wenn Sie nach einigen Monaten feststellen würden, dass

Sie sich falsche Vorstellungen bezüglich der Arbeit gemacht haben. Sie sollten aber auch nicht – wenn Ihre Erwartungen aufgrund des Gesprächs nicht erfüllt sind – sofort absagen. Denken Sie über alles in Ruhe nach!

Vielleicht wenden Sie nun ein, dass Sie die Aussagen des Betreuers gar nicht beurteilen können, weil Sie ja ein akademisch unbeschriebenes Blatt sind. Sie merken aber dennoch, ob der Betreuer Fragen offen und ehrlich beantwortet oder ob er ihnen ausweicht. Lassen Sie sich von niemandem (auch nicht von sich selbst) unter Druck setzen! Sie sollten sich vor allem mit der Fragestellung auseinandersetzen: Erscheint sie Ihnen sinnvoll oder haben Sie den Eindruck, sie sei nur eine fixe Idee eines verwirrten Professors, der selbst darüber noch nicht ernsthaft nachgedacht hat? Eventuell ist es ratsam, ein oder zwei weitere Gespräche mit ihm zu führen, um sich danach ein abschließendes Urteil zu bilden.

Die Entscheidung für oder gegen ein Thema (und damit für oder gegen einen Betreuer) fällt meist auf emotionaler Ebene. Lassen Sie sich aber bitte nicht von allzu großer Sympathie blenden. Wenn Ihr Betreuer Ihnen beim ersten Gespräch Kaffee und Plätzchen serviert und sofort das „Du“ anbietet, bedeutet das keineswegs, dass er bei auftretenden Problemen ebenso freundlich und kooperativ ist.

Wenn Sie zu dem Entschluss gekommen sind, das angebotene Thema zu bearbeiten, sagen Sie so bald als möglich zu. Auch wenn Sie ein Thema – aus welchen Gründen auch immer – ablehnen, gebietet es die Höflichkeit, den Betreuer zu informieren.

Nun kann es passieren, dass sich mehrere Kandidaten für ein Thema bewerben. In diesem Fall müssen Sie damit rechnen, dass sich der Betreuer für einen Ihrer Konkurrenten entscheidet. Seien Sie dann nicht allzu sehr enttäuscht! Ein Thema kann schließlich nur einmal vergeben werden. Manchmal sind die Gründe ganz profan – so könnte möglicherweise ein norddeutscher Kandidat bei einem eingefleischten Bayern weniger Chancen haben als ein süddeutscher. Suchen Sie ein anderes Thema! Überdenken Sie noch einmal Ihr Gespräch und fragen Sie sich kritisch, ob Sie sich das nächste Mal anders verhalten sollten.

2.6 Thema gefunden – jetzt geht's los!

Nachdem Sie Ihr Thema haben und Ihren Betreuer kennen, sollten Sie den anderen Mitarbeitern der Klinik oder des Instituts vorgestellt werden. Bitten Sie Ihren Betreuer, dass er Sie überall bekannt macht, oder stellen Sie sich selbst vor! Wenn Ihr Betreuer nicht gleichzeitig Klinik- oder Institutsdirektor ist, dann achten Sie darauf, dass er Sie seinem Chef vorstellt. Dies gilt insbesondere dann, wenn dieser Chef der offizielle Doktorvater ist. Es wäre peinlich, wenn dieser von Ihrer Existenz nichts wüsste und Sie eines Tages erstaunt fragen würde, was Sie in seinem Institut treiben. Bei vielen Arbeiten sollte man sich möglichst früh mit einem Biostatistiker in Verbindung setzen (s. Abschn. 5.4, S. 105).

Es ist ferner wichtig, von Anfang an Ordnung zu halten! Legen Sie einen Ordner an, in dem Sie alle wichtigen Unterlagen ablegen. Dazu gehören zunächst die Promotionsordnung und das Merkblatt für Doktoranden, das Sie sich spätestens jetzt im Dekanat oder über das Internet besorgen sollten. Unter der Adresse www.medidiss.de finden Sie die Promotionsordnungen zahlreicher medizinischer Fakultäten sowie andere Informationen zum Thema „Doktorarbeit". Gewöhnen Sie sich außerdem an, jedes wichtige Gespräch als Notiz mit Datum und Inhalt festzuhalten und diese aufzubewahren. Auch die Literatur, die Sie sich besorgen, sollten Sie nicht auf Ihrem Schreibtisch stapeln, sondern nach einem festen Prinzip abheften, sodass die Artikel jederzeit auffindbar sind.

Die Anfangsphase einer Doktorarbeit ist die geeignete Zeit, um ein Doktorandenseminar zu besuchen. Diese Seminare werden mittlerweile an zahlreichen Universitäten angeboten; deren Besuch ist freiwillig. Sie lernen dort eine Menge Dinge, die für die Doktorarbeit sehr wichtig sind (beispielsweise bezüglich des Literaturstudiums oder des Aufbaus der Arbeit). Außerdem haben Sie die Möglichkeit, Probleme, die sich bei Ihrer Arbeit ergeben, zu besprechen und so – zusammen mit einem Dozenten, der einen gewissen Abstand zu Ihrer Arbeit hat – frühzeitig eine Lösung zu finden. Spätestens jetzt sollten Sie, falls erforderlich, Kurse besuchen, in denen Sie den Umfang mit Softwarepaketen erlernen. Wichtig ist vor allem, dass Sie ein Textverarbeitungsprogramm einigermaßen beherrschen, eventuell sollten Sie auch eine Statistik- oder Grafiksoftware oder ein Literaturverwaltungsprogramm bedienen können. Informieren Sie sich, wann und wo entsprechende Kurse angeboten werden. Aushänge dazu findet man oft im Rechenzentrum, in der Bibliothek oder über das Internet.

Stellen Sie einen Zeitplan auf! Planen Sie zunächst, wie viel Zeit Sie im nächsten halben Jahr für Ihre Doktorarbeit investieren können und seien Sie dabei realistisch! Viele Studenten haben zwar die löbliche Absicht, während der kommenden Monate Tag und Nacht in Ihre Doktorarbeit zu investieren – und wissen dabei ganz genau, dass der größte Teil dieser Zeit bereits für Famulaturen, Urlaub, Jobben etc. verplant ist. Bedenken Sie: Sie brauchen Zeit für Ihre Untersuchungen, danach müssen die Daten ausgewertet werden und schließlich muss die Arbeit auch noch geschrieben werden. Parallel zu all dem ist ein Literaturstudium erforderlich.

Natürlich können Sie Ihre Zeit nicht bis ins letzte Detail verplanen, da man ja immer mit irgendwelchen unvorhersehbaren Ereignissen rechnen muss. Ein Zeitplan bietet Ihnen dennoch eine grobe Orientierung. Sie merken schnell, wenn Ihnen die Zeit in den Händen zerrinnt, und können frühzeitig Gegenmaßnahmen ergreifen (s. Abschn. 8.3, S. 179). Halten Sie Ihren Betreuer auf dem Laufenden! Sie müssen dazu nicht jedesmal einen festen Gesprächstermin vereinbaren; auch beim Mittagessen oder einem anderen, zwanglosen Zusammensein können Sie ihn kurz über den Fortgang Ihrer Arbeit informieren.

Es ist hilfreich, wenn Sie sich andere Doktorarbeiten ansehen, die bei dem selben Betreuer geschrieben wurden. Diese findet man meist in der Instituts- bzw. Klinikbibliothek. So können Sie sich ein Bild machen von dem, was man von Ihnen erwartet.

3 Wissenschaftstheoretische Grundlagen

3.1 Die Wissenschaft und ihre Komponenten

Was ist eine Wissenschaft?

Wenn Sie sich dafür entschieden haben, eine Dissertation anzufertigen, dann wollen Sie zumindest prinzipiell einen eigenständigen Beitrag zur medizinischen Wissenschaft leisten. Doch was ist das eigentlich, eine Wissenschaft? Wodurch zeichnet sich jenes Wissen, das sie schafft, vor anderem Wissen aus, das wir im Alltag erwerben? Und wann wissen wir überhaupt etwas und glauben, vermuten oder meinen es nicht bloß?

Auch wenn unser gesamtes Wissen stets nur vorläufige Gültigkeit bis zu seiner Widerlegung hat (s. S. 39), so kann man doch immerhin vier Bedingungen angeben, die alle zugleich erfüllt sein müssen, damit man überhaupt von einigermaßen gesichertem ***Wissen*** sprechen kann. Schauen wir uns diese Bedingungen einmal näher an:

- **Bedingung 1: Der Wissenschaftler muss von der Richtigkeit seiner Behauptung überzeugt sein.**
  Eine noch so gut gesicherte Aussage führt nicht zu wirklichem Wissen, wenn man die Richtigkeit der Aussage am Ende selbst bezweifelt. Die mangelnde Überzeugung von der Richtigkeit einer Behauptung kann ihrerseits natürlich ein sehr wichtiges Motiv für deren weitere wissenschaftliche Überprüfung sein. Andererseits reicht eine starke Überzeugung selbstverständlich nicht dafür aus, dass man etwas genau weiß. Man kann auch von ziemlich abwegigen Behauptungen subjektiv überzeugt sein, z. B. von der Existenz fliegender Untertassen. Die Überzeugung von der Richtigkeit einer Aussage ist also durchaus ambivalent: Einerseits benötigt man sie, um etwas wirklich zu wissen, andererseits kann uns eine starke Überzeugung auch komplett in die Irre führen. Es handelt sich also lediglich um eine notwendige, keineswegs jedoch um eine hinreichende Bedingung für Wissen.
- **Bedingung 2: Der Wissenschaftler muss für seine Überzeugung eine rationale Begründung angeben können.**
  Zur subjektiven Überzeugung muss eine intersubjektiv plausible rationale Begründung hinzukommen, wenn wir auf dem Weg zu wissenschaftlichem Wissen vorwärts kommen wollen. Sofern jemand z. B. die Überzeugung hat, dass sich der Mond um die Erde dreht, so mag ihm die offenbare Beobachtung, dass der Mond am Osthorizont auf- und später am Westhorizont wieder untergeht, als eine plausible Begründung, als ein vernünftiges Indiz für seinen Glauben erscheinen, der so auch anderen Menschen einleuchten und ihnen vermittelt werden könnte. Doch auch eine noch so

plausible Begründung reicht für gesichertes Wissen wiederum keineswegs aus: Sie könnte sich ja am Ende als unzutreffend erweisen. Manche Wissenschaftler argumentieren sogar, Plausibilität sei der Feind jedes wirklichen Erkenntnisgewinns, da wir dazu neigten, eine plausible Begründung erst gar nicht mehr auf ihre Berechtigung hin zu überprüfen. Je plausibler die Begründung sich anhört, um so unsystematischer und nachlässiger könnte der anschließende Test ausfallen. Diese Warnung müssen wir uns immerhin merken, denn viele Mythen in der Medizin beruhen auf zwar plausiblen, aber eben ungenügend getesteten Hypothesen. Zum *Wissen* fehlt uns also immer noch eine ganze Menge.

- **Bedingung 3: Die aufgestellte Behauptung muss einer intersubjektiven Prüfung ausgesetzt werden und sich dort empirisch oder experimentell bewähren.**
Nun kommen wir dem Wissen schon einen wesentlichen Schritt näher: Wir glauben nicht mehr nur an unsere Behauptung, und wir haben nicht nur eine gute Begründung für unsere Überzeugung, sondern wir setzen unsere Behauptung einer Überprüfung in der realen Welt aus, sei es in einem streng kontrollierten Experiment oder in einer entsprechend angelegten empirischen Studie. Hier muss sich unsere Überzeugung bewähren, sie muss dem Test standhalten. Wir haben in unserem Beispiel etwa mit Hilfe genauer Messungen vor dem Hintergrund des Fixsternhimmels über mehrere Wochen hinweg festgestellt, dass sich der Mond tatsächlich um die Erde bewegt, und zwar im Durchschnitt einmal in rund 27,3 Tagen. Nun ist das, was wir zuvor bloß glaubten, ein deutliches Stück weit sicherer. Aber noch immer fehlt uns ein entscheidendes Detail zum Wissen.
- **Bedingung 4: Die im Test bestätigte Behauptung muss sich in Folge der vom Wissenschaftler angegebenen rationalen Begründung (Bedingung 2) bewährt haben.**
Es genügt nicht, dass wir an etwas glauben und dafür auch eine einleuchtende Begründung vorbringen können. Es genügt noch nicht einmal, dass sich unsere Behauptung oder Hypothese im Test tatsächlich bewährt hat: Zwar dreht sich der Mond wirklich in 27,3 Tagen einmal um die Erde, aber keineswegs aus dem von uns in Bedingung 2 angegebenen plausiblen Grund: Die scheinbare Bewegung des Mondes von Osten nach Westen ist nämlich im Wesentlichen eine Folge der täglichen Erdrotation. Der in knapp vier Wochen vollendete siderische Mondumlauf hingegen beruht auf einer gegenläufigen Bewegung des Erdtrabanten von Westen nach Osten. Wir haben also wohl etwas Richtiges herausgefunden, aber in Folge einer zwar plausiblen, jedoch letztlich falschen Begründung. Erst wenn wir das Testergebnis aus Bedingung 3 mit unserer

Begründung aus Bedingung 2 abgeglichen und diese im Licht der durchgeführten Überprüfung gegebenenfalls korrigiert haben, wissen wir wirklich das, was wir vorher nur *vermuten* konnten. Zumindest wissen wir es solange, bis unser Wissen durch neue Überprüfungen (Bedingung 3) in Schwierigkeiten gebracht wird.

Wie wäre nun die Wissenschaft zu charakterisieren? Eine Wissenschaft lässt sich durch drei gleichermaßen wichtige Komponenten beschreiben: Gegenstände, Methoden und Ergebnisse. Während die Ergebnisse („wissenschaftliches Wissen“) das jeweils nur vorläufige Endprodukt wissenschaftlichen Arbeitens darstellen, welches den oben genannten vier Bedingungen genügen muss, beziehen sich diese Resultate immer auch auf einen bestimmten Gegenstand und sie werden mit bestimmten Methoden erzielt.

Gegenstände der medizinischen Wissenschaft

Der Gegenstand der medizinischen Wissenschaft ist sehr vielfältig und deshalb schwierig zu definieren, selbst wenn man ihn auf die Erforschung physiologischer und pathologischer Wirkungs- und/oder Sinnzusammenhänge im Bereich biopsychosozialer Strukturen und Prozesse einzugrenzen versucht. Was verbindet inhaltlich schon eine internistische Doktorarbeit über „Veränderte Isoformexpression der Myosinleichtkette bei Patienten mit dilatativer Kardiomyopathie“ mit einer medizinhistorischen Studie zum Thema „Meine Werke sind lauter Diagnosen. Über die ärztliche Dimension im Werk Arthur Schnitzlers“, und was haben beide Arbeiten schließlich mit einer tierexperimentellen Dissertation gemeinsam, die den Titel „Untersuchungen zur Genregulation des Renin-Angiotensin-Systems bei renaler Ischämie und bei der Post-Transplantations-Hypertonie“ trägt? Die Spezialisierung der Medizin als Folge ihres äußerst breiten Gegenstandsbereichs hat dazu geführt, dass man selbst als Mitglied eines Promotionsausschusses nur noch innerhalb gewisser Fächergrenzen in der Lage ist, Arbeiten aus anderen Disziplinen zu verstehen und sie wissenschaftlich beurteilen zu können. Immerhin sollte die Auswahl eines Themas mit gewisser Bedachtsamkeit geschehen, denn nicht alles, was zum Titel eines „Dr. med.“ führt, hat wirklich etwas mit dem in der obigen Definition versuchsweise umschriebenen Gegenstandsbereich zu tun. So sind z. B. in den 1980er Jahren an einer westdeutschen Medizinischen Fakultät einmal zwei Arbeiten formal erfolgreich abgeschlossen worden, die sich mit den nach Ärzten benannten Kratern auf der erdzugewandten und der erdabgewandten Seite des Mondes beschäftigt haben. Mit derartigen Themen kann man ein Fach nur unnötig in Verruf bringen.

Methoden der medizinischen Wissenschaft

Auch die Methoden, mit denen Mediziner ihre Forschung betreiben, sind entsprechend vielfältig. In der überwiegenden Zahl der Fälle beruht das Methodenspektrum der Medizin heute auf einer empirisch-analytischen Basis, vor allem im Bereich der Biowissenschaften. Es geht hier darum, bestimmte reproduzierbare Ursachen-Wirkungs-Zusammenhänge herauszufinden und diese nach Möglichkeit zu quantifizieren. Man geht dabei davon aus, dass die zu untersuchenden Phänomene strikt kausalgesetzlich-mechanisch – und in weiten Bereichen deterministisch – ablaufen, genau wie in der klassischen Physik oder Chemie. Diese Denkweise hat zum Erfolg der High-Tech-Medizin des 20. und des frühen 21. Jahrhunderts beigetragen. Sie ist derzeit dominierend und in Folge ihrer guten Überprüfbarkeit und wenigstens prinzipiellen Transparenz weitgehend unangefochten.

Auf einigen Feldern genügt das empirisch-analytische Methodenrepertoire jedoch nicht; es muss vor allem in Fächern wie Medizinische Psychologie, Psychosomatik, Arbeits- und Sozialmedizin sowie Geschichte, Theorie und Ethik der Medizin um einen hermeneutischen (verstehenden) Zugang ergänzt werden. Gerade in den genannten Gebieten geht es ja nicht ausschließlich um Ursachen und mechanisch erzeugte Wirkungen, sondern vielmehr um mentale Vorgänge, die sich innerhalb des menschlichen Bewusstseins abspielen und die vom Individuum subjektiv als sinnvoll erlebt werden. Als solche „Sinngebilde" werden die Bewusstseinsinhalte auch Gegenstand der intersubjektiven verbalen wie nonverbalen Kommunikation. Sie müssen verstanden und interpretiert werden, was ihre wissenschaftliche Bearbeitung sehr kompliziert macht. Hermeneutische Verfahren, wie sie in den so genannten „Geisteswissenschaften" seit langer Zeit üblich sind, bringen der Natur ihres Gegenstandes nach stets ein stärkeres Maß an Subjektivität mit sich, als dies bei den empirisch-analytischen Methoden der Fall ist. Gleichwohl muss diese Schwierigkeit akzeptiert werden, denn mechanische Wirkungen und bewusste Sinngebung kennzeichnen beide gleichermaßen den zentralen Gegenstand der Medizin, den gesunden und den kranken Menschen.

3.2 Was ist Wissenschaftlichkeit?

Die Einstellung prägt den Wissenschaftler

Nach der Ansicht des Kritischen Rationalismus, einer philosophischen Richtung, die auf Sir Karl R. Popper (1902–1994) und auf den Mannheimer Philosophen Hans Albert (geb. 1921) zurück geht, müssen wir als Bürger und als Wissenschaftler davon ausgehen, dass unser gesamtes Wissen stets nur vorläufig ist und dass es jederzeit an der Wirklichkeit scheitern kann. Dann muss es entsprechend korrigiert werden. Diese Einstellung, die man auch als konsequenten Fallibilismus bezeichnen kann, lässt Raum für ein ständiges Wachstum, aber auch für einen stetigen „evolutionären" Umbau unseres wissenschaftlichen Wissens. Das heute für richtig Erkannte kann sich schon morgen als ergänzungsfähig, als korrekturbedürftig oder sogar als falsch herausstellen. Der Prüfstein für richtig oder falsch bleibt die Bewährung unseres Wissens in der „wirklichen Welt", und in der Medizin ist diese externe Realität der kranke Mensch. Wissenschaftlichkeit ist charakterisiert durch Methoden und Einstellungen. Es handelt sich dabei um eine Denk- und Handlungsweise, die in der prinzipiellen Bereitschaft zur Offenheit und Fähigkeit zur Kritik, zur permanenten emotionalen und rationalen Überprüfung, Korrektur und Veränderung des Erkannten besteht und die eine Festlegung auf Erkanntes und Bewiesenes nur im Sinne der Vorläufigkeit akzeptiert.

Strenge Methodendisziplin und konsequente Bereitschaft zur Kritik einschließlich Selbstkritik sind demnach die besten Voraussetzungen für einen guten Wissenschaftler. Paradoxerweise sind gerade diese subjektiven Einstellungen jene Charakteristika, die am ehesten so etwas wie Objektivität oder zumindest Intersubjektivität in der Wissenschaft zu garantieren scheinen. Wie wir am Ende dieses Kapitels (Abschn. 3.7) noch sehen werden, handelt es sich vor allem bei der Bereitschaft zur Selbstkritik jedoch um eine Tugend, die erstens bei den meisten Wissenschaftlern nur schwach ausgeprägt ist und die zweitens immer in der Gefahr schwebt, dem eigenen Ehrgeiz geopfert zu werden. Es ist viel verführerischer, ein glänzendes Ergebnis zu präsentieren als sich eingestehen zu müssen, dass man die eigene Hypothese nicht seriös bestätigen konnte. Wenn wir – großenteils zu Recht – die Wissenschaftlichkeit der so genannten „alternativen Medizin" in Zweifel ziehen, dann sollten wir uns klar machen, dass auch die Wissenschaftlichkeit der „akademischen Medizin" nicht allein schon dadurch garantiert wird, dass sie formal an Universitäten und Medizinischen Hochschulen erforscht und gelehrt wird.

3.3 Logische Schlüsse in der Wissenschaft oder: Alle Kater sind schwarz

Wissenschaftliche Verfahren

Aus dem Gebiet der seit Aristoteles (384–322 v. Chr.) entwickelten klassischen Logik müssen uns für den Bereich der Wissenschaftstheorie hier vor allem drei Verfahren interessieren, mit deren Hilfe man bestimmte logische Operationen durchführen kann: **Deduktion, Induktion** und **Abduktion**. Zur Erläuterung dieser Verfahren wählen wir im Folgenden ein Beispiel, bei dem wir aus jeweils zwei Voraussetzungen (Prämissen) einen Schluss (Konklusion) ziehen. Wir nehmen dabei der Einfachheit halber an, dass die beiden Prämissen jeweils wahr seien (obwohl sie dies tatsächlich *nicht* sind), denn wir interessieren uns hier *nur* für die Frage des logischen Zusammenhangs zwischen den Prämissen und dem jeweiligen Schluss.

Deduktion

(A) Alle Kater sind schwarz.
(B) Felix ist ein Kater.

(C) Felix ist schwarz. (!)

Dieses ist eine **Deduktion**. Aus den als wahr vorausgesetzten Prämissen (A) und (B) folgt nämlich der wahre Schluss (C) zwingend. Diese sichere Form des Schließens finden wir in der Mathematik und in der klassischen Logik. Der Deduktionsschluss ist apodiktisch, das heißt notwendig wahr, denn er ist wahrheitsbewahrend und insoweit konservativ. Zu neuen Erkenntnissen, die nicht schon in den Prämissen verborgen lägen, gelangt man mit seiner Hilfe nicht. Wenn tatsächlich alle Kater schwarz sind und wenn Felix wirklich ein Kater ist, dann ist er selbstverständlich schwarz! Der Deduktionsschluss sieht zwar einfach aus, aber er bringt uns leider absolut nichts Neues, weil er unser Wissen nicht erweitert. In der medizinischen Forschung hat man es kaum je mit solchen simplen deduktiven Schlüssen zu tun.

Induktion

(C) Felix ist schwarz.
(B) Felix ist ein Kater.

(A) Alle Kater sind schwarz. (?)

Das ist nun eine **Induktion**. Sofern die Prämissen (C) und (B) richtig sind, ist die Schlussfolgerung (A) zwar durchaus wahrscheinlich, aber eben doch keineswegs zwingend wahr. Sicher gegeben ist nämlich nur ein einziger Belegfall (zumindest der eine uns persönlich bekannte Kater Felix ist schwarz). Von diesem Einzelfall ausgehend wird nun auf alle anderen entsprechenden Fälle durch Verallgemeinerung geschlossen. Dabei bleibt jedoch eine recht erhebliche Unsicherheit zurück, die für jede Induktion charakteristisch ist: Es könnte ja immerhin sein, dass zwar Felix ein schwarzer Kater ist, dass aber dennoch keineswegs auch alle anderen Kater ausnahmslos schwarz sein müssen. Jede Induktion gilt grundsätzlich nur so lange, bis ein Gegenbeispiel gefunden wird. Im Routinebetrieb der empirischen Wissenschaften werden derartige generalisierende, das heißt wenig kreative Hypothesen auf induktivem Weg gewonnen. Der Induktionsschluss ist dialektisch, das heißt nicht zwingend wahr und er ist (potenziell) wahrheitserweiternd. Er bedarf zu seiner (so gut wie nie vollständig und abschließend möglichen) Sicherung stets der wissenschaftlichen Überprüfung durch eine empirische Studie.

Abduktion

(A) Alle Kater sind schwarz.
(C) Felix ist schwarz.

(B) Felix ist ein Kater. (??)

Und hier haben wir eine ***Abduktion*** vor uns. Gemäß den Prämissen (A) und (C) ist die Schlussfolgerung (B) zwar möglich, aber keineswegs wahrscheinlich, denn beispielsweise auch Kohlen oder Schornsteinfeger sind ja schwarz. Wir haben bei der Annahme, Felix sei ein Kater, mehr oder weniger gut geraten. Der hier formulierte Schluss ist also a priori ziemlich unsicher, er kann allenfalls zufällig wahr sein. Es gibt nämlich für seine Richtigkeit zunächst keinen einzigen gesicherten Belegfall. Das ist nicht nur ein quantitativer, sondern ein qualitativer Unterschied zur Induktion. Der Abduktionsschluss spekuliert, er verwertet Indizien. Dies entspricht zum Beispiel der Arbeitsweise eines Kriminalbeamten, der einen Tatverdächtigen überführen will, oder der Handlungsweise eines Arztes, der aufgrund von bestimmten Symptomen eine (vorläufige und stets unsichere) Krankheitsdiagnose stellt. In den empirischen Wissenschaften werden die besonders kreativen, innovativen und originellen Hypothesen durch Abduktion gewonnen. Nur mit ihrer Hilfe gelangt man schließlich zu substanziell neuen Erkenntnissen. Der Abduktionsschluss ist rhetorisch, das heißt vielleicht wahr und potenziell wahrheitserzeugend. Er bedarf zu seiner Absicherung unbedingt der wissenschaftlichen Überprüfung durch eine empirische Studie oder durch das Experiment.

3.4 Hypothesenbildung

Der Forscher wird kreativ

Verallgemeinernde Induktion und vor allem schöpferische Abduktion sind die beiden unersetzlichen Hilfsmittel bei der Bildung jener wissenschaftlichen Behauptungen, die nun – z.B. im Rahmen Ihrer Doktorarbeit – zur systematischen Überprüfung anstehen. Wie gelangt man nun zu solchen vorläufig ungesicherten Behauptungssätzen, den Hypothesen? Der berühmte Berliner Pathologe Rudolf Virchow (1821 – 1902) beschrieb das klassische Verfahren der naturwissenschaftlichen Methode schon im Jahre 1849 wie folgt:

3

Die naturwissenschaftliche Methode [...] befähigt uns zunächst zur naturwissenschaftlichen Fragestellung. Jedermann, der eine solche Frage stellen kann, ist Naturforscher. Die naturwissenschaftliche Frage ist die logische Hypothese, welche von einem bekannten Gesetz durch Analogie und Induction weiterschreitet; die Antwort darauf giebt das Experiment, welches in der Frage selbst vorgeschrieben liegt. Jene Hypothese ist also das Facit einer Rechnung mit Thatsachen, und sie setzt daher eine umfassende Kenntniss der Thatsachen voraus; das Experiment ist das logisch nothwendige und vollkommen bewusste Handeln zu einem bestimmten Zweck. [...] Die Naturforschung setzt also Kenntniss der Thatsachen, logisches Denken und Material voraus; diese drei, in methodischer Verknüpfung, erzeugen die Naturwissenschaft.

Was Virchow hier mit dem Ausdruck „Analogie“ bezeichnete, ist nichts Anderes als die Abduktion, wie wir sie oben kennen gelernt haben. Virchow konnte den Terminus *Abduktion* nämlich noch gar nicht verwenden, da dieser erst am Ende des 19. Jahrhunderts von dem amerikanischen Philosophen Charles S. Peirce (1839 – 1914) in die moderne Wissenschaftstheorie eingeführt wurde.

Besonders gute, das heißt besonders kreative Hypothesen entstehen in aller Regel durch Abduktion, also durch einen nicht trivialen Prozess der wissenschaftlichen Reflexion. Natürlich muss man dabei Folgendes bedenken: Je kreativer und innovativer eine abduktiv gewonnene Hypothese ist, desto gewagter und a priori unwahrscheinlicher ist sie auch. Es besteht eine umgekehrt proportionale Beziehung zwischen Kreativität und Originalität auf der einen, Wahrscheinlichkeit und Sicherheit auf der anderen Seite. Gelingt es einem Forscher, eine zunächst sehr unwahrscheinlich klingende Hypothese experimentell oder im Rahmen einer klinischen Studie zu bestätigen, dann hat er vermutlich nicht nur etwas wissenschaftlich Innovatives geleistet, sondern auch eine spannende Arbeitsphase mit allen Höhen und Tiefen erlebt. Im Falle einer Dissertation winken ihm dann die Prädikate „magna cum laude“ oder gar „summa cum laude“. Allerdings besteht auch das nicht unerhebliche Risiko, dass sich die kreative Hypothese als falsch herausstellt und unser Doktorand hernach von Anderen belächelt wird. Das Unwahrscheinliche ist eben unwahrscheinlich. Auf der anderen Seite sind ziemlich wahrscheinliche und ziemlich sichere Hypothesen, die meistens durch induktive Verallgemeinerung entstehen, in der Regel auch ziemlich langweilig. Sie gehören in den Routinebetrieb des wissenschaftlichen Alltags und führen zu Doktorarbeiten, die mit „rite“ oder in günstigen Fällen mit „cum laude“ benotet werden. Man kann mit solchen Hypothesen nicht viel gewinnen, aber eben auch nicht viel verlieren, denn das Wahrscheinliche ist eben wahrscheinlich.

3.5 Hypothesenprüfung

Von der cleveren Idee zum empirischen Beleg

Nun gilt es, unsere Hypothese zu überprüfen, am besten in einem kontrollierten Experiment. Im Experiment werden methodisch und planmäßig variable Umstände zum Zweck der wissenschaftlichen Beobachtung herbeigeführt. Das Experiment ist das wichtigste Hilfsmittel zur Prüfung von Hypothesen in denjenigen Wissenschaften, bei denen sich Experimentalbedingungen künstlich schaffen und reproduzieren lassen (Laborexperiment). Bei Disziplinen wie Astronomie, Archäologie, Psychologie, Soziologie und Medizin sind diese Bedingungen nicht immer idealtypisch gegeben (kontrollierte klinische Studie, Feldexperiment). Beim Umgang mit lebenden Systemen (Biologie, Medizin, Psychologie, Soziologie) entstehen unter Umständen kybernetische Wechselwirkungen zwischen dem Forscher und seinem „Forschungsobjekt".

Die Gültigkeit einer induktiv oder abduktiv gewonnenen wissenschaftlichen Hypothese wird nun dadurch hergestellt, dass man zunächst durch logische Deduktion ihre notwendigen Konsequenzen für die externe Realität ableitet. Sodann muss man im Experiment oder mit Hilfe einer klinischen Studie zeigen, dass eben jene prognostizierten Konsequenzen auch tatsächlich – und nicht nur auf dem Papier – eintreten. Deshalb ist es zutreffend, wenn man diese wissenschaftliche Methode als hypothetisch-deduktiv bezeichnet. Dieses Vorgehen sei an einem Beispiel erläutert: Es konnte statistisch gezeigt werden, dass eine positive Korrelation zwischen der Anzahl der Störche und der Anzahl der Geburten existiert. Je mehr Störche in einer Region leben, desto mehr Kinder werden dort geboren. Wir könnten nun daraus auf abduktivem Wege – also rein spekulativ – zum Beispiel die folgende, kausale Hypothese ableiten:

Störche verursachen die Geburt von Kindern.

Nachdem wir diese Hypothese abduktiv formuliert haben, müssten wir nun im zweiten Schritt deduktiv solche notwendigen Konsequenzen aus ihr ableiten, die in der Realität auftreten sollten, falls die Hypothese zutrifft. Eine solche deduktiv gewonnene Konsequenz würde lauten: „Erhöht man die Anzahl der Störche, so müsste sich die Anzahl der Geburten ebenfalls erhöhen". Diese Situation könnten wir nun in einem dritten Schritt experimentell dadurch herstellen, dass wir zu einer vorgegebenen Storchenpopulation weitere Störche hinzufügen. Nun müssten wir noch alle übrigen Bedingungen konstant halten und abwarten, ob und wie sich nach neun Monaten die Zahl der Geburten verändert. Vermutlich würde in unserem Beispiel jedoch gar nichts

Besonderes geschehen, womit unsere kausale Hypothese zumindest einen empfindlichen Rückschlag erlitten hätte.

Jedes sinnvolle Design für den Test einer wissenschaftlichen Hypothese muss eine gewisse Wahrscheinlichkeit dafür aufweisen, dass sein Ergebnis zu einer Zurückweisung der Hypothese führt, falls diese unzutreffend war. Andernfalls wäre ja der Test keine ernsthafte Hürde für die Hypothese, sondern nur ein Scheingefecht, wie es gerne von Scharlatanen in der so genannten „alternativen" Medizin geführt wird. Eine wissenschaftliche Hypothese teilt im Grunde alle Tatsachenbehauptungen in zwei Klassen ein: Auf der einen Seite haben wir die Klasse derjenigen Behauptungen, mit denen unsere Hypothese unverträglich (inkonsistent) ist. Das ist die wichtige Klasse der potenziellen Falsifikatoren der Hypothese. Auf der anderen Seite steht die Klasse derjenigen Behauptungen, denen unsere Hypothese nicht widerspricht. Eine Hypothese besitzt nur dann wissenschaftlichen Wert, wenn die Klasse ihrer potenziellen Falsifikatoren jedenfalls nicht leer ist. Denn eine Hypothese macht empirisch bedeutsame Aussagen nur über ihre potenziellen Falsifikatoren – sie versichert uns nämlich, dass diese Falsifikatoren unzutreffend sind.

Nehmen wir ein einfaches Beispiel aus dem Grenzbereich von Psychosomatischer Medizin und Religion. Handelt es sich etwa bei folgender Behauptung um eine wissenschaftliche Hypothese, die zur Aufklärung der Ätiologie maligner Tumoren beitragen könnte?

Wenn jemand an Krebs erkrankt, so will ihn Gott strafen.

Unsere eindeutige Antwort auf diese Frage lautet nach dem oben Ausgeführten ganz klar: Nein, es handelt sich hierbei um *keine* wissenschaftliche Hypothese, da es potenzielle Falsifikatoren zu dieser Behauptung nicht gibt. Es ist kein möglicher empirischer Befund vorstellbar, der sich nicht mit dieser Behauptung irgendwie dogmatisch vereinbaren ließe (manche Theologen und Psychoanalytiker sind darin bekanntlich rhetorische Meister). Folglich ist diese Aussage – wie alle autoritativen Dogmen und Ideologien – jedenfalls ohne einen weiterführenden wissenschaftlichen Nutzen für die medizinische Forschung, denn wir können sie empirisch nicht auf die Probe stellen. Aus einer derartigen Idee dürfte also auf keinen Fall eine sinnvolle medizinische Doktorarbeit werden, jedenfalls nicht mehr am Beginn des 21. Jahrhunderts.

Die Wahl des angemessenen Forschungsdesigns für die experimentelle oder klinische Prüfung von Hypothesen ist einer der schwierigsten und intellektuell anspruchsvollsten Schritte im Rahmen einer wissenschaftlichen Arbeit. Hierzu benötigt man eine ganze Menge an Sach- und Methodenkenntnis (die vor allem der Doktorvater aus seiner eigenen Erfahrung mit dem Forschungsgegenstand haben sollte) sowie ein erhebliches Maß an sorgfältiger Reflexionsarbeit, die auch der Doktorand schon beisteuern kann und muss: Was kann ich mit meinem geplanten Versuchsaufbau prüfen und was nicht? Wie müsste ich vorgehen, um meine eigene Hypothese zu falsifizieren? Habe ich hinreichend sichere und zuverlässige Methoden, um die Nachweise zu erbringen, die ich anstrebe? Was mache ich da eigentlich? Solche und ähnliche Fragen können vor allem in der Planungsphase der Dissertation gar nicht genug gestellt werden, damit man am Ende jenes beschämende Bekenntnis vermeiden kann, das der Doktorvater einer vor dem Promotionsausschuss beinahe gescheiterten Doktorandin dem Autor gegenüber abgab: „Ach wissen Sie, Herr Kollege, wir haben da halt was gemacht, und dann haben wir anschließend überlegt, was man daraus machen kann". Aus schlechten Hypothesen und miserablen Studiendesigns können nur ungenügende Ergebnisse hervorgehen. Das ist im Prinzip leicht einzusehen, es sei denn, man selbst ist der für das Desaster verantwortliche Betreuer oder Doktorand. Hier helfen Ihnen nur eine rechtzeitige Krisenprävention durch systematisches Nachdenken und zielgerichtete Fragen an den Doktorvater.

3.6 Hempels Rabe oder Münchhausens Zopf: Wann habe ich meine Hypothese ausreichend bestätigt?

Wenngleich unser gesamtes wissenschaftliches Wissen immer nur vorläufig gültig ist, nämlich gerade so lange, bis es sich in der externen Realität nicht mehr bewährt oder sich dort als unhaltbar herausstellt, sind wir doch in der Regel froh, wenn wir unsere Hypothese zunächst einmal dadurch ausreichend bestätigen konnten, dass sie alle unsere Tests unbeschadet überstanden hat. Doch hier erwächst uns ein ernsthaftes wissenschaftstheoretisches wie forschungspraktisches Problem: Unter welchen Bedingungen können wir eigentlich sagen, unsere Hypothese sei vorläufig gültig, sie habe sich bewährt, sie sei ausreichend bestätigt bzw. erfolgreich überprüft worden? Lassen sich dafür exakt quantifizierbare Zahlenwerte angeben? Wie oft muss z. B. ein Experiment wiederholt werden, damit man sagen kann, die in ihm erscheinenden Phänomene seien tatsächlich existent und zuverlässig reproduzierbar – reichen zwei Mal, drei Mal, zehn Mal oder hundert Mal? Und wann muss ich meine Hypothese aufgeben, weil sie „falsifiziert" ist – schon nach dem ersten fehlgeschlagenen Versuch, nach dem zweiten, dritten oder erst nach dem fünfzehnten?

Die hier gestellten Fragen sind keineswegs trivial und man kann sie weder leicht noch gar pauschal beantworten. Deshalb sollen hier nur ein paar weiterführende Andeutungen gegeben werden. Die konkret anzuwendenden Bestätigungs- bzw. Bewährungsverfahren lassen sich in wenigstens drei Gruppen untergliedern:

- Bestätigung durch positive Einzelfälle (nach dem Philosophen Carl G. Hempel)
- Bestätigung durch die Bayes-Analyse (nach dem Mathematiker Thomas Bayes)
- Bestätigung nach dem Münchhausen-Prinzip oder dem Bootstrap-Modell (nach dem Philosophen Clark Glymour).

Bestätigung durch positive Einzelfälle

Nach Carl G. Hempel (1905 – 1997) bestehen die direkten **Belege E** (E steht hier für *Evidence*) für eine **Hypothese H** aus ihren positiven Einzelfällen. Die Hypothese H_1 „Alle Heidelberger Professoren sind faul" würde etwa durch das Beispiel des Professors A, der tatsächlich faul ist, direkt belegt. Professor A wäre damit ein positiver Einzelfall, ein Beleg oder eine Evidenz für die Hypothese H_1, während sein fleißiger Kollege Professor B einen negativen Einzelfall derselben Hypothese repräsentieren würde. Eine Hypothese wird demnach durch ihre positiven Einzelfälle bestätigt und durch ihre negativen Einzelfälle entkräftet. Das Bestätigungsverfahren von Hempel operiert also nach dem Prinzip der Induktion durch Aufzählung. Diese Methode wird in den empirischen Wissenschaften oft verwendet, um gesetzmäßige Kausalbeziehungen nachzuweisen oder jedenfalls wahrscheinlich zu machen. Indessen zeigt uns das bekannte Paradox von Hempels Raben die Schwierigkeiten auf, was als „positiver Einzelfall" und was als „bestätigungsfähige Hypothese" gelten darf: Wenn alle Raben schwarz sind, dann sind kontrapositiv gesprochen alle nichtschwarzen Objekte Nichtraben. Darf man aber deshalb wirklich jedes aufgefundene nichtschwarze Objekt, das kein Rabe ist, als einen positiven Einzelfall der Hypothese „Alle Raben sind schwarz" ansehen, also etwa weißen Schnee, gelbe Bananen oder rote Himbeeren? Wohl kaum, denn wie wir oben in Abschnitt 3.5 gelernt haben, besitzt eine Hypothese nur dann wissenschaftlichen Wert, wenn die Klasse ihrer potenziellen Falsifikatoren jedenfalls nicht leer ist. Die Hypothese „Alle Raben sind schwarz" könnte aber weder durch den Nachweis gelber Kirschen noch blauer Bohnen noch violetter Bratwürste falsifiziert werden, sondern nur durch das Aufzeigen nichtschwarzer Raben. Trotz ihrer eingeschränkten Brauchbarkeit stellt die Bestätigung durch positive Einzelfälle ein gängiges Verfahren in den empirischen Biowissenschaften und der Medizin dar. So wird etwa jeder neue Fall eines Rauchers, der tatsächlich Lungenkrebs bekommt, als ein weiterer epidemiologischer Beleg für die Hypothese betrachtet, dass Rauchen ein wichtiger kausaler Faktor bei der Entstehung von Bronchialkarzinomen ist. Doch auch die kontrapositive Formulierung dieser Hypothese trägt durch ihre tatsächliche Falsifizierung etwas zum Erkenntnisgewinn bei: Da nicht sämtliche Nichtraucher keinen Lungenkrebs bekommen, können wir vermuten, dass das Rauchen jedenfalls kein absolut notwendiger Faktor für die Genese von Bronchialkarzinomen ist.

Bestätigung durch die Bayes-Analyse

Die nach dem britischen Mathematiker Thomas Bayes (1702–1761) benannte Bayes-Analyse macht bei der Bewertung der Hypothesenbestätigung maßgeblichen Gebrauch von der Wahrscheinlichkeitstheorie. Das **Belegmaterial E** bestätigt die **Hypothese H** genau dann, wenn E die Wahrscheinlichkeit von H erhöht. Die mathematische Formulierung des Bayes-Theorems lautet demnach

$$P(H \mid E) = P(H) \cdot P(E \mid H) / P(E)$$

Die bedingte Wahrscheinlichkeit $P(H \mid E)$, die **H** unter Berücksichtigung von **E** zugeschrieben wird, ist gleich dem Produkt der Ausgangswahrscheinlichkeit $P(H)$ und der bedingten Wahrscheinlichkeit

P(E | H), dividiert durch die Ausgangswahrscheinlichkeit *P(E)*. Daraus kann man zwei Folgerungen ableiten:

- Hypothesen werden durch ihre Konsequenzen bestätigt
- Von zwei Konsequenzen einer Hypothese ist es gerade die unwahrscheinlichere, welche die Hypothese in größerem Ausmaß bestätigt.

Die erste Folgerung, die besagt, dass die deduktiv aus einer Hypothese abgeleiteten beobachtungsbezogenen Konsequenzen die Hypothese unmittelbar bestätigen, ist das Hauptmerkmal des hypothetisch-deduktiven Modells der Theorienprüfung, wie es in den experimentellen Natur- und Biowissenschaften verwendet wird. Die zweite Folgerung weist auf die schon im Abschnitt 3.4 genannten Bedingungen für wissenschaftliche Kreativität und Originalität hin: Je unwahrscheinlicher eine tatsächlich eingetretene Konsequenz a priori war, desto höher kann hernach ihr Beitrag zur Bestätigung der fraglichen Theorie veranschlagt werden.

Im Unterschied zur Bestätigung durch positive Einzelfälle arbeitet die Bayes-Analyse quantitativ, sie erreicht damit ein höheres Maß an Exaktheit. Eines ihrer wesentlichen Probleme besteht jedoch darin, dass sie kein Verfahren zur Bestimmung der Ausgangswahrscheinlichkeiten liefert, sondern nur zur Berechnung der zukünftigen bedingten Wahrscheinlichkeit *P(H | E)*. Dieses Defizit schränkt die Brauchbarkeit der Bayes-Analyse in der Praxis wieder ein.

Bestätigung nach dem Münchhausen-Prinzip

Clark Glymour, Professor für Philosophie in Pittsburgh, hat mit dem **Münchhausen-Prinzip**, auch **Bootstrap-Modell** genannt, zusätzliche Bedingungen bzw. eine Strategie vorgeschlagen, wie man mit Hilfe der bisher vorgestellten Analysen, insbesondere des Hempelschen Einzelfallverfahrens, eine Hypothese tatsächlich elegant bestätigen könnte. Glymour fordert:

- Den positiven Einzelfall
- Die zumindest theoretische Möglichkeit von negativen Einzelfällen, um eine Trivialisierung zu vermeiden.
- Die Einbeziehung der zu prüfenden Hypothese in den Prozess ihrer eigenen Bestätigung.

Die letztgenannte Klausel hat zu der Bezeichnung **Münchhausen-Prinzip** oder **Bootstrap-Modell** geführt. Ein leicht durchschaubares Beispiel ist die empirische Verifikation der Beziehung zwischen Druck p, Volumen V und Temperatur T eines idealen Gases nach der Formel

$$p \cdot V = k \cdot T$$

Hier würden nun gemäß dem Bootstrap-Modell zwei Mengen von Messwerten erhoben, aus deren erster man die Konstante *k* gemäß der Hypothese berechnet. Sodann benutzt man die zweite Menge von Messwerten als Kontrolle für den gefundenen Wert von *k* und damit für die Richtigkeit der Hypothese.

Ein nicht unerheblicher Nachteil des Münchhausen-Prinzips besteht darin, dass sie entweder in einen unendlichen Regress führen kann oder zu der problematischen These, wonach sich die gesamte Wissenschaft – die Menge aller vorläufig bestätigten Hypothesen – stets nur an ihrem eigenen „Zopf" emporzieht. Diese These ist kontraintuitiv und im Rahmen der wissenschaftlichen Medizin ziemlich unwillkommen. Womöglich ist sie aber am Ende doch schwer zu vermeiden und wir müssen uns mit ihr jedenfalls erkenntnistheoretisch arrangieren.

Auch wenn sich im Forschungsalltag bestimmte Routinestrategien eingespielt haben, die „man" für gewöhnlich wählt, um die Bewährung der eigenen Hypothese schließlich als erfüllt ansehen zu können (z. B. jede Versuchsreihe mindestens zweimal zu wiederholen), dürfte klar geworden sein, dass wir es hier mit einem ernsthaften theoretischen wie praktischen Dilemma zu tun haben, für das es keine Patentlösung gibt. Nur die ständige systematische Kritik am bestehenden Kenntnisstand und die Suche nach neuen Herausforderungen für angeblich gesicherte Zusammenhänge können verhindern, dass sich irrtümlich akzeptierte Hypothesen auf Dauer im Bestand des wissenschaftlichen Wissen halten können. Dazu ist es besonders wichtig, eigene wie fremde Studiendesigns gerade daraufhin zu prüfen, welche Kriterien die jeweiligen Forscher explizit oder implizit für die „Bewährung" ihrer Hypothesen aufgestellt haben. Je präziser und selbstkritischer solche Kriterien auch im Text der Publikation (bzw. im Methoden- und/oder im Diskussionsteil der Doktorarbeit) genannt, begründet und erläutert werden, desto transparenter lassen sich die Resultate einer Studie einordnen. Damit wird ein wesentlicher Beitrag zur Evidence-Based Medicine (EBM) geleistet.

3.7 Vom Schluss zum Trugschluss: Vorsicht vor der Lieblingshypothese!

Bereits im Abschnitt 3.2 (s. S. 39) wurde darauf hingewiesen, dass es neben den Methoden vor allem die Einstellungen sind, die den Wissenschaftler prägen und charakterisieren. Als besonders prägnantes Merkmal nannten wir die Fähigkeit zu systematischer Kritik und zu produktiver Selbstkritik. Leider ist insbesondere die Bereitschaft zur Selbstkritik – psychologisch verständlich – auch unter Wissenschaftlern nicht sonderlich hoch entwickelt. Es ist nun einmal für das Selbstbewusstsein eines Forschers viel angenehmer und auch für sein berufliches Fortkommen meist lohnender, wenn er seine Lieblingshypothese bestätigen kann, als wenn er sie nach erheblicher experimenteller Mühe am Ende doch verwerfen muss. Und da zieht man dann manchmal lieber einen ins Konzept passenden plausiblen Trugschluss, als zugeben zu müssen, dass man sich geirrt hat. Der im 19. Jahrhundert sehr prominente Anatom Jakob Henle (1809 – 1885) hat 1844 in dem programmatischen Aufsatz „Medizinische Wissenschaft und Empirie" einmal versucht, die Grundzüge einer innovativen wissenschaftlichen Heilkunde zu skizzieren. Henle schrieb damals über den Nutzen von Theorien und Hypothesen:

Immer werden [...] Beobachtungen den Umriss bilden, dessen einzelne Theile die wandelbare Theorie weiter ausführt. Indem man aber darüber Hypothesen aufstellt und ihre Haltbarkeit im gegebenen Falle prüft, wird man nicht umhin können, die Erscheinungen selbst genauer in's Auge zu fassen; ausgerüstet mit Vorurtheilen, die uns nur nicht ans Herz gewachsen sein müssen, werden wir mehr und Manches richtiger sehen. Leider bestätigt sich nur zu oft der alte Spruch, dass dem, der durch das gefärbte Glas einer Theorie schaut, die Gegenstände farbig erscheinen, aber es ist eben so gewöhnlich, dass sie dem unbewaffneten Auge des sogenannten nüchternen Beobachters ganz entgehen. Jenes ist doch der Anfang einer Erkenntnis.

Hypothesen sind im günstigen Fall kontrollierte Vorurteile, die wir benötigen, um wissenschaftliches Neuland zu betreten. Lieblingshypothesen aber können – und darin liegt ihre Gefahr – zu unkontrollierbaren Vorurteilen werden, weil sie uns, wie Henle formulierte, zu sehr „ans Herz gewachsen" sind. Wir neigen dann dazu, jeden noch so unklaren oder widersprüchlichen Befund in unseren Experimenten oder klinischen Studien zu Gunsten der Hypothese zu interpretieren, ihn zu ignorieren oder gar die Messdaten ein wenig im erhofften Sinne „nachzubessern". Und schon sind wir auf dem besten Weg, vom gläubigen Opfer unserer Lieblingshypothese zum Täter in und an der Wissenschaft, zum akademischen Fälscher zu werden. Nicht selten ist es auch der Betreuer der Dissertation, der den Doktoranden dazu motiviert, die Rohdaten ein wenig gefälliger zu runden und so die Graphik bzw. die Statistik zu „frisieren". Auf dem nächsten Fachkongress wirkt das Poster nämlich viel überzeugender, wenn aus der stark streuenden Verteilung der Messpunkte eine ordentliche Gerade oder eine formschöne Glockenkurve geworden ist. Und welcher Doktorand wäre nicht gerne bereit, dem Betreuer zuliebe hier ein wenig „nachzuhelfen", kommt doch das „schönere" Ergebnis schließlich auch ihm selbst und seiner Promotionsnote zu Gute.

So wird ein regelrechter Teufelskreis, eine schiefe Ebene bestehend aus den eskalierenden Zutaten Idealismus, Selbsttäuschung, Gefälligkeit, Karrierestreben, Täuschung und schließlich Betrug in Gang gesetzt, in dem man sich am Ende sogar hochschul-, straf- und zivilrechtlich heillos verfangen kann, wie skandalöse Beispiele aus der biomedizinischen Forschungslandschaft der letzten Jahre belegen. In „harmloseren" Fällen kann zumindest eine auf Dauer zynische Einstellung zur Wissenschaft und zum akademischen Wissenschaftsbetrieb aus solchen Erlebnissen resultieren. Die nicht selten gehörte resignierende Feststellung „Glaube nur der Statistik, die Du selbst gefälscht hast" legt davon ein beredtes Zeugnis ab und leistet indirekt auch der „alternativen" Medizin mit ihrer völlig unkontrollierten Arbeitsweise weiter Vorschub.

In der komplizierten Maschinerie der institutionalisierten Wissenschaft sind Sie als Doktorand nur ein kleines und relativ machtloses Rädchen. Wir hoffen, dass Ihnen eine fundierte wissenschaftstheoretische und wissenschaftskritische Ausbildung immerhin eine gewisse intellektuelle Immunität gegen allzu drastische, auch ethisch bedenkliche Fehlhandlungen verschaffen kann.

Dem interessierten Leser sei als weiterführende Literatur das vom Autor dieses Kapitels herausgegebene Buch [3] empfohlen.

4 Ein Exkurs in die medizinische Forschung

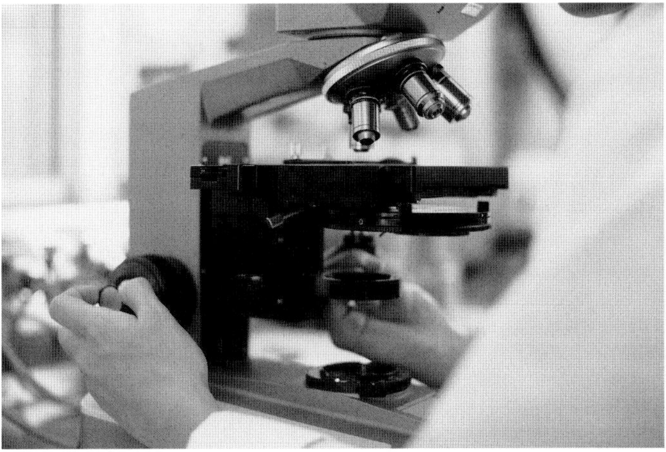

4.1 Die Methodik in der medizinischen Forschung

Historische Betrachtungen

Die Medizin existiert seit mehreren Jahrtausenden als eine auf persönlicher Erfahrung und überliefertem Wissen gestützte Disziplin, die versucht, kranken Menschen bestmöglich zu helfen. Überraschenderweise ist es in der medizinischen Forschung jedoch erst seit wenigen Jahrzehnten üblich, systematisch angelegte empirische Studien und sorgfältig geplante Experimente durchzuführen, um so zu intersubjektiv gesichertem neuem Wissen zu gelangen. Um diese aus heutiger Sicht als erstaunlich langsam erscheinende Entwicklung besser verstehen zu können, wollen wir einen kurzen Blick in die Geschichte der Medizin werfen.

460 – 377 v. Chr. lebte der berühmte Arzt Hippokrates von Kos. Unter seinem Namen wurde die von vielen verschiedenen Autoren stammende medizinische Schriftensammlung „Corpus Hippocraticum" überliefert. Seit dieser Zeit wurden bis über das Mittelalter hinaus Beobachtungen an kranken Menschen nur durch unmittelbare subjektive Sinneseindrücke des behandelnden Arztes erfasst. Meistens verließ dieser sich ohnehin auf die überlieferten Texte der traditionell anerkannten Personalautoritäten wie Hippokrates, Celsus (1. Jh. n. Chr.) oder Galen aus Pergamon (129 – 199 n. Chr.). Der Arzt verordnete sodann eine Therapie, die ihm unter Berücksichtigung der vorherrschenden Krankheitstheorie von den vier Körpersäften Blut, gelbe Galle, schwarze Galle und Schleim (Humoralpathologie) als sinnvoll erschien und überprüfte danach ihren Nutzen. Er sammelte so im Laufe der Zeit persönliche Erfahrung und vermehrte dadurch sein Wissen. Diese Beobachtungen waren jedoch subjektiv und die daraus gezogenen Schlussfolgerungen häufig spekulativ. Nicht selten beruhten sie auf abduktiven Analogieschlüssen (vgl. Abschn. 3.3, S. 40), die sich aus äußeren Zeichen der Ähnlichkeit zwischen verschiedenen Phänomenen ergaben wie zum Beispiel der Farbe, der Form oder der Funktion. So hielt man gelb blühende Pflanzen für heilsam bei Gelbsucht oder die Walnuss wegen ihrer gehirnartigen Form für ein gutes Mittel gegen Kopfschmerzen.

Intersubjektiv reproduzierbare Untersuchungsmethoden setzten sich erst seit dem 17. Jahrhundert allmählich durch, nachdem die damaligen medizinischen Naturwissenschaften, insbesondere die (Iatro-)Physik und die (Iatro-)Chemie, Einzug in die Heilkunde gefunden hatten. Es wurden technische Geräte entwickelt, die nunmehr quantitative Messwerte lieferten und damit neue Möglichkeiten in Diagnostik und Therapeutik aufscheinen ließen. Einige Wissenschaftler glaubten damals euphorisch, man werde bald in der Lage sein, die Ursachen aller Krankheiten zu ergründen und darauf basierend wirksame Therapien zu entwickeln. Es setzte sich jedoch recht schnell die Erkenntnis durch, dass dafür theoretisches Wissen allein nicht ausreichte. So besann man sich auf eine Methode, die zu Beginn des 17. Jahrhunderts besonders von dem englischen Philosophen und Politiker Francis Bacon (1561 – 1626) propagiert worden war. Demnach gelangte man zu neuen Erkenntnissen, indem man zahlreiche Einzelfälle beobachtete, wichtige Daten dokumentierte und analysierte. Dieser Ansatz vermittelte intersubjektiv nachprüfbare Ergebnisse, die allerdings von Zufällen beeinflusst wurden. Um den Faktor „Zufall" besser kontrollieren zu können, war es daher notwendig, die Statistik in die medizinische Forschung mit einzubeziehen. Dies geschah zunächst im 18. Jahrhundert, besonders intensiv im angelsächsischen Raum.

Jetzt wurden Untersuchungen nicht mehr nur an einzelnen Patienten, sondern an größeren Kollektiven durchgeführt. Als Beispiel sei die 1798 publizierte Studie des aus Berkeley in der Grafschaft Gloucestershire stammenden englischen Wundarztes Edward Jenner (1749 – 1823) genannt, mit der er die prophylaktische Wirkung der Kuhpockenimpfung nachwies. In Paris zeigte 1835 der französische Kliniker und Pathologe Pierre Charles Alexandre Louis (1787 – 1872), dass der Aderlass – der bis dahin im Vertrauen auf die Richtigkeit der humoralpathologischen Theorie viele Jahrhunderte lang zur Ableitung eines hypothetischen Überschusses an Blut angewandt wurde – ein nutzloses, teilweise sogar schädliches Mittel zur Behandlung der damals sehr häufigen Lungenentzündung war. Schließlich sei der österreichische Geburtshelfer Ignaz Philipp Semmelweis (1818 – 1865) genannt, der in einer 1858 veröffentlichten großen Studie mit mehreren Tausend Frauen zeigte, dass durch hygienische Maßnahmen die Mortalitätsrate der Wöchnerinnen drastisch gesenkt werden konnte.

Trotz dieser beeindruckenden, wenn auch vereinzelten Erfolge dauerte es aber noch bis in die Mitte des 20. Jahrhunderts, ehe kontrollierte medizinische Studien und die dabei erforderlichen statistischen Methoden in der Heilkunde allgemein anerkannt und schließlich sogar als zwingend nötig gefordert wurden, zunächst in den USA und Großbritannien, spätestens seit den 1970er Jahren auch im übrigen Europa. Dies hatte mehrere Gründe, von denen nur zwei besonders wichtige genannt seien: Einerseits wurden die meisten statistischen Methoden, die heute verwendet werden, erst vor wenigen Jahrzehnten von Mathematikern entwickelt; andererseits fehlten lange Zeit allgemein gültige, internationale Richtlinien für die medizinische Forschung am Menschen. Diese wurden erst im Jahre 1964 auf einer Generalversammlung des Weltärztebundes in Helsinki erarbeitet

(„Deklaration von Helsinki"). In revidierter Form bildet diese Deklaration heute die juristische und ethische Grundlage bei Studien und Experimenten, die an Menschen durchgeführt werden.

In der Bundesrepublik Deutschland wurde mit Inkrafttreten der im Jahre 1970 erlassenen Approbationsordnung für Ärzte im Herbst 1972 das Fach „Biomathematik" als scheinpflichtige Disziplin zu Beginn des klinischen Studiums eingeführt, und in den folgenden Jahren etablierten sich an den Medizinischen Fakultäten die entsprechenden wissenschaftlichen Institute für Medizinische Biometrie und Medizinische Informatik, die heute in der biomedizinischen Forschung sowie in der Dokumentation von klinischen Daten eine äußerst wichtige, unterstützende Funktion wahrnehmen.

Die Phasen einer medizinischen Studie

Der Ausgangspunkt einer Studie in der medizinischen Forschung ist, dass ein Arzt (z. B. Ihr Betreuer!) aufgrund zahlreicher Einzelbeobachtungen oder einer genialen Idee einen Zusammenhang entdeckt, der bis dahin noch unbekannt ist. Dies ist aber zunächst nicht mehr als eine vage Vermutung. Um sie zu verifizieren, muss eine wissenschaftliche Studie durchgeführt werden.

Eine Studie lässt sich grob in vier Abschnitte einteilen. Zunächst sollte man sich in der so genannten **Erkundungsphase** anhand von geeigneter Literatur über den aktuellen Wissensstand auf diesem Gebiet kundig machen und darüber nachdenken, ob die geplante Studie wirklich sinnvoll ist. In der **theoretischen Phase** formuliert man aus der Vermutung die der Arbeit zugrunde liegende Hypothese und versucht, diese in eine logisch konsistente Theorie einzubetten. Damit ist die Hypothese theoretisch abgesichert und herleitbar. Da aber eine Theorie in der Medizin die Realität niemals vollständig beschreiben kann, ist es darüber hinaus erforderlich, die Hypothese empirisch zu bestätigen. Dazu werden in der **analytisch-statistischen Phase** an Patienten, Probanden oder Versuchstieren Daten erhoben und mit statistischen Methoden ausgewertet. Danach folgt die **Entscheidung**: Wenn die Ergebnisse dieser Analyse die Hypothese bestätigen, wird man sich für deren Richtigkeit entscheiden. Falls das Ergebnis der Datenanalyse nicht mit der Hypothese in Einklang zu bringen ist, muss man sich überlegen, ob die Theorie einen Fehler oder ob die statistische Analyse einen Schwachpunkt enthält.

Die statistische Phase beinhaltet die Versuchsplanung, die Datenerhebung und -analyse; sie ist mit der meisten Arbeit verbunden. Der Betreuer hat in der Regel „nur" die Idee zu der Arbeit gehabt und die Hypothese geliefert. Alles Weitere zählt zu den Aufgaben des Doktoranden, der dann als Belohnung mit dem Doktortitel geehrt wird.

Beispiel: Die Untersuchungen von Semmelweis

Die oben beschriebene Vorgehensweise soll am Beispiel von Ignaz Philipp Semmelweis' Untersuchungen verdeutlicht werden. Semmelweis war in der Mitte des 19. Jahrhunderts Assistenzarzt am Wiener Allgemeinen Krankenhaus, das zwei geburtshilfliche Abteilungen hatte. Die Mortalitätsraten der Wöchnerinnen differierten sehr stark: In der einen Abteilung starben in den Jahren 1841 – 1846 durchschnittlich 9,9% der Frauen bei der Entbindung an Kindbettfieber, in der anderen nur 3,4%. Die Abteilungen unterschieden sich dahingehend, dass in der einen (mit der höheren Mortalitätsrate) Ärzte und Medizinstudenten die Frauen entbanden, während in der anderen nur Hebammen als Geburtshelfer tätig waren. Semmelweis erfasste die Zeiten und Häufigkeiten der Todesfälle und beobachtete dabei, dass die Mortalitätsrate in der Abteilung der Ärzte immer dann besonders hoch war (sie betrug zeitweise fast 20%), wenn viele pathologisch-anatomische Studien durchzuführen waren. In den Zeiten jedoch, in denen die Totenkammer leer war, waren die Mortalitätsraten etwa so niedrig wie in der Hebammen-Abteilung. Für Semmelweis und alle anderen Ärzte war dieses Phänomen zunächst nicht erklärbar. Die zündende Idee kam ihm, als er nach dem Tod eines Kollegen, der sich bei einer Sektion mit dem Messer verletzt hatte, die Parallelität der beiden Krankheitsbilder – des Kindbettfiebers und des Wundfiebers – erkannte. Er stellte nun folgende **Theorie** auf: Die Ärzte übertragen den Frauen aus der pathologischen Abteilung so genannte „Leichenteilchen", die das Kindbettfieber verursachen. Demnach – so seine **Hypothese** – ließen sich die Mortalitätsraten durch hygienische Maßnahmen, bei denen diese Leichenteilchen vernichtet werden, senken.

Diese Hypothese war in der damaligen Zeit, als bakteriologische Erreger noch unbekannt waren, sehr gewagt. Es handelte sich um eine abduktive Schlussfolgerung, für die es zunächst keinen einzigen Beleg gab. Die Theorie muss aus heutiger Sicht natürlich unvollständig erscheinen. Wir dürfen aber nicht vergessen, dass wir heute oft vor demselben Problem stehen: Bei vielen „neuen" Krankheiten ist es (noch) nicht möglich, deren Ursache bis auf molekulare oder zelluläre Ebene hinab zu erklären. Deshalb ist es – sowohl bei Semmelweis als auch bei heutigen Studien – erforderlich, die Hypothese statistisch abzusichern. Semmelweis setzte schließlich gegen den Widerstand seiner Kollegen hygienische Maßnahmen durch und wies nach, dass die Sterblichkeitsrate der Mütter in beiden Abteilungen auf unter 2% sank. Dies bestätigte eindrucksvoll seine Hypothese. Der **Beweis** für deren Richtigkeit wurde erst Jahrzehnte später erbracht, als man die das Kindbettfieber verursachenden Bakterien mikroskopisch nachweisen konnte.

Dieses Beispiel zeigt, dass der theoretische Ansatz in der medizinischen Forschung im Allgemeinen unzureichend ist – denn hätte man gewartet, bis sich Semmelweis' Entdeckung naturwissenschaftlich bis ins letzte Detail erklären ließe und erst dann Konsequenzen gezogen, hätten weiterhin unzählige Mütter ihr Leben verloren. Es ist also sinnvoll und notwendig, eine Hypothese, die theoretisch nicht vollständig erklärbar ist, durch eine statistische Analyse abzusichern und die dadurch gewonnenen Erkenntnisse in die Praxis umzusetzen.

4.2 Unterschiedliche Studientypen

Kriterien zur Kategorisierung

Ein wesentliches Kriterium bei medizinischen Studien ist, ob sie beobachtend oder experimentell sind. Bei **beobachtenden Studien** nimmt der Versuchsleiter eine passive Rolle ein – er beobachtet, erhebt Daten und wertet diese aus. Er greift aber nicht modifizierend in das Geschehen ein. Bei **experimentellen Studien** (oder Interventionsstudien) gibt der Versuchsleiter die Ausprägungen der Einflussgrößen zumindest teilweise vor. Im Mittelpunkt steht meist eine nicht-menschliche Population, etwa bei Tierexperimenten oder Experimenten im Labor. In der Humanmedizin sind Experimente ethisch problematisch. Eine Sonderform bilden kontrollierte klinische Studien (s. Abschn. 4.3, S. 64), bei denen eine bestimmte Therapieform den Patienten vorgegeben wird.

4

Außerdem lassen sich Studien danach klassifizieren, ob sie transversal oder longitudinal angelegt sind. Bei einer **transversalen Studie** (oder Querschnittstudie) werden die Merkmale der Probanden nur ein einziges Mal zu einem bestimmten Zeitpunkt untersucht. Diese Studien eignen sich für Zustandsbeschreibungen (etwa um die Prävalenz einer Krankheit festzustellen). Bei einer **longitudinalen Studie** (oder Längsschnittstudie) werden die Merkmale der Probanden mehrfach zu aufeinander folgenden Zeitpunkten erfasst. Mit solchen Studien lassen sich Veränderungen über die Zeit eruieren.

Studien, bei denen menschliche Individuen untersucht werden, lassen sich einteilen in klinische und epidemiologische Studien. In **klinischen Studien** werden Patienten oder auch gesunde Probanden in einer Klinik (also einem kleineren Rahmen) untersucht, während bei **epidemiologischen Studien** große Personengruppen auch außerhalb einer Klinik beobachtet werden (etwa Schulklassen oder die Bewohner einer bestimmten Gegend oder auch Patienten mit einer bestimmten Krankheit, die in den letzten zehn Jahren behandelt wurden). Klinische Studien können beobachtend oder experimentell sein, während epidemiologische Studien in der Regel beobachtend sind.

Ein weiteres, ganz wesentliches Kriterium einer Studie ist, ob sie retrospektiv oder prospektiv durchgeführt wird. Die Bezeichnungen „retrospektiv" und „prospektiv" beziehen sich nicht, wie vielfach und fälschlich angenommen wird, auf den Zeitpunkt der Datenerhebung, sondern auf die Blickrichtung zwischen den Einfluss- und den Zielgrößen. **Zielgrößen** sind diejenigen Merkmale, über die man anhand der Studie nähere Informationen gewinnen möchte. Merkmale, die in einem funktionalen Zusammenhang zu den Zielgrößen stehen und diese beeinflussen, nennt man **Einflussgrößen**.

Retrospektive Studien

Bei retrospektiven Studien geht man von der oder den Zielgrößen aus und untersucht rückwirkend, welche Faktoren die Zielvariable(n) beeinflusst haben könnte(n). Ein Beispiel mag diese Vorgehensweise verdeutlichen: Wenn man nachweisen möchte, dass ein Zusammenhang zwischen „Rauchen" und „Lungenkrebs" besteht, dann ist „Rauchen" als Einflussfaktor und die Krankheit „Lungenkrebs" als Zielgröße aufzufassen. Bei einer retrospektiven Studie würde man eine Gruppe von lungenkrebserkrankten Patienten mit einer Gruppe nicht-erkrankter Personen vergleichen, um herauszufinden, ob sich die beiden Gruppen in ihren Rauchgewohnheiten unterscheiden (dies wäre eine Fall-Kontroll-Studie, s. Abschn. 4.3, S. 63).

Der Vorteil dieser Studienart liegt auf der Hand: Man braucht nicht auf das Eintreten bestimmter Ereignisse zu warten, sondern kann quasi sofort mit der Datenerhebung beginnen. Deshalb sind diese Studien für medizinische Doktorarbeiten so sehr beliebt (s. Abschn. 2.3, S. 17). Die Daten sind häufig bereits dokumentiert (z. B. in Patientenakten); wenn sie nicht dokumentiert sind, muss man die relevanten Personen nach zurückliegenden Ereignissen befragen. Und hier wird sofort der Nachteil dieses Studientypus ersichtlich: die mitunter schlechte Datenqualität. Man hat keinerlei Einfluss auf die Art und Anzahl der Daten, auf den Stichprobenumfang und – falls die Daten bereits dokumentiert sind – auf die Art der Erfassung und der Dokumentation. Fehlende Werte lassen sich kaum ergänzen, fehlerhafte Werte meist nicht einmal feststellen und schon gar nicht korrigieren.

Bei Befragungen kann man nicht unbedingt sicher sein, immer die richtigen Informationen zu erhalten. Deshalb sollte man nach Möglichkeit einzelne Interviews einer Fragebogenaktion vorziehen, da man dabei eher die Möglichkeit hat, die Antworten zu überprüfen. Darüber hinaus ist es sehr schwierig und in den meisten Fällen ganz unmöglich, alle Personen, deren Daten man bräuchte, zu erreichen. Deshalb sei vor dieser Art von Studien ausdrücklich gewarnt!

Retrospektive Studien können zwar Hinweise auf mögliche Ursachen geben; sie sind jedoch nicht geeignet, einen kausalen Zusammenhang nachzuweisen. Sie sind demzufolge verwendbar, um Hypothesen zu generieren, aber nicht, um Hypothesen zu prüfen.

Prospektive Studien

Bei prospektiven Studien geht man von den Einflussgrößen aus und untersucht die Ausprägungen der Zielvariablen (dies ist eine logisch sinnvollere Vorgehensweise als bei retrospektiven Studien). Im oben erwähnten Beispiel „Lungenkrebs und Rauchen" würde man eine Population bestehend aus Nichtrauchern, leichten, mäßigen und starken Rauchern heranziehen und dann feststellen, bei welchem Perso-

4

nenkreis mit welcher Häufigkeit Lungenkrebs auftritt (dies wäre eine Kohortenstudie, s. Abschn. 4.3, S. 64). Man muss also – im Gegensatz zu retrospektiven Studien – auf das Eintreten der Zielereignisse warten. Dafür hat man Kontrollmöglichkeiten bezüglich der Datenqualität und der Dokumentation.

Üblicherweise wird die Population, die bei prospektiven Studien untersucht wird, in der Gegenwart zusammengestellt und bis zu einem späteren Zeitpunkt beobachtet. Man kann aber auch eine prospektive Studie durchführen, nachdem alle Daten bereits erhoben sind. In diesem Fall werden die Probanden beginnend bei einem in der Vergangenheit liegenden Zeitpunkt beobachtet. Man bezeichnet dies als eine Studie mit zurückverlegtem Anfangszeitpunkt oder als eine historische Studie. Diese Studienart hat allerdings ähnliche Nachteile wie eine retrospektive Studie.

Prospektive Studien sind geeignet, um Hypothesen zu verifizieren. Beispiele dafür sind klinische Therapiestudien oder Diagnosestudien. Experimente sind immer prospektiv; Beobachtungsstudien können dagegen prospektiv oder retrospektiv sein.

4.3 Spezielle Studien

Fall-Kontroll-Studien

Bei einer Fall-Kontroll-Studie handelt es sich um eine **retrospektive** Studie, bei der eine Gruppe von Fällen (das sind Patienten, die an einer bestimmten Krankheit leiden) einer Gruppe von Kontrollen (nicht erkrankte Personen) gegenübergestellt wird. Es wird untersucht, ob ein bestimmter ätiologischer Faktor in den beiden Gruppen unterschiedlich verteilt ist. Man ermittelt dabei folgende Häufigkeiten:

	Ausgangssituation: Fälle – Krankheit liegt vor	Ausgangssituation: Kontrollen – Krankheit liegt nicht vor
exponiert	a	b
nicht exponiert	c	d

Daraus lässt sich die so genannte **Odds Ratio** berechnen:

$$\omega = \frac{a \cdot d}{b \cdot c}$$

Dieser Quotient ist ein Näherungswert für das relative Risiko, zu erkranken.

Fall-Kontroll-Studien sind relativ einfach und kostengünstig durchzuführen. Ein weiterer Vorteil liegt in der Zeitersparnis: Man braucht nicht zu warten, bis man genügend Fälle gesammelt hat. Insbesondere bei Krankheiten mit geringer Inzidenz oder langer Latenzzeit ist dies eminent wichtig.

Bei Befragungen können sich die Fälle oft wesentlich besser an Dinge erinnern, die in Zusammenhang mit ihrer Erkrankung stehen, als die Kontrollen, die von der zu untersuchenden Krankheit nicht betroffen und demzufolge an der Studie nicht sonderlich interessiert sind. Häufig geben sie weniger bereitwillig Auskunft über zurückliegende Ereignisse, was zu Verzerrungen der Ergebnisse führen kann. Man bezeichnet dies als einen **Recall-Bias** oder **Informationsbias**. Um verlässliche Ergebnisse zu erhalten, ist unbedingt darauf zu achten, dass die beiden Gruppen der Fälle und Kontrollen struktur- und beobachtungsgleich sind (s. Abschn. 4.4, S. 71).

Kohortenstudien

Kohortenstudien sind groß angelegte, **prospektive, epidemiologische Beobachtungsstudien**. Häufig handelt es sich um **Risikostudien:** Dabei geht man von einem großen Personenkreis aus, bei dem ein Risikofaktor in unterschiedlichen Ausprägungen vorliegt. Im einfachsten Fall gibt es nur die beiden Ausgangssituationen „exponiert" und „nicht exponiert". Damit ergeben sich folgende Häufigkeiten:

	Ausgangssituation: exponiert	Ausgangssituation: nicht exponiert
Krankheit bricht aus	a	b
Krankheit bricht nicht aus	c	d

Anhand dieser Häufigkeiten lassen sich die Inzidenzraten für exponierte und nicht-exponierte Personen explizit berechnen; deren Quotient ergibt das **relative Risiko:**

$$\varrho = \frac{a \cdot (b + d)}{b \cdot (a + c)}$$

Bei Fall-Kontroll-Studien lassen sich die Inzidenzraten nicht ermitteln; das relative Risiko lässt sich jedoch – wenn die Inzidenz gering ist – durch ω abschätzen.

Eine andere Art von Kohortenstudien stellen **Prognosestudien** dar, deren Ziel darin besteht, Faktoren zu evaluieren, die für den weiteren Verlauf einer Krankheit relevant sind. Auch **Überlebenszeitstudien**, bei denen beispielsweise die 5-Jahres-Mortalität in Abhängigkeit vom Schweregrad einer Krankheit ermittelt wird, zählen zu diesem Studientyp (s. S. 69).

Große Kohortenstudien sind sehr kostenaufwendig und zeitintensiv; sie erstrecken sich meist über mehrere Jahre oder Jahrzehnte. Zu berücksichtigen ist ferner das Drop-Out-Problem: Je länger eine Studie dauert, um so mehr ist damit zu rechnen, dass Probanden aus der Studie vor deren Ende ausscheiden. Aus diesen Gründen sind Kohortenstudien für Doktorarbeiten weniger geeignet.

Kontrollierte klinische Therapiestudien

Bei einer kontrollierten klinischen Therapiestudie werden zwei oder mehr Therapieformen an entsprechend vielen Patientengruppen verglichen (beispielsweise ein neu entwickeltes Medikament mit dem bisherigen Standardmedikament im 2-Gruppen-Vergleich oder ein Placebo mit der 1- und der 2-fachen Dosis eines Medikaments im 3-

Gruppen-Vergleich). Diese Studien sind immer **prospektiv** und **longitudinal**. Sie haben experimentellen Charakter, weil nicht nur beobachtet wird, sondern weil den Patienten eine bestimmte Therapieform zugeteilt wird. Aus diesem Grund bezeichnet man diese Studien als **kontrolliert**. Sie sind der höchste Standard bei der Untersuchung von Therapieverfahren und beobachtenden Studien überlegen.

In der praktischen Anwendung sind sie allerdings nicht unproblematisch. Mindeststandards, die garantieren sollen, dass diese Studien auf möglichst hohem wissenschaftlichen und ethischen Niveau durchgeführt werden, sind in mehreren normativen Texten verankert, unter anderem in der Deklaration von Helsinki. Zu berücksichtigen sind ferner die Richtlinien der **Good Clinical Practice.** Diese Qualitätsanforderungen sind seit 1991 gültig und werden von allen Ländern der Europäischen Gemeinschaft anerkannt. Jede klinische Studie muss von einer **Ethikkommission** begutachtet werden.

Eine neue Therapie wird normalerweise in vier Phasen überprüft (dies ist u. a. vom Arzneimittelgesetz vorgeschrieben). In **Phase I** werden nur gesunde Probanden mit der neuen Therapie behandelt; dabei sollen Fragen zur Pharmakokinetik, zu Wirkungen und Nebenwirkungen geklärt werden. Außerdem ist man bemüht, Informationen bezüglich chemischer und physikalischer Eigenschaften des neuen Medikaments zu erhalten. In **Phase II** wird die neue Therapie an einzelnen Patienten eingesetzt mit dem Ziel, Informationen zur Wirksamkeit bei kranken Personen zu erhalten. Der interessanteste Teil ist die **Phase III**: Hier werden Patientengruppen, die unterschiedliche Therapieformen erhalten, miteinander verglichen (dies ist die eigentliche klinische Studie). Warum ist eine Vergleichsgruppe notwendig? Es muss nachgewiesen werden, dass eine neu entwickelte Therapie der bisher verwendeten Standardtherapie überlegen ist. Deshalb ist – falls eine Standardtherapie bereits praktisch erprobt ist – diese als Vergleich heranzuziehen. Ein Placebo in der Vergleichsgruppe darf nur dann verwendet werden, wenn die damit behandelten Patienten keinen Nachteil zu erwarten haben. Wenn keine Standardtherapie zur Verfügung steht und die Behandlung mit einem Placebo ethisch nicht vertretbar ist, verwendet man eine historische Vergleichsgruppe – das heißt, man vergleicht die Gruppe, die mit der neuen Therapie behandelt wird, mit einer anderen Gruppe von erkrankten Patienten aus der Vergangenheit.

Die Zuteilung eines Patienten zu einer Therapiegruppe erfolgt **randomisiert**; das heißt, der Zufall entscheidet im Einzelfall, welche Therapie ein Patient erhält. Damit soll erreicht werden, dass die Gruppen strukturgleich sind. Es ist sinnvoll, die Phase III **doppelblind** durchzuführen; das heißt, weder der behandelnde Arzt noch die Patienten wissen, welche Therapie im Einzelfall verwendet wird. Dies ist wünschenswert, um autosuggestive Einflüsse auf beiden Seiten auszuschalten. Leider lassen sich nicht alle Studien doppelblind durchführen (etwa wenn ein chirurgischer Eingriff mit einer konservativen Therapie verglichen wird). Wenn nur der behandelnde Arzt, nicht aber der Patient die Therapie kennt, spricht man von **einfachblinden** Studien. Einfachblind kann auch bedeuten, dass nur der Patient, nicht aber der Arzt über die Therapie informiert ist (das ist beispielsweise bei Studien, in der der Einfluss einer Diät untersucht wird, gegeben). Bei **offenen** Studien kennen beide Seiten die Therapieform. – Der Versuchsleiter sollte sich bemühen, eine klinisch-kontrollierte Studie doppelblind zu planen, wann immer dies realisierbar erscheint. Die so genannte **Double-Dummy-Technik** ermöglicht ein doppelblindes Design auch dann, wenn zwei Medikamente in unterschiedlicher Applikationsform verabreicht werden (dabei wird in jeder Therapiegruppe eines der beiden Medikamente als Placebo verabreicht).

Wenn die Phasen I bis III erfolgreich abgeschlossen sind, kann die Zulassung des neuen Medikaments beantragt werden. Danach beginnt die **Phase IV**; diese dauert an, so lange das Medikament auf dem Markt ist. Sehr seltene Nebenwirkungen werden normalerweise erst in Phase IV entdeckt.

Auch bei klinisch-kontrollierten Studien ist damit zu rechnen, dass Patienten ausscheiden. Problematisch wird dies dann, wenn ein Patient aus Gründen, die in Zusammenhang mit seiner Therapie stehen, nicht mehr teilnehmen will oder die Therapiegruppe wechseln möchte (etwa wegen eines scheinbaren Misserfolgs der ihm zugewiesenen Behandlung oder wegen Nebenwirkungen). Selbstverständlich sollte man im Vorfeld die Studie so planen, dass derartige Vorkommnisse nicht auftreten; gleichwohl lassen sie sich nicht immer vermeiden. Man sollte in solchen Fällen alle Patienten bei der Auswertung der Therapiegruppe zuordnen, der sie bei der Randomisation zugeteilt worden waren. Dieses Prinzip bezeichnet man als „Intention-to-treat-Analyse". Diese Methode mag die Ergebnisse der Studie verwässern; indes ist dies die einzige Möglichkeit, die durch die Randomisation erhaltene Strukturgleichheit zu wahren.

Im Rahmen einer **Doktorarbeit** befasst man sich mit einer der Phasen I bis III. Achten Sie wegen der erwähnten Problematiken unbedingt darauf, dass ein ausführliches Studienprotokoll erstellt wird (s. Abschn. 4.4, S. 72). Das Wohl der Patienten hat absolute Priorität. Der verantwortliche Arzt ist verpflichtet, jeden Probanden und jeden Patienten über Sinn und Zweck der Studie aufzuklären, über Risiken zu informieren und dessen Einverständnis einzuholen. Niemand kann gezwungen werden, gegen seinen Willen an einer solchen Studie teilzunehmen. Wenn Sie als Doktorand in einer klinischen Therapiestudie involviert sind, sind auch Sie dafür verantwortlich, dass alle Richtlinien und Gesetzesvorgaben eingehalten werden.

Diagnosestudien

Diagnosestudien werden durchgeführt, um die Validität eines medizinischen Tests zu untersuchen. Sie sind **beobachtend** und **prospektiv**. Die Güte des diagnostischen Verfahrens wird an einer hinreichend großen Anzahl von Personen mit bekanntem Krankheitsstatus (erkrankt oder nicht erkrankt) überprüft. Man erhält damit folgende Häufigkeiten:

	Ausgangssituation: Krankheit liegt vor	Ausgangssituation: Krankheit liegt nicht vor
Testergebnis positiv	a	b
Testergebnis negativ	c	d

Daraus lassen sich die Sensitivität (Anteil der richtig positiven Testergebnisse) und die Spezifität (Anteil der richtig negativen Ergebnisse) sowie die Vorhersagewerte anhand folgender Formeln ermitteln:

- **Sensitivität:** $\frac{a}{a+c}$
- **Spezifität:** $\frac{d}{b+d}$
- **Positiver Vorhersagewert:** $\frac{a}{a+b}$
- **Negativer Vorhersagewert:** $\frac{d}{c+d}$

Die Sensitivität und Spezifität sind Gütekriterien des diagnostischen Tests; sie sind unabhängig von der Prävalenz. Die Vorhersagewerte sind dagegen maßgeblich bestimmt von der Prävalenz und deshalb nicht ohne Weiteres auf andere Populationen übertragbar.

Eine Schwierigkeit bei diagnostischen Tests kann darin liegen, dass der Status „krank“ bzw. „gesund“ keineswegs bei allen Krankheiten exakt definiert und eindeutig ist. Dies gilt insbesondere für Krankheiten, die anhand von Laborparametern bestimmt werden (z. B. Bluthochdruck). Hier gilt es, einen Schwellenwert (cutpoint) festzulegen, der den physiologischen Bereich vom pathologischen trennt. Dieser Schwellenwert beeinflusst die Prävalenz, die Sensitivität, die Spezifität und damit auch die Vorhersagewerte. Allgemein gilt: Je höher die Sensitivität, desto niedriger ist die Spezifität und umgekehrt. Diese Abhängigkeit wird durch eine so genannte **ROC-Kurve** graphisch dargestellt. Es kann Gegenstand einer Doktorarbeit sein, einen optimalen Schwellenwert zu finden, der den Anteil der falschen Testbefunde minimiert.

Diagnosestudien werden hin und wieder mit **Fall-Kontroll-Studien** verwechselt, weil auch bei ihnen eine Gruppe erkrankter und eine Gruppe nicht-erkrankter Personen vorliegen. Es gibt jedoch einen wesentlichen Unterschied: Bei einer Fall-Kontroll-Studie wird retrospektiv nach ätiologischen Faktoren gesucht (der Krankheitsstatus ist dabei die Zielgröße); bei einer Diagnosestudie erfasst man prospektiv die Ergebnisse eines diagnostischen Tests (hier ist der Krankheitsstatus die Einflussgröße).

Diagnostische Studien sind für die Forschung und Praxis sehr wichtig. Letzten Endes basieren die Ergebnisse fast aller Studien auf diagnostischen Verfahren, die ja Voraussetzung für das Erkennen einer Krankheit sind. Diese Studien sind in der Regel groß angelegt und werden daher oft als epidemiologische Studien bei einer Population außerhalb eines Krankenhauses durchgeführt. Sie sind häufig als **multizentrische Studien** angelegt, an denen mehrere Einrichtungen beteiligt sind. Der Grund dafür liegt darin, dass insbesondere bei sehr seltenen Krankheiten diese Studienform die einzige Möglichkeit darstellt, eine hinreichend große Anzahl von Patienten zu erhalten. Außerdem lassen sich die Ergebnisse einer solchen Studie, die über eine größere Region verteilt ist, wesentlich besser verallgemeinern als Ergebnisse, die sich aus einer einzigen Klinik ergeben.

4

Cross-Over-Studien

Bei klinisch-kontrollierten Studien werden in der Regel zwei Parallelgruppen miteinander verglichen. Bei manchen Krankheitsbildern ist es auch denkbar, dass jeder Patient in zeitlich versetzten Phasen beide Therapien erhält. Dies bezeichnet man als Cross-Over-Studie. Ein Patient dient dann gleichzeitig als seine eigene Kontrolle; man erhält auf diese Weise zwei verbundene Stichproben, die in optimaler Weise strukturgleich sind. Ein weiterer Vorteil dieses Designs besteht darin, dass man mit wesentlich weniger Patienten auskommt als bei einer klinischen Studie. Zwei Punkte verdienen besondere Beachtung: 1. Die Reihenfolge, in der ein einzelner Patient die Therapien erhält, wird durch den Zufall entschieden (Randomisierung). 2. Um Überhangeffekte auszuschließen, ist zwischen den Therapiephasen eine hinreichend lange, behandlungsfreie Phase einzuplanen (Wash-Out-Periode).

Allerdings kann dieses Design nur bei wenigen medizinischen Fragestellungen eingesetzt werden. So ist bei progredienten Erkrankungen eine Cross-Over-Studie vollkommen ungeeignet; ebenso bei Krankheitszuständen, bei denen eine der beiden Therapien zur Heilung oder zur anhaltenden Besserung des Gesamtstatus führt. Anwendungsbeispiele für diese Studienart sind chronische unheilbare Erkrankungen wie etwa Rheuma, wo lediglich eine Milderung der Symptome erreicht werden kann.

Überlebenszeitstudien

Bei diesem Studientyp wird die Zeitspanne untersucht, die von einem definierten Anfangsereignis bis zum Auftreten eines bestimmten Endereignisses vergeht. Typische Anfangsereignisse sind etwa die Geburt eines Individuums oder der Beginn einer therapeutischen Maßnahme; bei den Endereignissen handelt es sich üblicherweise um den Tod eines Patienten, den Eintritt einer Remission, das Auftreten eines Rezidivs oder das Ende der Beschwerdefreiheit. Es muss sich also keineswegs immer um das Überleben im wörtlichen Sinne handeln. Diese Studien können als Kohortenstudien (s. S. 64) angelegt sein oder – wenn die Überlebenszeit in Abhängigkeit von einer Therapie untersucht wird – auch als klinisch kontrollierte Studie (s. S. 64).

Die Problematik, die sich bei diesen Studien häufig ergibt, besteht darin, dass nicht alle teilnehmenden Personen bis zum Auftreten des relevanten Endereignisses beobachtet werden können – sei es, weil die Studie zeitlich begrenzt ist oder weil Patienten vorzeitig ausscheiden (Drop-Outs). Man spricht dann von **zensierten Daten**. Ein spezielles Schätzverfahren – die so genannte **Kaplan-Meier-Methode** – ermöglicht die Berechnung von Überlebenswahrscheinlichkeiten unter Berücksichtigung zensierter Daten.

4.4 Das A & O: eine ordentliche Versuchsplanung

Bestandteile der Versuchsplanung

Die Bedeutung der Versuchsplanung wird häufig unterschätzt – und genau darin liegt der Hauptgrund für diversen Ärger und Frust, was in Einzelfällen gar zum Abbruch der Arbeit führen kann. Was nutzt es beispielsweise, wenn ein Doktorand mit viel Fleiß und Mühen Unmengen von Daten gesammelt hat, und damit die vorgegebene Fragestellung nicht beantworten kann? Welche Aussagekraft haben spektakuläre Ergebnisse, wenn das Studiendesign mangelhaft ist? Welchen Sinn haben aufwendige Untersuchungen, wenn die Daten ungeeignet sind für eine brauchbare statistische Analyse? Vor den Untersuchungen sollten daher folgende Überlegungen stehen:

- **Fragestellung:** Es wurde schon mehrfach erwähnt, dass die Fragestellung vor dem Beginn der Untersuchungen so präzise wie möglich formuliert sein sollte. Dies ist essenziell wichtig, da darauf der gesamte weitere Verlauf der Studie basiert. Ausgehend von der Fragestellung sollte eine konkrete Hypothese formuliert werden.
- **Repräsentativität der Stichprobe(n):** Vorab ist zu überlegen, wie die Stichprobe(n) beschaffen ist (sind), und auf welche Population die Ergebnisse der Stichprobenuntersuchung übertragbar sind. Die Verallgemeinerung der Untersuchungsergebnisse ist nur dann zulässig, wenn die Stichproben repräsentativ sind – das heißt, sie stimmen in ihren wesentlichen Eigenschaften mit der jeweiligen Grundgesamtheit überein (abgesehen von zufällig bedingten Abweichungen). Man sollte sich hüten, allzu weit reichende Schlussfolgerungen zu ziehen, die sich im Nachhinein als falsch herausstellen könnten.
- **Fragen zur Biometrie:** Die meisten Doktoranden lassen sich erstmals nach dem Abschluss ihrer Untersuchungen bei einem Biometriker blicken und sind dann entsetzt, wenn sie erfahren, dass die Auswertung ihrer Daten ungeahnte Schwierigkeiten bereitet. Jeder Biometriker, der Doktoranden (und übrigens auch wissenschaftlich tätige Ärzte) in statistischen Fragen berät, weiß davon ein Lied zu singen. Es ist daher unbedingt erforderlich, sich vor den Untersuchungen mit einem Statistiker in Verbindung zu setzen. Welche Punkte bei einem solchen Gespräch angesprochen werden sollten, erfahren Sie in Abschn. 5.4, S. 105.
- **Logistische Überlegungen:** Sie sollten klarstellen, dass die Studie unter den vorgegebenen Bedingungen durchführbar ist. Dazu gehören Fragen wie: Stehen genügend Ressourcen an Zeit und Geld zur Verfügung? Sind die notwendigen Messgeräte vorhanden und

funktionieren sie einwandfrei? Gibt es Mitarbeiter, die sich in der Untersuchungsmethodik auskennen und die bereit sind, Sie zu unterstützen? Kann die Zahl der benötigten Patienten (Probanden, Versuchstiere) in absehbarer Zeit rekrutiert werden?

- **Studiendesign:** Wie ist die Studie angelegt (etwa randomisiert, doppelblind)? Wenn eine klinisch-kontrollierte Studie nicht doppelblind durchgeführt wird, sollte dies stichhaltig begründet sein. Wie viele Patienten (Probanden, Versuchstiere) werden in welcher Phase benötigt? Werden diese Patienten nur zu einem bestimmten Zeitpunkt oder mehrmals nacheinander untersucht?

Es ist wichtig, dass Sie diese Fragen so früh wie möglich – am besten, ehe Sie mit der Datenerhebung beginnen – mit Ihrem Betreuer besprechen. Planungsfehler in der Anfangsphase können nämlich zu einem späteren Zeitpunkt kaum noch korrigiert werden.

Der Vergleich mehrerer Gruppen

Bei vielen Studien werden zwei oder mehr Gruppen miteinander verglichen (z. B. in Fall-Kontroll-Studien oder klinischen Therapiestudien, Phase III). In diesen Fällen muss darauf geachtet werden, dass die Gruppen auch wirklich vergleichbar sind. Es wäre beispielsweise wenig sinnvoll, in einer Therapiestudie leicht erkrankte Patienten mit einem neuen Medikament zu behandeln und bei schwereren Fällen ein herkömmliches Medikament anzuwenden – dies könnte leicht eine Überlegenheit des neuen Medikaments vortäuschen. Man bezeichnet dies als einen **Selektionsbias.** In Wirklichkeit ist aber ein Vergleich zwischen diesen beiden Gruppen nicht statthaft, weil sie sich von vornherein in einer wichtigen Einflussgröße – nämlich dem Schweregrad ihrer Krankheit – unterscheiden.

Es ist also erforderlich, dass sich die zu vergleichenden Gruppen – abgesehen von der zu untersuchenden Einflussgröße (etwa der Therapieform) – gleichen oder zumindest weitgehend ähneln. Man bezeichnet dies als **Strukturgleichheit**. Wie erhält man strukturgleiche Gruppen? Bei kontrollierten Therapiestudien bietet sich die **Randomisierung** an: Ein Zufallsverfahren entscheidet, welcher Therapiegruppe ein Patient zugeordnet wird. Der Vorteil dieses Vorgehens liegt darin, dass die Patienten sowohl nach bekannten als auch nach unbekannten Einflussgrößen zufällig auf die Gruppen verteilt werden. Dadurch vermeidet man, dass subjektive Einflüsse der behandelnden Ärzte oder der Patienten oder eine bestimmte Systematik die Zuteilung beeinflussen. Eventuell sollte man vor der Randomisierung **Schichten** bilden – eine Schicht besteht aus Personen, die sich bezüglich wichtiger Eigenschaften annähernd gleichen. Bei klinischen Studien bildet man häufig Schichten nach Altersgruppen und Geschlecht und randomisiert dann innerhalb dieser Schichten. So erhält man in der Phase III mit Sicherheit strukturgleiche Gruppen bezüglich dieser Merkmale. – Bei sehr kleinen Schichten spricht man von **Blöcken**. Meist handelt es sich um natürliche Blöcke, etwa paarige Organe oder die Tiere eines Wurfs. Bei einer klinischen Studie, bei der zwei Augensalben verglichen werden, wäre es angebracht, das Augenpaar eines jeden Patienten als Block aufzufassen und dann durch ein Zufallsverfahren entscheiden zu lassen, welches Auge mit welcher Salbe behandelt wird. Die beiden Therapiegruppen bilden dann **zwei verbundene Stichproben**, die optimal strukturgleich sind.

Bei Fall-Kontroll-Studien hat sich die **matched-pairs-Technik** bewährt. Das heißt, man wählt zu jedem Fall (also zu jeder erkrankten Person) eine passende Kontrolle, die in wesentlichen Eigenschaften mit dem Fall übereinstimmt. Oft werden die Patienten hinsichtlich ihres Alters und Geschlechts gematcht, weil diese beiden Merkmale mit vielen Krankheiten in Zusammenhang stehen.

Außerdem ist auf **Beobachtungsgleichheit** zu achten – das heißt, die beiden Gruppen müssen von denselben Personen, mit denselben Messmethoden und im selben Zeitraum beobachtet werden. Bei klinischen Therapiestudien ist ferner die **Behandlungsgleichheit** wichtig. Das bedeutet, dass die beiden Gruppen auf gleiche Weise behandelt werden sollten (abgesehen von den unterschiedlichen Therapieformen). Man versucht, dies durch Doppelblindheit zu erreichen.

Wenn eines dieser drei Kriterien – Strukturgleichheit, Beobachtungs- oder Behandlungsgleichheit – nicht erfüllt ist, können Verzerrungen auftreten. Das Ergebnis der Studie ist dann mit einem **systematischen Fehler (bias)** behaftet.

Das Studienprotokoll

Bei jeder Studie muss ein ausführliches Studienprotokoll erstellt werden. Dadurch ist gewährleistet, dass wichtige Informationen dokumentiert werden und nicht in Vergessenheit geraten. Alle relevanten Punkte, die Sie mit Ihrem Betreuer und dem Biometriker erörtert haben, sollten in diesem Protokoll festgehalten werden. Im Einzelnen sind dies:

- **Name und Ziel der Studie.**
- **Studientyp und Studiendesign** (z.B. randomisiert, doppelblind etc.).
- **Zeitplan** (Beginn, Untersuchungs- und Rekrutierungszeitraum und Ende der Studie).
- **Angaben zur Biometrie** (insbesondere die präzise Formulierung der Hypothese, Angaben zu den Stichproben und den Grundgesamtheiten sowie die anzuwendenden statistischen Methoden und die Anzahl der benötigten Personen oder Versuchstiere).

- **Besondere Angaben,** falls erforderlich (z.B. Kostenträger oder Auftraggeber).

Das Protokoll klinischer Studien, in deren Verlauf Patienten untersucht werden, muss zusätzlich folgende Punkte beinhalten:

- **Einschlusskriterien:** Sie geben an, unter welchen Voraussetzungen Patienten in die Studie aufgenommen werden. Wichtig ist es auch, deren Einverständnis an der Teilnahme zu dokumentieren.
- **Ausschlusskriterien:** Diese beziehen sich auf Patienten, die zwar alle Einschlusskriterien erfüllen, aber trotzdem nicht aufgenommen werden können (etwa weil eine bestimmte Krankheit oder ein erhöhtes Risiko vorliegt).
- **Abbruchkriterien:** Sie definieren, unter welchen Umständen einzelne Patienten von der Studie ausgeschlossen werden und unter welchen Bedingungen die komplette Studie vorzeitig abgebrochen wird.
- **Behandlung:** Die zu evaluierende Methode und die Referenzmethode (oder das Placebo) müssen klar und vollständig beschrieben werden; auch die Dauer und Dosierung der Anwendungen müssen dokumentiert werden.
- **Angaben zur ethischen und rechtlichen Basis:** Dazu zählen die Stellungnahme der Ethikkommission sowie die Beschreibung der Vorgehensweise, wie die Patienten und Probanden über die Studie informiert wurden und welche Versicherungen für die Teilnehmer abgeschlossen wurden.

Das Studienprotokoll ist ein sehr wichtiges Fundament für Ihre Arbeit, da es viele wichtige Informationen enthält, auf die Sie jederzeit zurückgreifen können.

4.5 Der Umgang mit dem Versuchsfehler

Der Versuchsfehler setzt sich aus einem systematischen und einem zufälligen Anteil zusammen. Ein **systematischer Fehler** (auch als **Bias** bezeichnet) entsteht beispielsweise, wenn mit einem falsch geeichten Messgerät gearbeitet wird. **Zufällige Fehler** ergeben sich aus der Variabilität der Beobachtungseinheiten.

Der systematische Fehler kann bei einer guten Versuchsplanung weitgehend vermieden werden. Der zufällige Fehler lässt sich zwar nicht ganz ausschalten, aber auf ein Minimum reduzieren.

Vermeiden Sie systematische Fehler!

Systematische Fehler verfälschen ein Ergebnis in eine bestimmte Richtung und verleiten dadurch zu fehlerhaften Schlüssen. Es gibt einige Punkte, die Sie unbedingt beachten sollten, um systematische Fehler zu vermeiden:

- **Repräsentative Stichprobe:** Ein Schluss von der Stichprobe auf die Grundgesamtheit ist nur statthaft, wenn die Stichprobe repräsentativ ist. Natürlich möchte man die Stichproben-Ergebnisse verallgemeinern, und die induktive Statistik (Abschn. 5.3, S. 96) stellt dafür Methoden zur Verfügung. Überlegen Sie sich genau, aus welcher Population Ihre Stichproben stammen. Seien Sie vorsichtig und ziehen Sie keine allzu weit reichenden Schlussfolgerungen!
- **Wahl des richtigen Modells:** Jede statistische Analysemethode beinhaltet bestimmte Voraussetzungen. Prüfen Sie, ehe Sie eine bestimmte Methode verwenden, ob die Voraussetzungen zumindest annähernd erfüllt sind. Ansonsten erhält man zwar numerische Ergebnisse, die sich aber nicht sinnvoll interpretieren lassen. Aus diesem Grunde ist es wichtig, sich bereits vor der Datenerhebung von einem Biostatistiker beraten zu lassen. – Analoges gilt übrigens für Tiermodelle: Ob ihre Ergebnisse valide und auf Menschen übertragbar sind, hängt entscheidend von der Wahl des richtigen Modells ab. Deshalb: Hinterfragen Sie das Modell kritisch und scheuen Sie sich nicht, Ihren Betreuer anzusprechen, wenn Ihnen etwas unklar oder wenig sinnvoll erscheint.
- **Vermeidung systematischer Erfassungsfehler:** Alle Messgeräte müssen einwandfrei funktionieren, und sie müssen richtig bedient werden. Nicht zuletzt deshalb müssen Sie sich sowohl theoretisch als auch praktisch in eine unbekannte Methode gründlich einarbeiten.
- **Struktur- und Beobachtungsgleichheit bei mehreren Gruppen:** Auf beides ist zu achten (s. Abschn. 4.4, S. 71), damit Vergleiche zwischen den Gruppen statthaft sind.

Minimieren Sie zufällige Fehler!

Zufällige Fehler sind bedingt durch die interindividuelle Variabilität (wenn bei mehreren Personen dasselbe Merkmal erfasst wird, erhält man unterschiedliche Ergebnisse) und die intraindividuelle Variabilität (selbst bei ein und derselben Person ergeben sich beim Messen einer Größe unter annähernd identischen Bedingungen unterschiedliche Werte). Diese Fehler lassen sich zwar nicht aus der Welt schaffen; es gibt jedoch einige Möglichkeiten, um sie minimal zu halten.

Der zufällige Fehler hängt von der Streuung der Einflussgrößen ab. Das bedeutet: Je inhomogener eine Stichprobe bezüglich eines Merkmals ist, umso größer ist der zufällige Fehler. Er lässt sich reduzieren, indem man darauf achtet, dass die **Stichproben** bezüglich der zu untersuchenden Einflussgrößen weitgehend **homogen** sind. Dies kann man erreichen, indem man in die Stichprobe nur Beobachtungseinheiten aufnimmt, die bestimmte Kriterien erfüllen (etwa nur Männer der gleichen Altersgruppe). Man nennt dieses Vorgehen **Selektion**. Die Ergebnisse der Stichprobe sind dann natürlich nur auf diesen speziellen Personenkreis übertragbar. Eine andere Möglichkeit besteht darin, bei einer inhomogenen Stichprobe mehrere Beobachtungseinheiten, die bezüglich eines oder mehrerer Merkmale weitgehend identisch sind, zu einer **Schicht** oder einem **Block** zusammenzufassen (dies bezeichnet man als **Stratifizierung**). Innerhalb einer Schicht ist der zufällige Fehler minimiert; Unterschiede zwischen den Schichten sind dann klarer erkennbar.

Ein **hoher Stichprobenumfang** trägt ebenfalls zur Reduktion des zufälligen Fehlers bei. Andererseits bereitet eine große Stichprobe in der Medizin oft erheblich Probleme (z. B. bei klinischen Studien) oder ist mit erheblichen Kosten verbunden (etwa bei Tierexperimenten). Daher sollte der Stichprobenumfang nicht größer sein als unbedingt notwendig. Auch hier ist der Rat eines Biometrikers gefragt, der den optimalen Stichprobenumfang abschätzen kann. Dieser ist von zahlreichen Faktoren abhängig, u. a. von der Art der zu untersuchenden Merkmale, der statistischen Analysemethoden und der Irrtumswahrscheinlichkeit, die man in Kauf zu nehmen bereit ist.

4.6 Die Aufgaben der Ethikkommission

Nicht alles, was unter wissenschaftlichen Aspekten sinnvoll und gerechtfertigt erscheint, ist auch unter ethischen Gesichtspunkten vertretbar. Deshalb ist bei allen klinischen Studien, bei denen Patienten oder gesunde Probanden zu Forschungszwecken untersucht werden, die Zustimmung einer Ethikkommission erforderlich.

In jeder Universität mit einer Medizinischen Fakultät und in jedem Universitätsklinikum gibt es eine Ethikkommission. Deren Mitglieder werden von den Angehörigen der Fakultät gewählt; oft sind sie außer mit Medizinern auch mit einem Juristen, einem Theologen oder einem Biometriker besetzt. Sie achten darauf, dass alle formalen Gesetzesvorlagen, die Richtlinien der Helsinki-Erklärung und die Empfehlungen der Good Clinical Practice eingehalten werden. Die Mitglieder dieser Kommission erteilen auch Rat bei auftretenden Fragen oder Schwierigkeiten, die vor oder während einer laufenden Studie eintreten. Für die Kommission ist wesentlich, dass die Studie keine außergewöhnlichen Risiken für die beteiligten Personen beinhaltet, und dass niemandem unzumutbare Nachteile entstehen. Eine deutsche Übersetzung der Deklaration von Helsinki und weitere Empfehlungen sind über das Internet unter der Adresse www.bundesaerztekammer.de verfügbar.

Ein Antrag für eine klinische Studie muss normalerweise in mehrfacher Ausfertigung eingereicht werden; außerdem sind eine ausführliche Beschreibung des Studiendesigns, die Aufklärungs- und Einwilligungsformulare der Probanden oder der Patienten beizufügen. Die Ethikkommission überprüft dann nach dem ärztlichen Berufsrecht die ethischen und berufsrechtlichen Aspekte des Forschungsvorhabens. Es ist damit zu rechnen, dass eine Begutachtung zwischen drei und sechs Monaten in Anspruch nimmt.

Es zählt *nicht* zu Ihren Aufgaben als Doktorand, die Anträge zu formulieren und bei der Kommission einzureichen. Sie sollten sich aber, wenn Sie bei einer klinischen Studie mitarbeiten, erkundigen, ob das Votum bereits vorliegt bzw. wann damit zu rechnen ist. Wenn die Kommission nicht ihre Zustimmung zu der Studie erteilt, gehen Sie das Risiko ein, dass Ihre Doktorarbeit abgelehnt wird!

4.7 Einige Bemerkungen zu Tierversuchen

Formale Voraussetzungen

Tierversuche wurden bereits im Altertum zur Prüfung wissenschaftlicher Hypothesen durchgeführt. Schon damals bestand der Konflikt zwischen Tierschutz und wissenschaftlichem Interesse. Bei uns wird dieses Thema seit einigen Jahren öffentlich diskutiert – sehr kontrovers und teilweise recht polemisch.

Medizinische Forschung ist ohne verantwortungsvolle Tierexperimente nicht möglich. Keine neu entwickelte Operationstechnik kann sofort am Menschen ausprobiert werden; kein Medikament kann einem Menschen verabreicht werden, wenn seine Wirkung und Nebenwirkungen nicht vorher in Tierversuchen erforscht worden sind. Wenn jemand Tierversuche strikt ablehnt, dann muss er auch bereit sein, die Konsequenzen zu tragen – das heißt, er darf die Errungenschaften der modernen Medizin nicht für sich in Anspruch nehmen.

Die rechtliche Grundlage zu Tierversuchen basiert auf dem Tierschutzgesetz aus dem Jahre 1986. Die Vorschriften und Auflagen sind abhängig von der Art der verwendeten Spezies; jeder Versuch mit Wirbeltieren ist grundsätzlich genehmigungspflichtig. Eine Institution, in der Tierversuche durchgeführt werden, muss einen **Tierversuchsbeauftragten** benennen. Dieser berät bei der Planung der Versuche und kontrolliert deren sachgemäße Durchführung. Vor jeder Versuchsserie ist ein Antrag zu formulieren, der eine Begründung zur Notwendigkeit der Studie sowie Angaben bezüglich der Art und Anzahl der benötigten Tiere enthält. Dieser Antrag wird vom Tierschutzbeauftragten erstellt oder zumindest begutachtet und dann an das zuständige Veterinäramt am Regierungspräsidium weitergeleitet. Dort wird über dessen Annahme oder Ablehnung entschieden; eventuell werden Rückfragen an das betreffende Institut gestellt. Dabei ist mit einer Laufzeit von bis zu sechs Monaten zu rechnen.

Wenn Sie sich als Doktorand an einer Tierversuchsserie beteiligen, dann sind auch Sie dafür verantwortlich, dass alle Vorschriften des Tierschutzgesetzes eingehalten werden. Über jeden Versuch ist ein Protokoll anzufertigen. Operative Eingriffe in Narkose dürfen normalerweise nur von Ärzten, Tierärzten oder Zoologen durchgeführt werden.

Die Beteiligung eines Doktoranden

Es ist für einen Doktoranden freilich interessanter, gewisse Tätigkeiten in eigener Verantwortung zu übernehmen. Dies ist möglich mit einer **Ausnahmegenehmigung**, die ebenfalls vom Regierungspräsidium erteilt (und in der Regel auch schnell bewilligt) wird. Diesen Antrag kann Ihr Betreuer oder Doktorvater stellen. An allen Universitäten oder Kliniken, in den Tierversuche durchgeführt werden, werden Kurse angeboten, die die Themen „Versuchstierkunde“ und „tierexperimentelle Methoden“ behandeln. In der Regel wird dieser Kurs vorausgesetzt, wenn eine Ausnahmegenehmigung erteilt werden soll. Es sei jedem Doktoranden dringend empfohlen, sich diese Kenntnisse anzueignen.

Bei Verstößen gegen das Tierschutzgesetz sind Bußgelder fällig. Sie riskieren ferner, dass Ihre Doktorarbeit nicht anerkannt wird; im schlimmsten Fall kann sogar eine gerichtliche Strafe ausgesprochen werden. Dann sind Sie vorbestraft und werden nicht zur Prüfung zugelassen. Ein Arzt kann seine Approbation verlieren. Darüber hinaus geht man das Risiko ein, dass dem betreffenden Institut über einen längeren Zeitraum keine Genehmigungen für Tierversuche erteilt werden.

Jeder, der an einer Tierversuchsserie beteiligt ist, wird deshalb bemüht sein, alle Vorschriften penibel einzuhalten und jeden Misserfolg (der selbstverständlich auch protokolliert werden muss) zu vermeiden. Für Sie als Doktorand ergeben sich daraus einige Vorteile: Sie können sicher sein, dass Sie bei der Durchführung der Versuche unterstützt werden (denn alleine dürfen Sie in keinem Fall experimentieren). Sie arbeiten unter konstanten und kontrollierten Bedingungen; die Tiere, die Ihre Stichprobe bilden, stellen eine weitgehend homogene Gruppe dar (im Gegensatz zu klinischen Studien, wo die Patienten eine eher heterogene Gemeinschaft bilden). Dies erleichtert die statistische Auswertung. Sie können absehen, wann Sie die erforderliche Anzahl von Tieren untersucht haben und brauchen nicht – wie bei klinischen Studien oft üblich – unbestimmte Zeit zu warten, bis genügend Patienten zur Verfügung stehen.

Sie können als Doktorand Einiges zum Gelingen der Versuchsserie (und damit zum Gelingen Ihrer Doktorarbeit) beitragen. Informieren Sie sich möglichst früh über das zugrunde liegende Tiermodell und besorgen Sie sich geeignete Literatur. Lesen Sie auch das Tierschutzgesetz, um sich aus erster Quelle über alle für Sie relevanten Vorschriften zu informieren. Informationen aus dem Internet erhalten Sie unter bundesrecht.juris.de/bundesrecht/tierschg/

Es ist für einen unerfahrenen Doktoranden zwar schwierig, sämtliche Aspekte zu überblicken. Zögern Sie aber nicht, wenn Sie Fragen oder Zweifel bezüglich des Modells haben, dies mit Ihrem Betreuer zu diskutieren. Er wird sich freuen, wenn Sie Interesse an der Arbeit zeigen.

Wenn Sie sich für eine tierexperimentelle Arbeit interessieren, werden Sie Tierversuche nicht grundsätzlich ablehnen. Sie sollten sich aber überlegen, ob Sie darüber hinaus bereit und in der Lage sind, mit den Tieren zu arbeiten und zu sehen, wie sie anschließend getötet werden. Viele ehemalige Doktoranden, die an Tierversuchen beteiligt waren, berichten, dass ihnen dies anfangs nicht leicht gefallen sei und dass sie teilweise heftiger Kritik im Familien- oder Freundeskreis ausgesetzt waren. Andererseits betonen sie, dass ihnen diese Experimente große Ehrfurcht und Respekt vor dem Leben eingeflößt haben, und sie nach diesen Erfahrungen sehr viel einfühlsamer mit Patienten umgingen.

In den Büchern von Fletcher et al. [5] und Schumacher und Schulgen [14] werden diverse Studiendesigns anhand klinischer Beispiele ausführlich erläutert. Sie enthalten neben detaillierten Hinweisen bezüglich Planung, Durchführung und Besonderheiten einer klinischen Studie auch Empfehlungen zur statistischen Analyse.

5 Die statistische Analyse – ein Kapitel für sich

5.1 Wozu benötigt man Statistik?

Die Bedeutung der Statistik für die Medizin

Jeder Arzt weiß, dass alle Entscheidungen in der Medizin mit einer gewissen Unsicherheit behaftet sind. Da die Zustände und Vorgänge im menschlichen oder tierischen Körper vom Zufall mitbeeinflusst sind, können die Eigenschaften eines Individuums oder biologische Abläufe nicht exakt berechnet, sondern nur mehr oder weniger grob geschätzt werden. Ein Arzt kann niemals den exakten Verlauf einer Krankheit vorhersagen; er weiß auch nicht mit Sicherheit, ob eine von ihm verordnete Therapie den gewünschten Erfolg erzielt. Im Einzelfall kann der Zufall zu einem unerwarteten Ergebnis führen, und deshalb erlebt jeder Mediziner hin und wieder Überraschungen.

Auch die Daten, die bei Studien in der Humanmedizin oder bei Tierexperimenten anfallen, unterliegen dem Zufall. Die Statistik stellt nun Methoden zur Verfügung, die es gestatten, trotz der Unberechenbarkeit der Einzelvorgänge allgemein gültige Aussagen herzuleiten. Diese bilden die Basis für die medizinische Wissenschaft und jedes daraus abgeleitete, ärztliche Handeln. Wann immer ein Arzt eine Entscheidung zu treffen hat, wird er sich an wissenschaftlichen Erkenntnissen und an seiner eigenen Erfahrung orientieren. Diese Vorgehensweise garantiert zwar nicht, dass eine Entscheidung immer richtig ist – sie ist aber nachvollziehbar, und das Risiko einer Fehlentscheidung ist minimiert. Insofern ist Statistik notwendig, sowohl um Forschung zu betreiben als auch, um deren Erkenntnisse in der Praxis anzuwenden. Neues Wissen in der Medizin kann nur unter Anwendung statistischer Methoden gewonnen werden.

5

Anwendungen in Studium und Beruf

Jeder Medizinstudent ist verpflichtet, während des klinischen Studienabschnitts eine Biomathematik-Vorlesung zu besuchen. Im Allgemeinen tut er dies ungern, nicht zuletzt deshalb, weil er nicht versteht, wozu er den vermittelten Lehrstoff benötigt. Spätestens beim Schreiben ihrer Doktorarbeit wird den meisten Studenten jedoch klar, dass medizinische Forschung ohne Statistik nicht möglich ist.

Nur bei einigen Literaturarbeiten (s. Abschn. 2.3, S. 20), die sich beispielsweise mit geisteswissenschaftlichen Themen befassen, ist Statistik nicht erforderlich. Derlei Themen werden jedoch selten bearbeitet. Auch bei einigen experimentellen Arbeiten, in denen etwa eine neue Methode evaluiert wird, spielt der Zufall keine oder nur eine untergeordnete Rolle. Dagegen ist bei Dissertationen, die auf einer humanmedizinischen Studie oder auf Tierexperimenten basieren, die statistische Datenanalyse ein wesentlicher Bestandteil der Arbeit.

Es wäre jedoch falsch anzunehmen, dass Statistik nur für die Doktorarbeit benötigt werde und im späteren Berufsleben – wenn man nicht gerade als Wissenschaftler tätig ist – entbehrlich sei. Heute ist jeder Arzt – unabhängig von seinem Arbeitsgebiet – verpflichtet, sich permanent weiterzubilden. Dazu muss er Fachartikel lesen, deren Ergebnisse in der Regel auf einer statistischen Analyse basieren. Nur mit entsprechenden Fachkenntnissen ist es möglich, diese Artikel zu verstehen und deren Aussagen kritisch zu bewerten.

Die Methoden der Statistik

Die Datenanalyse besteht generell aus zwei Teilen: Zunächst werden charakteristische Eigenschaften der Stichproben mittels Methoden der **deskriptiven Statistik** beschrieben (s. Abschn. 5.2, S. 85 ff). Dazu zählen das Erstellen geeigneter Diagramme und das Berechnen charakteristischer Kenngrößen. Wenn zwei oder mehrere Stichproben vorliegen (etwa im Rahmen einer klinischen Studie, bei der Therapiegruppen miteinander verglichen werden, s. Abschn. 4.3, S. 64), sollte man die graphischen Darstellungen und Berechnungen für jede einzelne Stichprobe durchführen. Auf diese Weise lassen sich Unterschiede zwischen den Stichproben optisch darstellen und rechnerisch abschätzen. – Im zweiten Schritt versucht man dann, mit Methoden der **induktiven Statistik** die Ergebnisse, die aus den Stichproben resultieren, zu verallgemeinern (s. Abschn. 5.3, S. 96 ff.).

Von einem Doktoranden der Medizin erwartet man, dass er die Methoden der deskriptiven Statistik beherrscht. Um ein geeignetes Verfahren der induktiven Statistik auszuwählen, fehlt ihm jedoch in der Regel der notwendige Überblick. Deshalb bietet es sich an, in diesen Fragen den Rat eines Biomathematikers einzuholen (s. Abschn. 5.4, S. 105 ff.).

5.2 Am Anfang stehen die Daten – Schnellkurs in deskriptiver Statistik

Es würde den Rahmen dieses Buches sprengen, die Grundlagen der medizinischen Statistik ausführlich zu besprechen. Wahrscheinlich haben Sie bereits eine Biomathe-Vorlesung besucht, sodass Ihnen diese Methoden nicht ganz fremd sind. Dennoch dürfte es nicht schaden, wenn Sie die beiden Abschnitte 5.2 und 5.3 quasi als Wiederholung durchlesen. Die wichtigsten Grundbegriffe und die gebräuchlichsten Methoden sind hier zusammengefasst, um Ihnen zu zeigen, worauf Sie bei einer statistischen Analyse achten sollten.

Grundgesamtheit, Stichproben und Merkmale

Die Hypothesen, die in der Medizin aufgestellt werden, beziehen sich auf eine sehr große Anzahl von Individuen. Es wäre viel zu aufwendig oder meist ganz unmöglich, die gesamte Population zu untersuchen, auf die die Hypothese zutreffen könnte. Deshalb beschränkt man sich auf die Untersuchung einer relativ kleinen **Stichprobe** und leitet daraus Aussagen bezüglich einer weitaus größeren **Grundgesamtheit** ab. Dabei muss allerdings vorausgesetzt werden, dass die Stichprobe repräsentativ ist – das heißt, deren charakteristische Eigenschaften stimmen mit denen der Grundgesamtheit weitgehend überein (abgesehen von zufällig bedingten, geringfügigen Abweichungen).

Bei medizinischen Untersuchungen sind normalerweise eine oder mehrere konkrete Stichproben gegeben. Wenn zum Beispiel bei einer klinischen Studie zwei Therapieformen miteinander verglichen werden, lassen sich die beiden Patientengruppen, die mit den unterschiedlichen Therapien behandelt werden, als zwei **unverbundene Stichproben** auffassen. Wenn von mehreren Patienten vor und nach einer Therapie Werte erfasst werden, spricht man von zwei **verbundenen Stichproben** – dabei bilden zwei Werte aus je einer Stichprobe inhaltlich ein Paar.

Es stellt sich sodann die Frage, wie die Grundgesamtheit beschaffen ist, für die eine Stichprobe repräsentativ sein soll. Eine Antwort darauf beruht mehr auf sachlogischen als auf statistischen Überlegungen. So ist im Beispiel der Patientengruppen zu bedenken, nach welchen Kriterien die Patienten selektiert wurden. Die Ergebnisse der Studie gelten nur eingeschränkt für diesen Personenkreis.

Die Personen, Tiere oder Objekte, die einer Stichprobe angehören, werden als Beobachtungseinheiten oder Merkmalsträger bezeichnet. Die **Merkmale** sind charakteristische Eigenschaften der Beobachtungseinheiten, die für die betreffende Studie relevant sind. Die Art eines Merkmals wird im Wesentlichen bestimmt durch die dazugehörende **Skala** – das ist sozusagen die Messlatte, auf der die Ausprägungen des Merkmals eingetragen sind. Die Skala informiert darüber, wie die Daten eines Merkmals weiterverarbeitet werden können. Je nachdem, wie ein Merkmal erfasst oder gemessen wird, unterscheidet man vier Skalen:

- **Nominalskala:** Die Ausprägungen nominalskalierter Merkmale unterscheiden sich nur begrifflich voneinander. Beispiele stellen die Merkmale „Blutgruppe" oder „Augenfarbe" dar. Eine Sonderform bilden Merkmale mit nur zwei Ausprägungen (die als Alternativmerkmale bezeichnet werden) wie etwa „Geschlecht" oder „Rhesusfaktor".
- **Ordinalskala:** Sie hat ein höheres Niveau; die Ausprägungen lassen sich in einer sinnvollen Rangfolge anordnen. Als Beispiele seien genannt das Merkmal „Therapieerfolg" mit den Ausprägungen „Patient vollständig geheilt" bis zu „Patient verstorben", Zensuren oder medizinische Scores.
- **Intervallskala:** Die Ausprägungen dieser Merkmale ergeben sich durch Messungen oder durch Zählen; sie unterscheiden sich also zahlenmäßig. Bei einigen dieser Merkmale ist der Nullpunkt willkürlich festgelegt (z. B. Temperatur in Celsius-Graden); in diesen Fällen können positive und negative Werte auftreten. Bei anderen intervallskalierten Merkmalen ist der Durchschnittswert willkürlich bestimmt (z. B. beim Intelligenzquotient).
- **Verhältnisskala:** Hier gibt es einen absoluten Nullpunkt und demzufolge nur positive Messwerte. Viele Merkmale in der Medizin sind verhältnisskaliert, etwa das Körpergewicht, die Pulsfrequenz oder die Leukozytenanzahl pro μl Blut.

Nominal- und ordinalskalierte Merkmale werden zusammenfassend als **qualitativ** bezeichnet; intervall- und verhältnisskalierte Merkmale sind **quantitativ**. Quantitative Merkmale können diskret oder stetig sein. Diskrete Merkmale können nur abzählbar viele Werte annehmen; sie werden üblicherweise durch Zählen erfasst (z. B. die Anzahl der Geschwister in einer Familie). Ein stetiges Merkmal (z. B. die Körpergröße) wird durch einen Messvorgang ermittelt und kann theoretisch jeden Zahlenwert innerhalb eines bestimmten Intervalls annehmen. Außerdem lassen sich Merkmale danach unterscheiden, ob es sich um **Einfluss-** oder um **Zielgrößen** handelt. Bei der Hypothese „Rauchen begünstigt das Entstehen von Lungenkrebs" ist das Merkmal „Rauchen" ein Einflussfaktor, und das Entstehen von „Lungenkrebs" die Zielgröße. Die Art der Merkmale und deren Skalenniveau sind entscheidend für den weiteren Verlauf der Studie, insbesondere für den erforderlichen Stichprobenumfang und die zu verwendende statistische Analysemethode.

Etwas fürs Auge: graphische Darstellungen

Die einfachste Art zur Beschreibung eines Merkmals besteht darin, Häufigkeiten zu bestimmen. **Absolute Häufigkeiten** lassen sich durch einfaches Abzählen ermitteln. Wenn man diese durch den Stichprobenumfang dividiert, erhält man die **relativen Häufigkeiten**. Bei quantitativ-stetigen Merkmalen mit sehr vielen Ausprägungen (z. B. Körpergröße) ist es sinnvoll, Klassen zu bilden und so genannte **Klassenhäufigkeiten** zu ermitteln.

Graphische Darstellungen vermitteln schnell einen Überblick bezüglich der Häufigkeitsverteilung. Die geeignete Art der Darstellung ist abhängig von der Art des relevanten Merkmals.

Bei einem **Kreisdiagramm** wird die Fläche eines Kreises entsprechend der Häufigkeiten der einzelnen Ausprägungen in Sektoren aufgeteilt (Abb. 1). Diese Form der Darstellung eignet sich nur für nominalskalierte Merkmale. Für Merkmale mit einem höheren Skalenniveau ist diese Darstellung nicht zweckmäßig, da bei einem Kreis kein Anfang und kein Ende erkennbar sind.

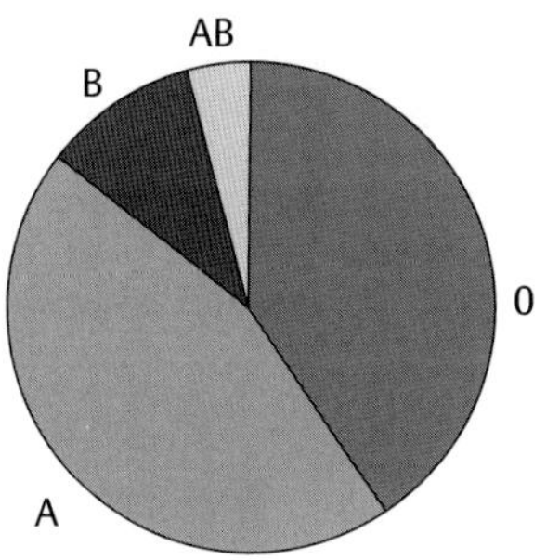

Abb. 1 Kreisdiagramm: Darstellung der Häufigkeiten des Merkmals „Blutgruppe“

Ein **Balkendiagramm** ist universeller verwendbar. Es eignet sich für alle qualitativen und quantitativ-diskreten Merkmale mit nicht allzu vielen Ausprägungen. Die Höhe eines Balkens entspricht der absoluten (oder relativen) Häufigkeit einer Ausprägung. Die Balken lassen sich waagrecht oder senkrecht anordnen; sie können 1-, 2- oder 3-dimensional dargestellt werden. Wenn die Balken senkrecht angeordnet sind, spricht man auch von einem Säulen- oder Stabdiagramm. Der Abb. 2 liegen die Klausurergebnisse von 70 Studenten zugrunde (mit den Ausprägungen 0 bis 10 Punkte).

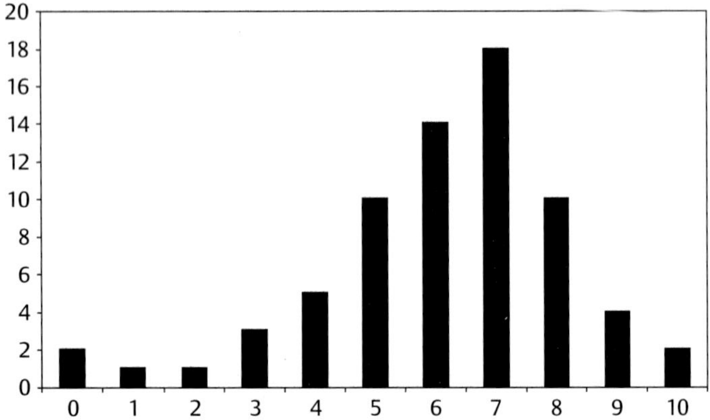

Abb. 2 Balkendiagramm: Darstellung der Klausurergebnisse von 70 Studenten

5

Ein **Histogramm** ist geeignet, um die Häufigkeitsverteilung eines quantitativen Merkmals, das in Klassen eingeteilt ist, darzustellen (Abb. 3). Es unterscheidet sich von einem Balkendiagramm dadurch, dass die Balken direkt nebeneinander stehen. Wenn man die oberen Balkenmitten miteinander verbindet, erhält man ein **Häufigkeitspolygon** (Abb. 4).

Bezüglich der Muster und Farben der Balken oder Säulen und bezüglich der Hintergründe sind dank moderner Software-Produkte der Fantasie kaum noch Grenzen gesetzt. Man sollte jedoch darauf ach-

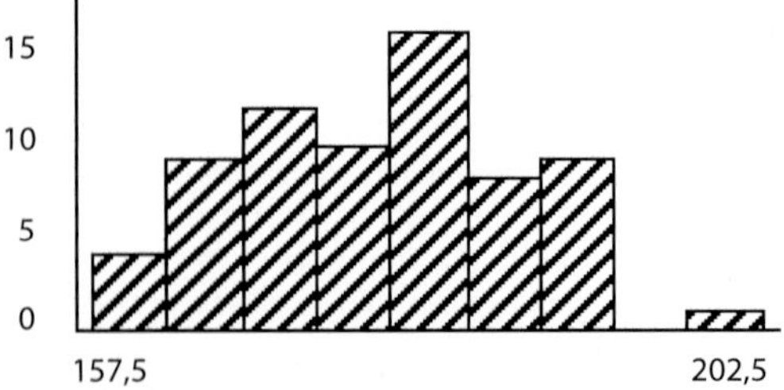

Abb. 3 Histogramm für das Merkmal „Körpergröße“, eingeteilt in 9 Klassen

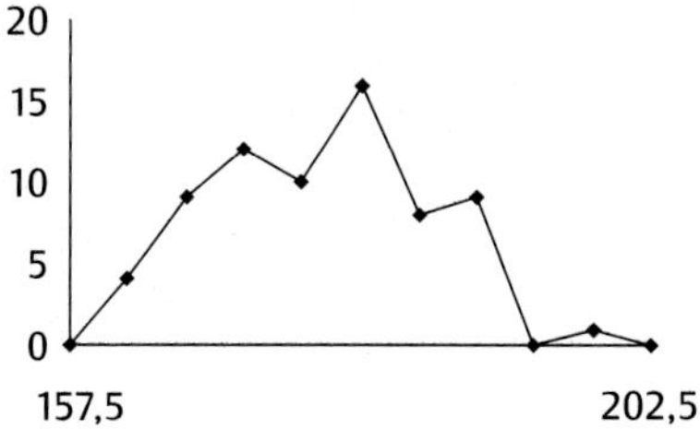

Abb. 4 Häufigkeitspolygon für das Merkmal „Körpergröße“

ten, dass bei einer graphischen Darstellung die wesentlichen Eigenschaften einer Merkmalsverteilung zur Geltung kommen und nicht durch optische Effekte in den Hintergrund treten.

Eine graphische Darstellung der Häufigkeiten liefert also auf einen Blick wertvolle Informationen bezüglich

- **der Lage** (man erkennt, in welchem Bereich sich die Werte konzentrieren),
- **der Streuung** (man kann abschätzen, wie stark die Werte variieren und ob Ausreißer vorhanden sind) und
- **der Form** (man sieht, ob die Verteilung symmetrisch oder schief ist).

5

Die Charakterisierung eines einzelnen Merkmals

Für eine statistische Analyse sind graphische Darstellungen unzureichend. Dazu bedarf es **statistischer Kenngrößen**, die die charakteristischen Eigenschaften eines Merkmals quantitativ beschreiben. Es hängt vom Skalenniveau des Merkmals ab, welche Kenngrößen erlaubt und sinnvoll sind. Zunächst werden die gebräuchlichsten Lagemaße vorgestellt:

- **Mittelwert:** Der Mittelwert $\bar{x}$ (auch der Durchschnitt oder das arithmetische Mittel genannt) ist sicherlich das bekannteste Lagemaß. Er darf nur bei quantitativen Merkmalen bestimmt werden. Es ist sinnlos, bei ordinalskalierten Merkmalen einen Mittelwert zu verwenden, auch wenn gegen diese Regel häufig verstoßen wird (z. B. wird bei Schulnoten üblicherweise eine Durchschnittsnote berechnet – eigentlich ist dies unzulässig, da man dabei zugrunde legt, dass der Unterschied zwischen den Noten 4 und 6 genau so groß ist wie der zwischen 2 und 4, und das stimmt nicht). In einigen Publikationen sind Mittelwerte von medizinischen Scores angegeben – auch das ist nicht korrekt.
- **Median:** Der Median $\tilde{x}$ teilt die Stichprobenwerte entsprechend ihrer Größe in zwei Hälften. Er lässt sich im Gegensatz zum Mittelwert auch bei ordinalskalierten Merkmalen ermitteln. Dieses La-

gemaß wird auch verwendet bei quantitativen Merkmalen, die schief verteilt sind oder Ausreißer aufweisen. In diesen Fällen weichen der Mittelwert und der Median stark voneinander ab; bei annähernd symmetrischen Verteilungen sind die beiden Maße ähnlich groß.

- **Quartile:** Bei einigen Fragestellungen sind die **Quartile** Q_1 und Q_3 interessant. Sie teilen die Stichprobe in vier Abschnitte: Das untere Viertel der Daten ist maximal so groß wie Q_1, das obere Viertel ist so groß wie Q_3 oder größer; dazwischen liegt der Median. Weitere Verfeinerungen gestatten die Dezile und die Perzentile, die die Stichprobe in 10 bzw. 100 Abschnitte teilen.
- **Modus:** Bei einem nominalskalierten Merkmal lässt sich nur der Modus angeben – das ist die Ausprägung mit der größten Häufigkeit. Der Modus wird auch bei ordinalskalierten oder quantitativen Merkmalen angegeben, wenn die Verteilung einen hohen „Gipfel" aufweist.

5

Über die Variabilität der Messwerte informieren die Streuungsmaße:

- **Varianz:** Das ist das durchschnittliche Abstandsquadrat der Stichprobenwerte vom Mittelwert.
- **Standardabweichung:** Da die Varianz wegen der quadratischen Dimension schwer zu interpretieren ist, verwendet man stattdessen für deskriptive Darstellungen deren Wurzel, die so genannte Standardabweichung *s*. Es ist beispielsweise sehr viel anschaulicher, die Variabilität des Merkmals „Körpergewicht" durch die Standardabweichung $s = 11{,}3$ kg anstatt durch die Varianz von 127,7 kg^2 zu beschreiben. Die Standardabweichung kann – ebenso wie der Mittelwert – nur bei quantitativen Merkmalen berechnet werden. Je näher *s* bei 0 liegt, desto homogener ist die Stichprobe.
- **Spannweite**: Die Spannweite ist die Differenz zwischen dem größten und dem kleinsten Stichprobenwert. Sie wird vorzugsweise bei ordinalskalierten und quantitativ-diskreten Merkmalen mit wenigen Ausprägungen berechnet. Bei stetigen Merkmalen (mit zahlreichen Ausprägungen) ist die Spannweite als Streuungsmaß jedoch ungeeignet, da sie nur von den beiden extremsten Werten – dem Minimum und dem Maximum – bestimmt wird.
- **Quartilsabstand:** Wenn der Median und die Quartile als Lagemaße verwendet werden (etwa bei schiefen Verteilungen), bietet sich der Quartilsabstand $Q_3 - Q_1$ als Streuungsmaß an. Zwischen den beiden Quartilen liegen 50 % der Stichprobenwerte.
- **Variationskoeffizient:** Informativ ist ferner der Variationskoeffizient $V = s / \bar{x}$, der das Verhältnis zwischen Standardabweichung und Mittelwert quantifiziert. Er handelt sich um ein dimensionsloses Maß, das nur bei verhältnisskalierten Merkmalen erlaubt ist.

Ein Variationskoeffizient bis zu 30% ist in den Biowissenschaften keine Seltenheit. Wenn er jedoch mehr als 50% beträgt, ist dies verdächtig. Die Gründe dafür können sein: Die Verteilung ist extrem schief (dann sind der Mittelwert und die Standardabweichung ohnedies keine geeigneten Kenngrößen), oder es werden zwei inhomogene Gruppen, deren Verteilungen sich überlappen, gemeinsam untersucht (auch dies ist bei statistischen Analysen zu vermeiden). Es ist ratsam, die Einzelwerte der Stichprobe zu untersuchen, um herauszufinden, wodurch der hohe Variationskoeffizient begründet ist.

- **Standardfehler des Mittelwerts:** Schließlich sei noch der Standardfehler des Mittelwerts erwähnt, der nach der Formel $s_{\bar{x}} = s/\sqrt{n}$ berechnet wird (n ist der Stichprobenumfang). Vor diesem Maß sei gewarnt! Es wird oft anstelle der Standardabweichung s angegeben und täuscht – da es wesentlich kleiner ist als s – eine minimale Streuung vor. In Wirklichkeit beschreibt dieses Maß nicht die Streuung der Stichprobenwerte, sondern die Streuung der (theoretisch denkbaren) Mittelwerte des Stichprobenumfangs n. Es lässt sich nur sinnvoll verwenden, um die Güte einer Messmethode zu beurteilen.

Mit einem so genannten **Box-and-Whisker-Plot** (Abb. 5) lassen sich diverse Kenngrößen eines Merkmals graphisch darstellen. Die Box wird begrenzt von den beiden Quartilen; innerhalb der Box ist der

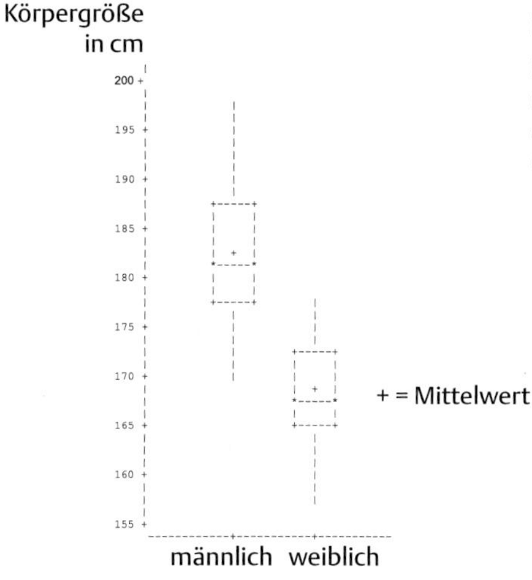

Abb. 5 Box-and-Whisker-Plots bez. des Merkmals „Körpergröße“. a) männliche Studenten (n = 40); weibliche Studenten (n = 30)

Median eingezeichnet. Die Whiskers (das ist der englische Ausdruck für Schnurrhaare) erstrecken sich von den Rändern der Box bis zum Maximum bzw. Minimum. Zusätzlich wird meist der Mittelwert eingetragen; er muss nicht notwendigerweise in der Box liegen. Je größer der Abstand zwischen Mittelwert und Median, desto schiefer ist die Verteilung. Box-and-Whisker-Plots sind besonders geeignet, um mehrere Stichproben miteinander zu vergleichen.

Eine geeignete graphische Darstellung zum Vergleich mehrerer Stichproben ist auch ein abgewandeltes Balkendiagramm: Die Höhe der Balken entspricht dem jeweiligen Mittelwert, die Höhe der aufgesetzten Linien der Standardabweichung (Abb. 6). Signifikante Unterschiede (s. Abschn. 5.3, S. 96) werden durch ein * gekennzeichnet.

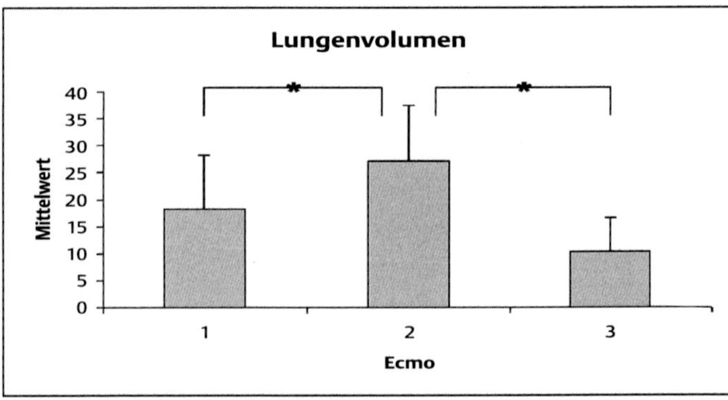

Abb. 6 Balkendiagramm zur Darstellung der Mittelwerte und Standardabweichungen von drei Therapie-Gruppen. Die Höhe eines Balkens entspricht dem jeweiligen Mittelwert; die Höhe des senkrechten Strichs der Standardabweichung. Ein * kennzeichnet einen signifikanten Unterschied zwischen zwei Gruppen.

Die Beschreibung eines Zusammenhangs

Bei vielen Fragestellungen ist es interessant, nicht nur einzelne Merkmale zu charakterisieren, sondern auch den Zusammenhang zwischen zwei Merkmalen zu beschreiben. Wenn es sich dabei um zwei quantitative Merkmale handelt, bedient man sich in der Regel der Methoden der Korrelations- und Regressionsanalyse.

Um einen ersten Überblick zu erhalten, erstellt man eine **Punktwolke**, in der jeder Punkt (x_i/y_i) die Messwerte einer bestimmten Beobachtungseinheit repräsentiert. Überlegen Sie vorab, welches als das unabhängige x-Merkmal (also die Einflussgröße) und welches als das davon abhängige *y*-Merkmal (das wäre dann die Zielgröße) aufzufassen ist.

Anhand der Punktwolke können Sie erkennen, ob der Zusammenhang annähernd linear ist – nur dann ist es erlaubt, die folgenden Kenngrößen zu berechnen. Bei einem linearen Zusammenhang ist die Punktwolke ellipsenförmig, und zwar derart, dass sich mittendurch eine Gerade legen lässt – die so genannte **Regressionsgerade**. Die Punktwolke informiert über:

- **Die Art des Zusammenhangs:** Wenn die Steigung der Regressionsgeraden positiv ist, ist der Zusammenhang gleichsinnig (wie im Beispiel der Merkmale Größe und Gewicht in Abb. 7). Bei einer negativen Steigung ist er gegensinnig (etwa der Zusammenhang zwischen der Absatzmenge eines Produkts und dessen Preis).

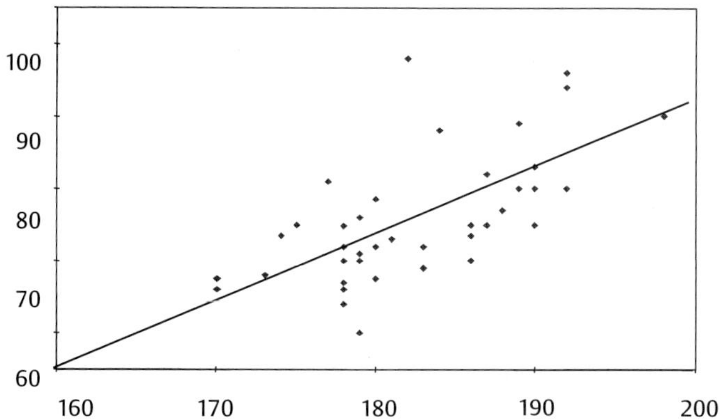

Abb. 7 Punktwolke und Regressionsgerade zur Darstellung des Zusammenhangs zwischen Körpergröße (in cm) und Körpergewicht (in kg) bei 40 männlichen Studenten

- **Die Stärke des Zusammenhangs:** Je näher die Punkte an der Regressionsgeraden liegen, desto stärker ist der Zusammenhang. Wenn die Punkte weit um die Gerade streuen, ist der Zusammenhang schwach.

Quantifiziert wird die Stärke des Zusammenhangs durch den **Korrelationskoeffizienten *r* nach Pearson**. Dieser kann nur Werte zwischen -1 und $+1$ annehmen. Je näher *r* bei -1 oder $+1$ liegt, desto stärker ist der Zusammenhang. Ein positiver Korrelationskoeffizient kennzeichnet einen gleichsinnigen, ein negativer einen gegensinnigen Zusammenhang.

Folgendes Beispiel möge diese Ausführungen verdeutlichen. Für die Merkmale „Körpergröße“ (x-Merkmal) und „Körpergewicht“ (y-Merkmal), die bei 40 männlichen Studenten des Klinikums Mannheim erhoben wurden, ergab sich der Korrelationskoeffizient $r = 0{,}62$ und die Regressionsgerade $y = -80{,}4 + 0{,}86 \cdot x$. Da r deutlich größer als 0 ist, ist ein gleichsinniger Zusammenhang erkennbar. Andererseits ist r wesentlich kleiner als 1. Dies ist dadurch begründet, dass das Gewicht nicht allein von der Körpergröße, sondern von zahlreichen anderen Faktoren beeinflusst wird. Der Gleichung der Regressionsgeraden ist zu entnehmen, dass eine Zunahme der Größe um 1 cm eine durchschnittliche Erhöhung des Gewichts von 0,86 kg bewirkt.

Interessant ist ferner das **Bestimmtheitsmaß** r^2, das definitionsgemäß nur Werte zwischen 0 und 1 annehmen kann. Dieses Maß quantifiziert die Güte des Modells. In unserem Beispiel ergibt sich aus $r = 0{,}62$ ein $r^2 = 0{,}3844$. Diese Zahl besagt, dass etwa 38 % der Variabilität des Körpergewichts durch die Größe bedingt sind – der Rest ist auf andere Einflussfaktoren, die in unserem Modell nicht berücksichtigt sind, zurückzuführen.

5

Wenn der beobachtete Zusammenhang nicht linear, aber monoton ist, eignet sich der **Korrelationskoeffizient nach Spearman.** Der Begriff „monoton“ ist umfassender als „linear“. Ein monotoner Zusammenhang wird nicht unbedingt durch eine Gerade dargestellt, sondern durch eine beliebige monotone Funktion $f(x)$. Monoton bedeutet, dass mit größer werdenden x-Werten auch $f(x)$ ansteigt (bei einem gleichsinnigen Zusammenhang) bzw. dass $f(x)$ abfällt, wenn x größer wird (bei einem gegensinnigen Zusammenhang). Der Spearman-Koeffizient berücksichtigt nicht die Original-Messwerte, sondern nur deren Rangzahlen und lässt sich auch bei ordinalskalierten Merkmalen verwenden. Die Rangzahlen werden folgendermaßen ermittelt: Man sortiert die x-Werte der Größe nach und ordnet dem kleinsten Wert den Rang 1 und dem größten den Rang n zu (n ist der Stichprobenumfang); ebenso verfährt man mit den y-Werten. Wenn zwei Werte übereinstimmen, spricht man von verbundenen Rängen; in diesem Fall ordnet man mittlere Rangzahlen zu. Aus all diesen Rangzahlen wird dann der Spearman-Koeffizient berechnet. Er nimmt wie der Koeffizient nach Pearson Werte zwischen -1 und $+1$ an und ist analog zu diesem interpretierbar.

Schließlich sei noch auf zwei weit verbreitete Fehlinterpretationen hingewiesen:

- Es ist streng genommen nicht erlaubt, über den Beobachtungsbereich hinaus zu extrapolieren. Der oben beschriebene Zusammenhang zwischen Größe und Gewicht wurde anhand der Daten von männlichen Studenten ermittelt. Er ist nicht übertragbar auf den Zusammenhang zwischen Größe und Gewicht bei kleinen Jungen.

Wenn man beispielsweise in die Gleichung der Regressionsgeraden die Größe $x = 100$ cm einsetzen würde, erhielte man ein Gewicht von $y = 5{,}6$ kg – einen unsinnigen Wert. Wenn man trotzdem bei bestimmten Fragestellungen extrapoliert, muss man das Ergebnis mit der gebotenen Vorsicht interpretieren.

- Ein statistisch nachweisbarer Zusammenhang besagt nichts über eine Kausalität. So kann man beispielsweise zeigen, dass in Deutschland in den vergangenen Jahrzehnten die Anzahl der Klapperstörche mit der Anzahl der Geburten korreliert – obwohl allgemein bekannt sein dürfte, dass dies nicht kausal bedingt ist. Der Zusammenhang wird durch die Einflussgröße „Zeit" künstlich erzeugt (diese beeinflusst gleichermaßen die Anzahl der Störche und die Anzahl der neu geborenen Kinder) und stellt ein typisches Beispiel für eine Nonsens-Korrelation dar. In der medizinischen Wissenschaft sind diese Nonsens-Korrelationen mitunter nicht so einfach ausfindig zu machen. Ein Beispiel soll dies verdeutlichen: Bekanntlich ist Alkohol ein Risikofaktor für das Auftreten einer Psoriasis (Schuppenflechte). Da Alkoholkonsum eng mit Nikotinkonsum einhergeht, könnte auch der Nikotinkonsum als kausaler Risikofaktor missgedeutet werden. Eine solche Störgröße wird auch als **Confounder** bezeichnet.

5.3 Der Schluss über die Stichprobe hinaus – Schnellkurs in induktiver Statistik

Es ist nicht damit getan, die Stichproben zu beschreiben. Schließlich soll geschlussfolgert werden, inwieweit die aus den Stichproben gewonnenen Ergebnisse auf die dazugehörenden Grundgesamtheiten übertragbar sind. Dazu dienen die Methoden der induktiven Statistik – dies sind statistische Tests und Konfidenzintervalle.

Die Grundlagen eines statistischen Tests

Die Funktionsweise eines statistischen Tests sei an einem konkreten Beispiel erläutert. Wir nehmen an, dass eine neue Diät entwickelt worden ist, deren Wirkung an 25 Probanden überprüft wird. Dazu werden die Gewichte dieser Personen vor und nach der Diät gemessen und jeweils der Mittelwert bestimmt. Man betrachtet dabei also zwei verbundene Stichproben.

Es ist nicht zu erwarten, dass die beiden Mittelwerte exakt übereinstimmen – selbst wenn die Diät keinerlei Einfluss auf das Gewicht hätte. Es stellt sich nun die Frage, ob ein beobachteter Unterschied allein durch den Zufall bedingt ist, oder ob es dafür noch andere Gründe gibt. Ein statistischer Test ermöglicht diesbezüglich eine objektive Entscheidung. Er funktioniert nach folgendem Prinzip: Man stellt zwei komplementäre Hypothesen auf (die **Nullhypothese** und die **Alternativhypothese**) und berechnet – nachdem man sich für ein bestimmtes Testverfahren entschieden hat – aus den Stichprobenwerten eine **Prüfgröße**. In Abhängigkeit vom Wert dieser Größe entscheidet man sich dann für die Null- oder für die Alternativhypothese.

Die Formulierung der Hypothesen ist davon abhängig, ob man 2- oder 1-seitig testet. Bei einer 2-seitigen Fragestellung besagt die Nullhypothese: „Es gibt keinen Unterschied zwischen den Gewichten vor und nach der Diät"; die Alternativhypothese lautet: „Es gibt einen Unterschied". Über dessen Richtung wird keine Aussage gemacht. Wenn man jedoch aufgrund irgendwelcher Vorkenntnisse weiß, in welcher Richtung ein Unterschied zu erwarten ist oder wenn nur eine bestimmte Abweichungsrichtung interessiert, verwendet man die 1-seitige Fragestellung und formuliert die Alternativhypothese so: „Das Gewicht nach der Diät ist geringer als das Gewicht vor der Diät". Die Nullhypothese bleibt die gleiche.

Ein statistischer Test wird in folgenden Schritten durchgeführt:

1. **Formulieren der Hypothesen:** Zuerst überlegt man sich, ob man 1- oder 2-seitig testet und formuliert die beiden Hypothesen.
2. **Festlegen der Irrtumswahrscheinlichkeit:** Danach legt man die Irrtumswahrscheinlichkeit α fest. Dabei handelt es sich um die

Wahrscheinlichkeit dafür, dass man sich – wenn in Wirklichkeit die Nullhypothese richtig ist – fälschlicherweise für die Alternativhypothese entscheidet. Man nennt dies einen α-Fehler oder Fehler 1. Art. In der Medizin hat sich $\alpha = 5\%$ eingebürgert, bei besonderen Fragestellungen wählt man auch $\alpha = 1\%$.

3. **Berechnen der Prüfgröße:** Danach wählt man in Abhängigkeit der vorliegenden Daten einen geeigneten statistischen Test und berechnet nach der entsprechenden Testvorschrift die Prüfgröße.
4. **Entscheidung:** Wenn der Wert der Prüfgröße in den so genannten kritischen Bereich fällt, nimmt man die Alternativhypothese an, ansonsten behält man die Nullhypothese bei. Ein Ergebnis, das zur Annahme der Alternativhypothese führt, heißt **signifikant**.

Wie erkennt man nun, ob die Prüfgröße im kritischen Bereich liegt?

Es gibt so genannte **kritische Werte**, die – abhängig von der Art des Tests und dem α-Fehler – den Annahmebereich vom kritischen Bereich trennen. Diese Werte lassen sich Tabellen entnehmen, die in jedem Statistikbuch zu finden sind. Einfacher ist es, wenn man eine Statistik-Software verwendet: Dabei wird der so genannte ***p*-Wert** berechnet. Dieser Wert gibt an, mit welcher Wahrscheinlichkeit das vorliegende Testergebnis oder ein noch extremeres Ergebnis unter der Nullhypothese zustande kommt. Wenn $p < 0{,}05$ (oder allgemeiner: $p < \alpha$), ist das Ergebnis signifikant. Konkret bedeutet dies: Das Ergebnis ist nur schwer mit der Nullhypothese zu vereinbaren, und deshalb wird die Alternativhypothese angenommen.

Nun ist ein Testergebnis natürlich kein Beweis für die Richtigkeit der dazugehörenden Hypothese. Theoretisch können zwei Fehler auftreten. Wenn einem der Zufall einen Streich spielt und man sich aufgrund des Testergebnisses für die Alternativhypothese entscheidet (obwohl in Wirklichkeit die Nullhypothese richtig ist), begeht man den bereits erwähnten **α-Fehler** oder **Fehler 1. Art**. In unserem Beispiel würde dies bedeuten, dass man mit dem Test eine Gewichtsreduzierung nachweist, obwohl die Diät einen solchen Einfluss gar nicht hat. Ein α-Fehler könnte peinlich werden! Er ist zwar nicht generell vermeidbar, aber kontrollierbar; er wird vor der Durchführung des Tests (üblicherweise mit 5%) festgesetzt.

Nun kann es auch passieren, dass die Alternativhypothese richtig ist und man sich aufgrund des Testergebnisses für die Nullhypothese entscheidet; dann begeht man einen **β-Fehler** oder **Fehler 2. Art**. Leider ist dieser Fehler nicht kontrollierbar. Er kann – insbesondere bei einem geringen Stichprobenumfang – sehr hoch sein. Für einen Forscher, dem es ja in der Regel darum geht, etwas Neues nachzuweisen und die Alternativhypothese zu verifizieren, ist ein β-Fehler höchst ärgerlich. Der Anwender eines Tests ist in aller Regel bemüht, ein signifikantes Ergebnis zu erhalten. Der β-Fehler kann beeinflusst werden durch den Stichprobenumfang: Je höher dieser ist, umso geringer wird der β-Fehler (deshalb ist es so wichtig, sich bereits vor der Datenerhebung Gedanken bezüglich des notwendigen Stichprobenumfangs zu machen). Der β-Fehler ist außerdem abhängig vom α-Fehler: Je größer der α-Fehler festgelegt wird, umso kleiner ist der β-Fehler und umgekehrt. Deshalb wird $\alpha = 1\%$ nur bei besonderen Fragestellungen festgelegt!

Standardtests, die (fast) jeder kennt

Die in diesem Abschnitt beschriebenen Tests sind Ihnen wahrscheinlich aus der Biomathe-Vorlesung bekannt. Falls Sie diesen Stoff teilweise vergessen haben, lesen Sie bitte die folgenden Ausführungen durch, um Ihre Erinnerungen aufzufrischen. Ein Statistiker, bei dem Sie Rat und Hilfe holen, wird erwarten, dass Sie diese Tests kennen.

Die wohl bekanntesten Tests in der medizinischen Forschung sind die ***t*-Tests**. Alle *t*-Tests setzen normalverteilte Grundgesamtheiten voraus. Man bezeichnet sie auch als „parametrische" Tests, denn es werden nur noch bestimmte Parameter – z. B. Erwartungswerte – beleuchtet.

5

Der ***t*-Test für eine Stichprobe** überprüft, ob ein Stichprobenmittelwert mit einem vorgegebenen Sollwert vereinbar ist. Stellen Sie sich dazu bitte vor, es werde das Gewicht von 20 Neugeborenen gemessen, deren Mütter während der Schwangerschaft stark rauchten, und man erhielte: $\bar{x} \pm s = (3180 \pm 490)$ g. Aus der Literatur ist bekannt, dass das durchschnittliche Geburtsgewicht 3500 g beträgt. Unterscheidet sich nun der berechnete Mittelwert signifikant von 3500 g, oder ist die Abweichung nur zufällig bedingt? Der *t*-Test für eine Stichprobe liefert eine Entscheidung diesbezüglich (die Abweichung ist tatsächlich nicht nur zufällig bedingt; sie ist signifikant).

Der ***t*-Test für zwei verbundene Stichproben** überprüft, ob sich die Differenz der beiden Mittelwerte signifikant von 0 unterscheidet (wie im Beispiel der Körpergewichte vor und nach der Diät). Am häufigsten wird der ***t*-Test für zwei unverbundene Stichproben** angewandt (er eignet sich beispielsweise zum Nachweis, dass sich die Körpergrößen männlicher und weiblicher Studenten unterscheiden). Häufig wird dieser Test bei klinisch kontrollierten Studien angewandt, um die Mittelwerte zweier Therapiegruppen miteinander zu vergleichen. Zusätzlich zur Normalverteilung wird bei diesem Test die Gleichheit der Varianzen vorausgesetzt. Der **Welch-Test** ist eine Modifikation des *t*-Tests dahingehend, dass er die letzte Bedingung nicht beinhaltet. Eine andere Variante des *t*-Tests wird verwendet, um zu überprüfen, ob sich ein Korrelationskoeffizient nach Pearson signifikant von 0 unterscheidet.

Bei hinreichend großen Stichprobenumfängen sind *t*-Tests robust gegenüber Abweichungen von ihren Voraussetzungen (insbesondere von der Normalverteilung) – das heißt, das Testergebnis ist auch dann brauchbar, wenn die Normalverteilung nicht gegeben ist.

Alternativ zu den *t*-Tests können die **Rangsummentests** verwendet werden. Sie haben schwächere Voraussetzungen (keine Normalverteilung!) und funktionieren nach folgendem Prinzip: Den Werten der Stichprobe(n) werden nach einer bestimmten Vorschrift Rangzahlen zugeteilt; daraus lassen sich dann Rangsummen berechnen, aus denen wiederum die Prüfgröße ermittelt wird. Diese Tests lassen sich unter Umständen auch für ordinalskalierte Merkmale verwenden (wenn die Anzahl der Ausprägungen hinreichend groß ist). Die **Wilcoxon-Rangsummentests** (für eine oder zwei verbundene Stichproben) setzen symmetrische Verteilungen voraus. Eine Alternative zum *t*-Test für zwei unverbundene Stichproben bildet der ***U*-Test** von Mann und Whitney, der sich auch bei schiefen Verteilungen anwenden lässt. Beim *U*-Test wird lediglich vorausgesetzt, dass die beiden Verteilungen annähernd die gleiche Form haben.

Bei zwei verbundenen Stichproben kann man auch den **Vorzeichentest** benutzen. Dieser Test beinhaltet quasi keine Voraussetzungen; jedem Beobachtungspaar wird ein Plus- oder ein Minus-Zeichen zugeordnet. Er eignet sich, wenn beispielsweise die Zustände von Patienten vor und nach einer Therapie untersucht werden. Wenn sich der Zustand gebessert hat, ordnet man dem betreffenden Patienten ein + zu, ansonsten ein –. Die Testentscheidung ist abhängig von der Anzahl der positiven Vorzeichen.

Um eine relative Häufigkeit mit einer vorgegebenen Wahrscheinlichkeit zu vergleichen, verwendet man den **Binomialtest.** Ein Anwendungsbeispiel: Von 65 Medizinstudenten sind 35 Frauen; das entspricht einer relativen Häufigkeit von 54%. Sind die Frauen überrepräsentiert? Sie sind es nicht – das Testergebnis führt zur Beibehaltung der Nullhypothese.

Sehr vielseitig anwendbar sind **Chi²-Tests**, die hauptsächlich bei qualitativen Merkmalen verwendet werden. Sie dienen zur Analyse, ob die unterschiedlichen Häufigkeiten der Merkmalsausprägungen zufällig sind. Der **Chi²-Unabhängigkeitstest** überprüft die Abhängigkeit zwischen zwei qualitativen Merkmalen (etwa bei der Frage: Besteht ein Zusammenhang zwischen Rauchgewohnheiten und Geschlecht?). Im einfachsten Fall wird der Zusammenhang zwischen zwei Alternativmerkmalen untersucht; dann spricht man von einem **Vierfeldertest**. Der **Chi²-Homogenitätstest** (der formell mit dem Chi²-Unabhängigkeitstest übereinstimmt) untersucht, ob ein Merkmal in mehreren unverbundenen Stichproben homogen verteilt ist. Alle genannten Chi²-Tests setzen einen gewissen Mindeststichprobenumfang voraus. Wenn dieser zu gering ist, kann stattdessen der **Fisher's exact Test** verwendet werden, der allerdings rechentechnisch sehr viel aufwendiger ist (was jedoch bei leistungsfähiger Software keine Rolle mehr spielt).

Um die Häufigkeiten eines Alternativmerkmals in zwei verbundenen Stichproben zu vergleichen (beispielsweise im Rahmen einer Cross-Over-Studie, s. Abschn. 4.3, S. 68), eignet sich der **McNemar-Test** (eine Variante des Chi^2-Tests). Mit einem **Chi^2-Anpassungstest** lässt sich prüfen, ob eine empirische Stichproben-Verteilung mit der Normalverteilung (oder einer anderen, vorgegebenen Verteilung) übereinstimmt. Schließlich sei der **Logrank-Test** genannt. Er basiert ebenfalls auf der Chi^2-Verteilung und dient dazu, die Überlebenswahrscheinlichkeiten zweier Gruppen miteinander zu vergleichen (wobei auch zensierte Daten erlaubt sind).

Es ist nicht immer leicht, **den** passenden Test zu finden. Um beispielsweise zwei unverbundene Stichproben bezüglich ihrer Lage miteinander zu vergleichen, stehen u. a. der *t*-Test und der *U*-Test zur Verfügung. Welchen soll man nun wählen? Einerseits muss man darauf achten, dass die Voraussetzungen des jeweiligen Tests zumindest annähernd erfüllt sind. Es ist nicht sinnvoll, bei schiefen Verteilungen und kleinen Stichproben den *t*-Test anzuwenden, der bekanntlich die Normalverteilung voraussetzt. Andererseits soll man alle Informationen, die in den Daten enthalten sind, auswerten. Wenn man normalverteilte oder zumindest symmetrisch verteilte Daten zugrunde legen kann, sollte man den *t*-Test bevorzugen. Er hat dann nämlich eine höhere Power als der *U*-Test; das heißt, er erkennt einen Unterschied leichter. In diesen kniffligen Fragen wird Ihnen Ihr Statistik-Berater gerne behilflich sein!

Komplexe Analysemethoden

Wenn Sie mehr als zwei Stichproben oder den Zusammenhang zwischen mehr als zwei Merkmalen zu analysieren haben, müssen Sie komplexere Verfahren anwenden. Die wichtigsten seien hier in Kürze vorgestellt.

Die **Varianzanalyse** ist ein im Vergleich zum *t*-Test für unverbundene Stichproben erweiterter Lagetest. Sie lässt sich anwenden, wenn mehr als zwei Stichproben miteinander zu vergleichen sind; außerdem können mehrere qualitative Einflussgrößen berücksichtigt werden (z. B. Therapiegruppe, Geschlecht der Patienten und Schweregrad der Krankheit). Je nach der Anzahl dieser Faktoren spricht man von 1-faktorieller, 2-faktorieller oder mehr-faktorieller Varianzanalyse.

Die **Blockvarianzanalyse** (oder Varianzanalyse mit Messwiederholungen) ersetzt den *t*-Test für zwei verbundene Stichproben. Diese Methode wird häufig bei longitudinalen Studien angewandt, in deren

Verlauf Patienten zu mehreren zeitlich aufeinander folgenden Zeitpunkten untersucht werden. Sie ist äußerst flexibel und vielseitig anwendbar; es können mehrere Gruppierungs- und Messwiederholungsfaktoren berücksichtigt werden.

Als Alternativen bieten sich der **Kruskal-Wallis-Test** (als Pendant zum *U*-Test für unverbundene Stichproben) und der **Friedmantest** (für verbundene Stichproben) an. Diese Rangsummentests sind an weniger Voraussetzungen gebunden ist die varianzanalytischen Methoden; sie sind dafür wesentlich weniger leistungsstark.

Die einfache lineare Regression kann dahingehend erweitert werden, dass nicht nur eine, sondern mehrere x-Variablen als Einflussgrößen evaluiert werden. Man bezeichnet diese Methode als „**multiple Regression**“. Die verwendeten Einflussgrößen müssen keineswegs alle quantitativ sein; durch die so genannte Dummy-Codierung ist es möglich, auch nominalskalierte Faktoren zu berücksichtigen.

Mit der **logistischen Regressionsanalyse** lassen sich Wahrscheinlichkeiten modellieren, die von mehreren Merkmalen abhängig sind. Dieses Verfahren ist daher geeignet, zwei oder mehrere Gruppen zu unterscheiden. Stellen Sie sich dazu folgendes Szenario vor: Patienten, die an einer bestimmten Krankheit leiden, werden mit einer speziellen Therapie behandelt. Bei einigen ist die Therapie erfolgreich, bei anderen nicht. Mit Hilfe der logistischen Regression lässt sich herausfinden, *welche* Faktoren den Erfolg beeinflussen (diese können quantitativ oder qualitativ sein). Letztlich ist es dann möglich, anhand dieser Einflussgrößen die Wahrscheinlichkeit für einen Therapieerfolg im Einzelfall zu berechnen.

Die varianz- und regressionsanalytischen Methoden sind nur mit einer leistungsfähigen Statistiksoftware zu bewältigen. Damit wird zunächst eruiert, welche der vorgegebenen Faktoren die Zielgröße signifikant beeinflussen, und ob Interaktionen (Wechselwirkungen) zwischen den einzelnen Faktoren nachweisbar sind. Außerdem wird das bereits erwähnte Bestimmtheitsmaß berechnet. Damit lässt sich abschätzen, wie gut ein statistisches Modell die Wirklichkeit beschreibt. Werte nahe bei 1 kennzeichnen ein fast perfektes, Werte nahe bei 0 ein nicht brauchbares Modell. Mehrere Modelle lassen sich anhand dieses Maßes miteinander vergleichen.

An multivariate Verfahren sollten Sie sich nur heranwagen, wenn Sie der Biomathematik nicht vollkommen abgeneigt gegenüberstehen und bereit sind, sich anhand geeigneter Lehrbücher über die mathematischen Hintergründe und Anwendungsmöglichkeiten dieser Methoden zu informieren. Prüfen Sie auch, ob Sie den erforderlichen Stichprobenumfang, der mitunter sehr hoch ist, in absehbarer Zeit rekrutieren können. Bitten Sie Ihren statistischen Berater, Ihnen geeignete Literatur zu empfehlen! Andernfalls sind Sie darauf angewiesen, dass jemand für Sie die statistische Analyse übernimmt. Es ist aber nicht gut, wenn Sie selbst nicht nachvollziehen können, wie die Ergebnisse Ihrer Doktorarbeit zustande gekommen sind! Studien, die solche Fragestellungen bearbeiten, erfordern eine intensive Auseinandersetzung mit der Biomathematik.

Konfidenzintervalle

Ein Konfidenzintervall wird berechnet, um die Güte eines Schätzwertes zu beurteilen. Der aus der Stichprobe ermittelte Schätzwert repräsentiert vermutlich nicht den tatsächlichen Wert der Grundgesamtheit. Dies sei an folgendem Beispiel erläutert: Bei einer Diagnosestudie wird an 100 Patienten, von denen man definitiv weiß, dass sie erkrankt sind, ein diagnostischer Test durchgeführt. Bei 86 Patienten ist das Testergebnis positiv. Die relative Häufigkeit 86/100 ist dann ein Schätzwert für die Sensitivität (das ist die Wahrscheinlichkeit, dass eine erkrankte Person ein positives Testergebnis erhält). Man kann kaum erwarten, dass dieser Schätzwert mit der wahren Sensitivität der Grundgesamtheit exakt übereinstimmt. Man darf aber vermuten, dass die wahre Sensitivität in der näheren Umgebung des Schätzwertes liegt. Durch ein Konfidenzintervall (oder einen Vertrauensbereich) wird dieser unscharfe Ausdruck „nähere Umgebung" präzisiert. In unserem Beispiel erhält man mit $n = 100$ und $\alpha = 5\%$ folgendes Konfidenzintervall: [0,79; 0,93].

5

Leider kann man niemals 100%-ig sicher sein, dass das Konfidenzintervall den unbekannten Parameter der Grundgesamtheit (in obigem Beispiel die Sensitivität) wirklich enthält. Man kann jedoch – bei einer Irrtumswahrscheinlichkeit von $\alpha = 5\%$ – mit 95%-iger Wahrscheinlichkeit davon ausgehen, ein Konfidenzintervall zu erhalten, das diesen Parameter überdeckt. Es hängt u. a. vom Stichprobenumfang ab, wie genau die Schätzung und wie breit das Konfidenzintervall ist. Wenn dem obigen Schätzwert eine Stichprobe vom Umfang $n = 250$ zugrunde läge, erhielte man ein schmaleres Intervall, nämlich [0,81; 0,91].

Auf S. 98 wurde das durchschnittliche Gewicht von 20 Neugeborenen, deren Mütter während der Schwangerschaft stark rauchten, mit $\bar{x} \pm s = (3180 \pm 490)$ g angegeben. Das Konfidenzintervall beträgt in diesem Fall [2.950g; 3409 g] (mit $\alpha = 5\%$). Wir kennen den unbekannten Erwartungswert zwar nicht genau – wir dürfen jedoch mit 95%-iger Wahrscheinlichkeit annehmen, dass wir ihn mit dem berechneten Konfidenzintervall „eingefangen" haben. Der Wert 3.500 g liegt nicht in diesem Intervall – dies bestätigt das Testergebnis, nach dem die Abweichung zum Sollwert 3.500 g signifikant ist. Während der Test also darüber informiert, *dass* ein Unterschied existiert (vorbehaltlich der Irrtumswahrscheinlichkeit α), liefert das Konfidenzintervall einen konkreten Hinweis von der Genauigkeit des berechneten Mittelwerts. Es kann daher sinnvoll sein, nicht nur das Testergebnis zusammen mit dem *p*-Wert zu veröffentlichen, sondern auch ein Konfidenzintervall anzugeben.

Konfidenzintervalle lassen sich für alle bekannten Kenngrößen wie Varianz, Korrelationskoeffizient, Odds Ratio etc. konstruieren. Es gibt für jeden dieser Parameter eine mehr oder minder komplizierte Formel (teilweise mit einschränkenden Bedingungen), nach der sich die Grenzen des Intervalls berechnen lassen. Einfacher ist es selbstverständlich, eine Statistiksoftware zu verwenden.

Auf die Interpretation kommt's an!

Ich wundere mich immer wieder über folgendes Phänomen: Studenten (und auch Ärzte) können der Biomathematik im Allgemeinen kaum etwas abgewinnen. Wenn sie aber mittels eines statistischen Tests ein signifikantes Ergebnis erhalten, freuen sie sich unsagbar und messen diesem Ergebnis eine enorme Bedeutung bei. Der Grund für dieses Verhalten liegt nicht zuletzt darin, dass nicht-signifikante Ergebnisse kaum eine Chance haben, in einer angesehenen Zeitschrift von internationaler Bedeutung publiziert zu werden. Durch diese Selektion entsteht zwangsläufig ein verzerrtes Bild bei der akademischen Leserschaft. Dieses Phänomen bezeichnet man als **Publikationsbias**.

5

Man muss klar sagen: Eine statistische Signifikanz besagt nichts – aber auch gar nichts – über die wissenschaftliche Bedeutung oder die praktische Relevanz. Mit einem entsprechend hohen Stichprobenumfang kann man jeden minimalen Unterschied und jeden schwachen Zusammenhang nachweisen, auch wenn er praktisch bedeutungslos ist. Außerdem muss darüber nachgedacht werden, ob die Merkmale, die analysiert werden, für die Praxis wichtig sind. Häufig werden Merkmale untersucht, die für die Patienten und deren Krankheitsstatus völlig irrelevant sind. Daran ändert auch ein signifikantes Ergebnis nichts!

Groß ist zuweilen die Enttäuschung, wenn $p > 0{,}05$ – das heißt, das Testergebnis ist nicht signifikant. Aber auch das ist ein Ergebnis! Über dessen mögliche Ursachen muss nachgedacht werden. Anhaltspunkte diesbezüglich liefert der *p*-Wert. Je größer er ist, um so eher ist anzunehmen, dass es in Wirklichkeit keinen Unterschied gibt (die Nullhypothese wäre also richtig). Wenn der *p*-Wert jedoch nur knapp über der magischen Grenze von 0,05 liegt, spricht vieles dafür, dass ein Unterschied oder ein Zusammenhang existiert, der sich aber – etwa wegen eines zu geringen Stichprobenumfangs – auf dem 5%-Niveau nicht absichern lässt. Dann hätte man einen β-Fehler begangen, der im Gegensatz zum α-Fehler nicht quantifizierbar ist. Eventuell ist ein solches Ergebnis die Basis für eine nachfolgende, modifizierte Studie, in der dieser Fragestellung nachgegangen wird. Bei einem nichtsignifikanten Ergebnis muss man sehr vorsichtig formulieren: „Ein Unterschied (oder ein Zusammenhang) kann aufgrund der Stichprobe nicht nachgewiesen werden".

Wichtig ist auch folgender Aspekt: Man sollte vorab überlegen, welche Tests dem inhaltlichen Problem angemessen sind und sich auf einen Test oder eine kleine Anzahl von Tests beschränken. Dabei ist es wichtig, dass man sich zunächst die konkrete Fragestellung überlegt. Oft werden in Doktorarbeiten oder anderen Publikationen (selbst in renommierten Zeitschriften) eine Vielzahl von Testergebnissen aufgelistet – zumeist deshalb, weil anfangs keine konkrete Fragestellung vorgegeben ist und am Ende jeder Mittelwert mit diversen anderen verglichen wird. Allerdings muss dabei Folgendes bedacht werden: Wenn man einmal testet, liegt die Wahrscheinlichkeit, unter der Nullhypothese falsch zu entscheiden, bei 5%. Es ist also zu erwarten, dass man in einem von 20 Fällen die Alternativhypothese annimmt, obwohl in Wirklichkeit die Nullhypothese richtig ist. Wenn man nun eine Vielzahl von Tests durchführt (jeder mit der Irrtumswahrscheinlichkeit $\alpha = 0{,}05$), dann ist es kein Wunder, wenn man einige signifikante Ergebnisse erhält. Gleichgültig, ob das Testergebnis signifikant ist oder nicht – man muss in jedem Fall einen α- bzw. β-Fehler einkalkulieren und das Ergebnis unter medizinisch-fachlichen Gesichtspunkten diskutieren.

5

Leider neigen viele Mediziner dazu, ein Testergebnis subjektiv nach ihren eigenen Vorstellungen zu überinterpretieren. Sie sollten sich immer vor Augen halten: Ein signifikantes Testergebnis ist ein Hinweis dafür, dass ein Unterschied oder ein Zusammenhang existieren könnte. Um die Kausalität abzusichern, bedarf es weiterer, fachlicher Überlegungen.

5.4 Die Zusammenarbeit mit dem Biometriker

Konflikte und deren Ursachen

Für die meisten Doktoranden ist die Beratung bei einem Biometriker eine sehr lästige Angelegenheit. Die Ursachen sind wohl darin zu sehen, dass die Biomathematik im Allgemeinen ein unbeliebtes Fach ist. So nehmen die meisten Studenten an der Vorlesung nur gezwungenermaßen teil und sind froh, wenn sie die Klausur bestanden haben. Später sind sie entsetzt, wenn sie feststellen, dass sie den Stoff dieses missliebigen Faches nun doch benötigen und vielleicht sogar den ungeliebten Dozenten, der einst die Vorlesung gehalten hatte, um Rat bitten müssen.

Warum ist das eigentlich so? Ich glaube, dass hier viele Vorurteile eine Rolle spielen. „Biomathe ist ein Fach, in dem man nichts kapiert und das man ohnedies nicht braucht" – so sagen viele und viele plappern es nach. Mit dieser Einstellung kommen die meisten Studenten in die Vorlesung, und so ist es nicht erstaunlich, wenn der Dozent seinerseits wenig motiviert ist, den Vorlesungsstoff interessant und verständlich darzubringen.

Sie sollten diesem Fach unbefangen und vorurteilsfrei begegnen! Dann werden Sie sehen, dass sich Ihnen sehr interessante Anwendungsmöglichkeiten erschließen. Im Übrigen habe ich häufig erlebt, dass Studenten, die diesem Fach anfangs mit großer Skepsis begegneten, beim Erstellen ihrer Doktorarbeit plötzlich merkten, wie interessant Biomathematik sein kann.

Wenn ein Doktorand bei einem Biometriker erscheint, hat er meist keinen Überblick über statistische Methoden. Wenn er unverblümt sein Desinteresse bekundet, darf er sich nicht wundern, wenn sich der Biometriker wenig kooperativ zeigt! Wenn Sie eine Beratung in Anspruch nehmen, sollten Ihnen die wichtigsten Grundbegriffe und Methoden vertraut sein (lesen Sie dazu die Abschnitte 5.2 und 5.3) – schließlich hängen die Ergebnisse Ihrer Doktorarbeit davon ab. Dann macht die Zusammenarbeit Spaß und führt zum Erfolg!

Wie findet man einen kompetenten Berater?

In vielen Kliniken und Universitäten ist es mittlerweile üblich, den Doktoranden ein Merkblatt des Instituts für Biomathematik zu überreichen, in dem dargelegt ist, was bei einer Datenerhebung grundsätzlich zu beachten ist. Oder suchen Sie auf der Homepage des Biometrischen Instituts nach entsprechenden Hinweisen. Lesen Sie diese Informationen durch, ehe Sie sich an einen statistischen Berater wenden.

Wie findet man nun einen kompetenten Berater? Wenn es in Ihrer Klinik oder Ihrer Universität ein Institut für Biomathematik gibt, wird dort auch ein Mitarbeiter zu finden sein, der für statistische Beratungen zuständig ist. Sie können in diesem Institut nachfragen und um einen Termin bitten. An einigen Kliniken arbeiten medizinische Dokumentare – auch diese Leute haben sich während ihrer Berufsausbildung mit Statistik befasst und können Ihnen eventuell weiterhelfen. In (seltenen) Einzelfällen ist der Betreuer selbst fit in Statistik und hilft dem Doktoranden bei der Datenanalyse.

Eine andere Möglichkeit besteht darin, sich bei einem Kommilitonen oder einem jungen Arzt, der seine Doktorarbeit bereits abgeschlossen hat, Rat zu holen. Mitunter gibt es auch Aushänge von Mathematik-Studenten oder freiberuflich tätigen Beratern, die ihre Dienste anbieten. Deren Adressen erhält man eventuell auch in der Fachschaft oder von anderen Kommilitonen, die deren Dienste bereits in Anspruch genommen haben. Allerdings lassen sie sich ihre Beratungen auch gut bezahlen (Stundenhonorare von weit über 50 Euro bei freiberuflich tätigen Beratern sind keine Seltenheit).

Was ist beim ersten Gespräch zu klären?

Bereiten Sie sich auf dieses Gespräch gut vor! Ihnen selbst ist ja am meisten daran gelegen, dass der Biometriker Ihnen bei der Analyse Ihrer Daten behilflich ist. Deshalb:

- Erkundigen Sie sich, welche Vorbereitungen man von Ihnen erwartet!
- Formulieren Sie präzise Ihre Fragestellung! Viele Studenten kommen zu einer statistischen Beratung und wissen gar nicht, welcher Frage sie nachgehen wollen. Dies liegt allerdings oft weniger am Doktoranden selbst als an seinem Betreuer, der nur das Datenmaterial zur Verfügung stellt und vom Doktoranden erwartet, dass er es auswertet und irgendein vorzeigbares Ergebnis erhält.
- Bedenken Sie, dass der statistische Berater in der Regel kein Mediziner ist. Formulieren Sie Ihr Anliegen knapp und präzise und verzichten Sie so weit als möglich auf medizinische Fachausdrücke und unnötige Details.
- Zu Beginn des Gesprächs sollten Sie Ihr Studiendesign beschreiben (nach den Kriterien, die in Abschn. 4.2, S. 60 ff. erläutert werden). Sie müssen sich auch darüber im Klaren sein, wie die Stichproben beschaffen sind, die Sie untersuchen.
- Es ist sinnvoll, den Betreuer zum ersten Gespräch mitzubringen. Es gibt nämlich Fragen, die sowohl die Statistik als auch die Medizin betreffen und die sich nur gemeinsam mit dem Betreuer klären lassen. Leider hat dieser meist wenig Interesse an Statistik – aber Sie können ihn dennoch bitten, mit Ihnen den Biometriker aufzu-

suchen (die meisten Betreuer würden mit Sicherheit etwas Neues lernen und davon profitieren!).

- Zeigen Sie Interesse an der Biomathematik! Wenn Sie bereits beim ersten Gespräch signalisieren, dass die Datenanalyse für Sie nur eine lästige Pflicht ist, dürfen Sie sich nicht wundern, wenn der Biometriker wenig Engagement bekundet.
- Fragen Sie ihn, welche Software er für die statistische Datenanalyse empfiehlt, und wie Sie an diese Software herankommen (s. S. 109).

Bitte beachten Sie: Es ist nicht die Aufgabe eines Biometrikers, Ihnen die Grundlagen der medizinischen Statistik beizubringen. Es ist auch nicht seine Pflicht, Ihre Daten in den PC einzugeben und ein Programm für die Datenanalyse zu erstellen. Es gibt zwar statistische Berater, die mit einer Engelsgeduld jedem einzelnen Doktoranden banalste Dinge erklären und zusammen mit ihm die Daten eintippen, analysieren und die Ergebnisse schließlich auch noch interpretieren. Sie können sich glücklich schätzen, wenn Ihnen ein solcher Berater zur Verfügung steht! In den meisten Fällen wird der Biometriker Sie jedoch nur in statistischen Fragen beraten – für die Feinarbeit sind Sie dann selbst zuständig.

Häufig ist die statistische Beratung nicht nach einem Treffen beendet. Nach jedem Gespräch sollten Sie sich anhand von Literatur über die vom Biometriker empfohlenen Methoden umfassend informieren, ehe Sie sie anwenden. Notieren Sie sich aufkommende Fragen, um diese bei der nächsten Beratung klären zu können.

Spezielle Problematiken

Doktoranden, die im Rahmen einer **retrospektiven Studie** promovieren, können in der Regel auf dokumentiertes Datenmaterial zurückgreifen. Oft handelt es sich dabei um manuell erstellte Dokumente; d. h. die Daten müssen zunächst in geeigneter Form aufbereitet werden, ehe sie analysiert werden können.

Nun kommen viele Doktoranden mit einer Excel-Tabelle daher, die eine unübersehbare Fülle von Daten enthält; andere bringen einen Wust von handgeschriebenen Zetteln mit – und erwarten, dass sich der Biometriker zurecht findet. Sie können ihm (und sich selbst) die Arbeit erleichtern, indem Sie Folgendes vorbereiten:

- Überlegen Sie in Abhängigkeit von Ihrer Fragestellung, welche Merkmale Ihre Einfluss- bzw. Zielgrößen sind (s. Abschn. 4.2, S. 60). Bei vielen retrospektiven Studien gibt es eine schier unübersehbare Fülle von Daten. Es ist nicht unbedingt nötig, jedes einzelne Merkmal bei der statistischen Analyse zu berücksichtigen. Konzentrieren Sie sich auf die Merkmale, die geeignet sind, um Ihre spezielle Fragestellung zu beantworten.

- Bestimmen Sie die Art dieser Merkmale und deren Skalenniveau (vgl. Abschn. 5.2, S. 86). Nur dann wird der Biometriker in der Lage sein, Ihnen eine geeignete Analysemethode vorzuschlagen.
- Leisten Sie Vorarbeit! Die deskriptive Statistik können Sie selbst durchführen. Berechnen Sie für jede Stichprobe geeignete Kenngrößen und erstellen Sie graphische Darstellungen (dazu eignet sich das Tabellenkalkulationsprogramm Excel). Der Biometriker hat dann die Möglichkeit, sich schnell einen Überblick über die wesentlichen Eigenschaften Ihrer Daten zu verschaffen.

Bei einigen als retrospektiv angepriesenen Doktorarbeiten entpuppt sich das Datenmaterial bei näherem Hinsehen als ein unstrukturiertes Chaos. So kommt es hin und wieder vor, dass zwar Tausende Daten vorliegen, mit denen sich aber aus verschiedenen Gründen nichts anfangen lässt: Jeder einzelne Patient wurde individuell (d. h. anders als alle anderen) behandelt, die Merkmale wurden mit unterschiedlichen Messmethoden, in unterschiedlichen Zeitintervallen oder unterschiedlich häufig erfasst, eine Vergleichsgruppe fehlt etc. etc. Von Struktur- oder Beobachtungsgleichheit kann dann natürlich keine Rede sein.

Besondere Vorsicht ist geboten bei retrospektiven Studien, bei denen ehemalige Patienten nach zurückliegenden Ereignissen befragt werden müssen. In der Regel erreicht man nur einen Bruchteil von ihnen – es lässt sich dann kaum noch angeben, für welche Grundgesamtheit diese Patienten eine repräsentative Stichprobe darstellen sollen.

Es ist tragisch, wenn in solchen Fällen die Doktoranden erst nach Monaten oder Jahren beim Statistiker erscheinen. Dieser steht dann vor einem Dilemma: Eigentlich müsste er knallhart sagen, dass man mit dem vorhandenen Datenmaterial nicht promovieren kann. Andererseits tut ihm der arme Doktorand Leid, und so wird er versuchen, zu retten was zu retten ist (auch wenn er dabei ein ungutes Gefühl hat, weil eine solche Vorgehensweise höchst unwissenschaftlich ist). Also: Wenn Sie eine retrospektive Studie angehen, kümmern Sie sich möglichst früh um eine statistische Beratung. Im schlimmsten Fall können Sie die Arbeit abbrechen, ohne viel Zeit verloren zu haben.

Bei **prospektiven Studien** sollten Sie einen Statistiker aufsuchen, ehe Sie mit der Datenerhebung beginnen. In diesen Fällen geht es vor allem darum, im Vorfeld einen optimalen Stichprobenumfang festzulegen. Dazu benötigt der Statistiker einige Informationen von Ihnen:

- Welche Merkmale sollen erfasst werden? Sie sollten sich über die Art dieser Merkmale Gedanken machen; auch darüber, wie sehr die Daten vermutlich streuen, ob diese Merkmale normalverteilt oder zumindest symmetrisch verteilt sind, und ob Ausreißer zu erwarten sind.

- Wenn Sie einen Unterschied nachweisen möchten, müssen Sie vorab überlegen, ab welcher Größe dieser Unterschied für die Praxis oder die Wissenschaft relevant ist. Es ist nicht sinnvoll, mit einem hohen Stichprobenumfang einen minimalen Unterschied nachzuweisen, der in Wirklichkeit bedeutungslos ist. Ebenso sollten Sie bei einem Zusammenhang, der statistisch abzusichern ist, darüber nachdenken, in welcher Stärke Sie ihn erwarten.

Häufig hört man Doktoranden stöhnen: Ich bin doch kein Statistiker! Das sind Sie sicherlich nicht – aber eine Doktorarbeit ist eine selbstständige Leistung, und man kann von Ihnen durchaus erwarten, dass Sie sich in ein fachfremdes Gebiet einarbeiten.

Die Wahl eines Statistikprogramms

Es gibt diverse Software-Produkte (z. B. das Tabellenkalkulationsprogramm Excel von Microsoft), die zahlreiche statistische Funktionen beinhalten und mit denen sich auch graphische Darstellungen schnell und einfach erstellen lassen. Sie sind sehr benutzerfreundlich; Kennwerte der deskriptiven Statistik (Mittelwert, Standardabweichung etc.) lassen sich auch bei umfangreichem Datenmaterial per Mausklick mühelos berechnen. Es gibt auch moderne Taschenrechner, die eine Reihe von statistischen Funktionen enthalten. Manche Tests lassen sich mit einem Taschenrechner einfachster Art durchführen (z. B. der Chi^2-Vierfeldertest); die Rangsummentests können – wenn die Stichprobenumfänge nicht allzu hoch sind – sogar per Hand durchgeführt werden.

5

Man stößt bei diesen Methoden jedoch sehr schnell an Grenzen. Während ein *t*-Test mit Excel noch zu bewältigen ist, ist der *U*-Test schon nicht mehr vorgesehen, und auch beim Chi^2-Test gibt es Schwierigkeiten – von Varianzanalysen und multiplen Regressionen ganz zu schweigen. Wenn Sie mit dem Taschenrechner oder Excel nicht mehr weiterkommen und nicht gerade im Freundes- oder Bekanntenkreis jemanden kennen, der Erfahrung im Umgang mit Statistiksoftware hat und Ihnen behilflich ist, bleibt Ihnen nichts anderes übrig, als sich selbst in ein Statistikprogramm einzuarbeiten. Benutzen Sie am besten die Software, die in Ihrer Klinik oder Ihrem biomathematischen Institut verwendet wird. Dann haben Sie Ansprechpartner, an die Sie sich bei Fragen und Problemen wenden können.

Eventuell haben Sie Zugang zu einem PC, an dem die Software installiert ist (dann brauchen Sie die Software nicht in ihrem eigenen PC zu installieren). Wenn Sie sich entscheiden, ein Statistik-Programm für Ihren Rechner zu erwerben, sollten Sie vorab klären, ob dieser entsprechend konfiguriert ist (d. h. mit hinreichend großer Festplattenkapazität und Hauptspeicher), und ob dieses Programm alle für Sie relevanten statistischen Methoden beinhaltet. Eventuell können Sie über das Rechenzentrum Ihrer Uni günstig eine Lizenz erwerben.

Im medizinischen und pharmazeutischen Umfeld ist das Programmpaket SAS weit verbreitet, SPSS wird mehr im sozialwissenschaftlichen Bereich verwendet. Beide Programme werden als Windows-Versionen angeboten und erfordern daher eine relativ kurze Einarbeitungszeit, wenn es darum geht, einfache Analysen durchzuführen. Diese Form der EDV-gestützten Datenanalyse ist zwar benutzerfreundlich; allerdings ist für den Benutzer nicht exakt nachvollziehbar, wie die Software im Hintergrund die Daten verarbeitet. Außerdem kann bei sich wiederholenden, komplexen Berechnungen das Durchklicken auf Dauer sehr mühsam sein. Dann bietet es sich an, einen Programmcode zu erstellen. Das ist mit einem höheren Lernaufwand verbunden, der sich jedoch rasch bezahlt macht.

In vielen Rechenzentren, vereinzelt auch an biomathematischen Instituten werden Kurse angeboten, in denen Sie die Grundlagen eines Statistik-Programms erlernen. Einen solchen Kurs sollten Sie am besten in der Anfangsphase Ihrer Doktorarbeit besuchen (und nicht erst dann, wenn die Zeit drängt). Häufig werden über die Rechenzentren auch Skripte angeboten, mit denen man sich die notwendigen Kenntnisse autodidaktisch aneignen kann. Insbesondere zu SPSS sind zahlreiche Bücher über den Buchhandel verfügbar. Wenn Sie eine spezielle statistische Methode benutzen, fragen Sie am besten einen Mitarbeiter des Biomathematischen Instituts nach geeigneter Literatur. Anfangs muss man sich vielleicht etwas überwinden – aber wenn man sich erst einmal eingearbeitet hat, eröffnen Softwarepakete wie SAS oder SPSS ungeahnte, nahezu grenzenlose Möglichkeiten.

Um sich Grundkenntnisse in medizinischer Statistik anzueignen, sei das von der Autorin verfasste Lehrbuch empfohlen [16]. Wer sich über eine spezielle multivariate Methode informieren möchte, möge das Buch von Backhaus et al. [1] zur Hand nehmen. Nützliche Hinweise für die Benutzung mit Excel geben Monka und Voß [8]. Zur Einarbeitung in eines der Statistikprogrammpakete SAS bzw. SPSS eignen sich die Bücher von Graf und Ortseifen [6] bzw. Janssen und Laatz [7].

6 Ein wesentlicher Teil: das Literaturstudium

6.1 Literatur zum Einstieg

Während der gesamten Promotionszeit – von der Anfangsphase bis kurz vor der Abgabe Ihrer Arbeit – werden Sie sich mit Literatur zu befassen haben. Zu Beginn benötigen Sie Fachliteratur, um sich in die Thematik einzuarbeiten. Im weiteren Verlauf müssen Sie permanent Artikel aus Zeitschriften lesen, um Ihre Ergebnisse mit denen anderer Autoren vergleichen zu können, und um sich über den neuesten Forschungsstand auf dem Laufenden zu halten.

Fragen Sie Ihren Betreuer, welche Literatur er Ihnen zum Einstieg empfiehlt – gleich nachdem Sie sich für ein Thema entschieden haben. Es sollte ein Leichtes für ihn sein, Ihnen einige Fachbücher und Zeitschriftenartikel zu nennen.

Wie geht man nun beim Literaturstudium voran? Ehe Sie sich an die Literatur, die Sie von Ihrem Betreuer erhalten haben, heranwagen, sollten Sie in **Lehr- oder Handbüchern** des für Sie relevanten Fachgebietes schmökern, um das für Ihre Dissertation erforderliche Basiswissen zu erwerben. Dazu gehören auch theoretische Kenntnisse bezüglich der speziellen Techniken und Methoden, die Sie anwenden, wenn Sie im Rahmen Ihrer Promotion Patienten untersuchen oder Experimente im Labor durchführen. Mit dem Lehrbuchwissen beherrschen Sie diese Methoden natürlich noch nicht – Sie haben jedoch eine gute Ausgangsposition, wenn Sie mit Ihren Untersuchungen beginnen, und können später auftretende Schwierigkeiten besser meistern.

Lehrbücher sind als Einstiegsliteratur zu empfehlen, da die daraus erworbenen Kenntnisse Voraussetzung sind, um speziellere Literatur (Fachbücher oder Kongressberichte) zu verstehen. Nun reichen aber Bücher für eine Promotion bei weitem nicht aus, da sie im Allgemeinen vor längerer Zeit verlegt worden sind und deshalb den neuesten Wissensstand unmöglich berücksichtigen können. Um diesbezüglich informiert zu sein, müssen Sie Artikel in Fachzeitschriften lesen (im Fachjargon werden die Zeitschriften **Journals**, die Artikel **Papers** genannt).

Im Idealfall erhalten Sie von Ihrem Betreuer Ausdrucke von einigen interessanten Papers, die Sie sich kopieren können. Andernfalls müssen Sie sich diese Zeitschriftenartikel selbst besorgen (s. Abschn. 6.2, S. 115). Da die meisten medizinischen Papers in Englisch geschrieben sind, sind englische Sprachkenntnisse für das Erstellen einer medizinischen Doktorarbeit unabdingbar. Wenn Sie in der Schule keinen Englischunterricht hatten, sollten Sie – am besten, ehe Sie mit der Promotion beginnen – einen Englisch-Sprachkurs besuchen. Derlei Kurse werden an einigen Universitäten oder auch an Volkshochschulen angeboten.

Verzweifeln Sie nicht, wenn Ihnen der erste Artikel, dem Sie sich widmen, unendlich lang und schwer verständlich erscheint. Beginnen Sie einfach in einer stillen Stunde mit dem Lesen und kämpfen Sie sich beharrlich durch, notfalls mit einem Wörterbuch zur Seite. Worauf Sie beim Lesen eines Papers generell zu achten haben, erfahren Sie in Abschnitt 6.3, S. 122 ff.

6.2 Die Dienste einer modernen Bibliothek

Allgemeine Einrichtungen

Eine medizinisch-wissenschaftliche Bibliothek dient in erster Linie der Literatur- und Informationsversorgung und unterstützt die Lehre und Forschung und damit nicht zuletzt die Aus- und Weiterbildung sowie die Patientenversorgung. Sie ist in mehrere Bereiche gegliedert:

Der **Freihandbereich** kann von allen Studenten und Angestellten der Universität oder des Klinikums in Anspruch genommen werden, ebenso von anderen Besuchern wie Patienten, niedergelassenen Ärzten usw. Er enthält Bücher (so genannte Monographien), Zeitschriften und Nachschlagewerke allgemeiner Art wie große Enzyklopädien, Wörterbücher und Fachwörterbücher in mehreren Sprachen, Lexika sowie allgemeine bibliographische Hilfsmittel (z. B. Adressbücher). Die **Lehrbuchsammlung** ist allein den Studenten vorbehalten; man findet dort vor allem Studien- und Examensliteratur. Von jedem Lehrbuch sind mehrere Exemplare vorrätig, in der Regel in der neuesten Auflage. Im **Lesesaal** gibt es hauptsächlich Handbücher, Nachschlagewerke, Lehrbücher und Wörterbücher. Die Bücher in diesen Einrichtungen sind nach Sachgruppen gegliedert in Regalen aufgestellt und für die Benutzer direkt einsehbar. Alle Bücher (mit Ausnahme derer des Lesesaals) sind ausleihbar. Die Leihfrist beträgt in der Regel zwei bis vier Wochen; Verlängerungen sind bei nicht vorgemerkten Büchern meist möglich. Bücher aus der Lehrbuchsammlung kann man vier Wochen lang ausleihen. Bestände in den Magazinen sind für die Benutzer nicht direkt zugänglich und müssen zur Ausleihe extra bestellt werden. Dazu zählen ältere Zeitschriftenbestände sowie Dissertationen und Habilitationen.

In vielen Universitäten oder Kliniken gibt es nicht nur eine **Hauptbibliothek**, in der sämtliche Bücher und Zeitschriften zentral aufgestellt sind, sondern zusätzlich eine Reihe kleinerer Instituts- oder Klinikbibliotheken mit „eigenen" Beständen. Erkundigen Sie sich – wenn Sie dort etwas ausleihen möchten –, ob Sie dies in der Hauptbibliothek bestellen müssen (mit dem Nachteil, dass die Lieferfrist wahrscheinlich einige Tage beträgt), oder ob Sie es direkt in einer der Zweigstellen ausleihen können (mit dem Nachteil, dass diese kleineren Bibliotheken oft reduzierte Öffnungszeiten haben oder gar nicht ausleihen). Meist erfolgt die gesamte Verwaltung der Bücher und Zeitschriften zentral.

Einstieg in die Benutzung der Bibliothek

Ehe Sie mit Ihrer Promotion begonnen haben, haben Sie die Bibliothek wahrscheinlich nur benutzt, um dort zu stöbern, hin und wieder ein Buch zu entleihen oder im Lesesaal zu verweilen. Sie haben damit nur einen kleinen Teil der Dienste, die eine moderne Bibliothek bietet, in Anspruch genommen. Wenn Sie Ihre Dissertation schreiben, werden Sie – anders als vorher – überwiegend Zeitschriftenartikel lesen. Fortan müssen Sie Literaturrecherchen durchführen und anhand der gefundenen Zitate die Originalarbeiten suchen, finden, lesen und schließlich bewerten, ob und inwieweit sie für Ihre Arbeit relevant sind.

Nun sind die Zeiten, in denen man nach Büchern konventionell in einem Zettelkatalog und nach Zeitschriften in einem gedruckten Zeitschriftenverzeichnis suchte, weitestgehend vorbei. Dies trifft heute nur noch für extrem alte Bestände zu. Die Monographie- und Zeitschriftenbestände sind mittlerweile größtenteils in elektronischer Form erfasst. Um eine Literaturrecherche durchzuführen, greift man online auf Literaturdatenbanken zu und findet dort schnell und komfortabel Zitate von Artikeln, die bestimmten Suchkriterien entsprechen.

Jede Bibliothek hat heute eine eigene **Website im Internet**, die Ihnen diese Dienste ermöglicht (ausführliche Informationen zum Internet finden Sie in Abschnitt 6.4, S. 129). Vielfältig sind die Anwendungsmöglichkeiten: Sie können von der Homepage aus auf Kataloge zugreifen, um sich zu informieren, welche Bücher und Zeitschriften in Ihrer oder in anderen Bibliotheken vorhanden sind. Bei vielen Zeitschriften können Sie sich die Artikel im Volltext ansehen und ausdrucken. Sie haben die Möglichkeit, auf Literatur- und Faktendatenbanken weltweit zuzugreifen, und Sie können Bücher oder Zeitschriftenartikel über Ihre Bibliothek oder über Lieferdienste für Endnutzer bestellen. Darüber hinaus stellt die Homepage weitere nützliche Informationen zur Verfügung. Neu ist die Entwicklung von Internet-Portalen, in denen das gesamte Leistungsspektrum der Bibliothek zusammengefasst ist. Mittlerweile sind z. B. Online-Auskünfte per Chat in der Erprobung; vereinzelt werden sie schon angeboten. Neu sind außerdem die Angebote des E-learning's. Interaktive Programme, Bilder, Fotos, Filme und Vorlesungen sind gerade für Medizinstudenten attraktiv. Diese Angebote befinden sich bei den meisten Bibliotheken in der Probephase; aber es ist damit zu rechnen, dass dieser Bereich in Zukunft eine stürmische Entwicklung erleben wird.

Fast alle Bibliotheken bieten **Einführungen in die Benutzung** der Bibliothek an; darüber hinaus gibt es oft spezielle Kurse, in denen man beispielsweise lernt, wie man in einer Literaturdatenbank recherchiert oder wie man mit einem Literaturverwaltungsprogramm arbeitet. Es ist sinnvoll, dass Sie – spätestens nachdem Sie das Thema Ihrer Arbeit haben – diese Kurse besuchen. Dadurch wird die Hemmschwelle (falls vorhanden) vor den bis dahin unbekannten Medien abgebaut und das Literaturstudium wird wesentlich erleichtert.

Ansonsten lernt man leicht und schnell nach der altbewährten Methode „learning by doing“. In jeder Bibliothek finden Sie leistungsfähige PC-Arbeitsplätze, über die Sie auf die Homepage zugreifen und das Online-Angebot der Bibliothek nutzen können. Wenn Sie einen PC mit Internet-Anschluss haben, können Sie auch an Ihrem Arbeitsplatz oder zu Hause die Dienste der Bibliothek nutzen – unabhängig von deren Öffnungszeiten. Probieren Sie die dargebotenen Möglichkeiten einfach aus! Die Homepages sind im Allgemeinen sehr benutzerfreundlich, und erfahrungsgemäß haben die Studenten nach kürzester Zeit keinerlei Probleme, damit umzugehen. Bei speziellen Fragen können Sie sich an einen Mitarbeiter der Bibliothek wenden. Das Bibliothekspersonal freut sich, wenn sein Dienst- und Informationsangebot gut angenommen wird, und ist in der Regel auch aufgeschlossen für Verbesserungsvorschläge und Kritik.

Die meisten Bibliotheken stellen **Benutzerausweise** aus, ohne die man deren Dienste nicht oder nur eingeschränkt nutzen kann. Erkundigen Sie sich nach den Regeln Ihrer Bibliothek und melden Sie sich rechtzeitig im Bibliothekssystem an, um Ihren Ausweis zu erhalten. Erst damit sind Sie nutzungsberechtigt für eine Vielzahl von Diensten!

Auf der Suche nach einer Monographie

Über die Homepage Ihrer Bibliothek haben Sie eine Zugriffsmöglichkeit auf Monographie-Kataloge von verschiedenen Bibliotheken und Bibliotheksverbünden. Sie können darin bequem und schnell nach Autoren, Erscheinungsjahr, Wörtern im Buchtitel und nach Schlagwörtern suchen. Wählen Sie einen Katalog, der die Bestände Ihrer Bibliothek enthält! Auf diese Weise erfahren Sie, ob das gewünschte Buch in Ihrer Bibliothek vorhanden ist; außerdem wird Ihnen anhand der Signatur der Standort und evtl. der Verfügbarkeitsstatus (ausleihbar, bestellbar, entliehen, nicht ausleihbar etc.) angezeigt.

Wenn sich das Buch im Freihandbereich Ihrer Bibliothek befindet (dann ist es ausleihbar), können Sie es sich sofort besorgen. Wenn es bestellbar ist, befindet es sich wahrscheinlich im Magazin oder in einer Zweigstelle Ihrer Bibliothek. Eventuell können Sie es online bestellen und am nächsten Tag abholen. Wenn es entliehen ist, können Sie es sich vormerken lassen. Wenn das gewünschte Buch in Ihrer Bibliothek nicht vorhanden ist, können Sie es über Fernleihe aus einer anderen Bibliothek bestellen (siehe Abschn. 6.2, S. 120).

Suchen in EDV-Katalogen sind sehr komfortabel und benutzerfreundlich (alle Kataloge bieten Online-Hilfsfunktionen). Die in den letzten Jahrzehnten erschienenen Bücher sind inzwischen alle elektronisch erfasst. Um Werke mit älterem Erscheinungsjahr aufzustöbern, müssen Sie noch konventionell in Zettelkatalogen nachschlagen. Zwar arbeitet jede Bibliothek daran, ihre Altbestände in EDV-Kataloge zu überführen (Retrokonversion). Wegen der meist sehr begrenzten personellen Möglichkeiten wird es jedoch noch eine Weile dauern, bis wirklich alle Monographien in Datenbanken erfasst sind.

Auf der Suche nach einem Paper

Wenn Sie ein Paper suchen, sollten Sie folgende Angaben kennen: den Namen des Erstautors mit den Initialen des Vornamens, den Titel des Papers, den Zeitschriftentitel, das Erscheinungsjahr, die Bandnummer und die Seitenzahlen. Recherchieren Sie in einem Zeitschriften-Katalog, ob die Zeitschrift (mit dem relevanten Erscheinungsjahr) in Ihrer Bibliothek geführt wird.

Bei Zitaten sind die Zeitschriftentitel in der Regel abgekürzt. Für eine Bestellung wird jedoch der genaue Titel benötigt, da es vorkommt, dass dieselbe Abkürzung für zwei verschiedene Zeitschriften benutzt wird. Mit ein wenig Spürsinn kann man anhand der Abkürzung den vollständigen Titel erraten; sicherer ist es, ihn über ein Abkürzungsverzeichnis zu verifizieren. Diese Verzeichnisse existierten früher in gedruckter Form; heute gibt es sie nur noch elektronisch (z. B. über die PubMed Journals Database von NCBI, s. S. 126).

Sie haben – falls Sie fündig werden – mehrere Möglichkeiten, an das gewünschte Paper heranzukommen:

- **Die konventionelle Art:** Notieren Sie sich den Standort der Zeitschrift und begeben Sie sich mit einer Kopierkarte in die Bibliothek (oder die relevante Zweigstelle), wo Sie den Artikel dann suchen und kopieren können. Die Hefte des laufenden Jahrgangs einer Zeitschrift liegen meist einzeln in Regalen aus; die Zeitschriften älterer Jahrgänge sind in dicke Bände gebunden. Meist können Sie im Freihandbereich aus Platzgründen nur auf die letzten Jahrgänge zugreifen. Die Bände mit älterem Erscheinungsjahr befinden sich in den Magazinen und müssen extra bestellt werden.
- **Die zeitgemäße Art:** Checken Sie, ob Ihre Bibliothek eine Full-Text-Journal-List zur Verfügung stellt, über die Sie kostenlos auf die so genannten **E-Journals** zugreifen können. So bietet etwa die Universitätsbibliothek Heidelberg einen elektronischen Zeitschriftenpool mit knapp 2900 Zeitschriften aller Fachrichtungen an; das Klinikum Mannheim stellt die so genannte „Mannheimer Liste“ mit knapp 1700 medizinischen Fachzeitschriften zur Verfügung. Seit etwa acht Jahren sind Papers elektronisch verfügbar;

aber auch hier gilt: Ältere Papers werden von den Verlagen rückwärtig ergänzt. Es gibt bereits Journals, bei denen man auf Bände von 1960 elektronisch zugreifen kann. Das sind aber momentan – wie lange noch? – Ausnahmen. Da die einzelnen Bibliotheken mit den Verlagen die Bedingungen individuell aushandeln, lässt sich nicht generell angeben, auf welche Zeitschriften ein Online-Zugriff möglich ist. Wenn Sie Glück haben, finden Sie Ihren gewünschten Artikel und können ihn ausdrucken – ohne Gang zur Bibliothek und ohne lästiges Kopieren, dazu noch kostenlos. Bequemer geht's nicht! Sie müssen sich lediglich mit Ihrer Benutzerkennung und Ihrem Passwort gegenüber dem System authentifizieren (dazu benötigen Sie den Benutzerausweis!).
Falls Sie Ihren Artikel nicht finden, verbleibt als Ausweg die **Regensburger Liste**. Dies ist eine Elektronische Zeitschriftenbibliothek der Universität Regensburg (die Internet-Adresse: www.bibliothek.uni-regensburg.de/ezeit). Sie bietet Zugang zu mehr als 2000 medizinischen Fachzeitschriften, einige davon mit frei zugänglichen Volltextartikel (sie sind mit einem grünen Punkt markiert). Andere bieten diesen Zugang nur unter bestimmten Bedingungen (sie sind mit einem roten Punkt markiert). Probieren Sie in jedem Fall, ob ein Volltext-Zugriff möglich ist!
- **Die alternative Art:** Für Zeitschriften, die nicht in elektronischer Form vorliegen, bietet die Heidelberger Universitätsbibliothek ihren Benutzern (allerdings nur den wissenschaftlichen Mitarbeitern) einen ganz besonderen Dienst: den **electronic document delivery.** Man kann sich dabei über ein Online-Formular alle medizinischen Zeitschriftenaufsätze bestellen, die in der Universitätsbibliothek Heidelberg und in der Bibliothek des Klinikums Mannheim vorhanden sind. Die Artikel werden eingescannt und an eine E-Mail-Adresse verschickt. Erkundigen Sie sich, ob es an Ihrer Bibliothek einen ähnlichen Service gibt, und ob Sie diesen als Student nutzen können! Wenn dieser Service nur von wissenschaftlichen Mitarbeitern genutzt werden kann, kann Ihnen Ihr Betreuer behilflich sein!
- **Die etwas teurere Art:** Sie können auch – unabhängig von Ihrer Bibliothek – bei einem auswärtigen Dokumentlieferdienst bestellen (Adressen finden Sie im nächsten Abschnitt). Diese Möglichkeit bietet sich insbesondere dann an, wenn Sie ein Dokument über Fernleihe bestellen müssen. Es ist auch möglich (und sehr bequem), während einer Recherche bei einem der Datenbankanbieter DIMDI (Deutsches Institut für Dokumentation und Information in Köln) oder NCBI (National Center for Biotechnical Information, s. S. 126) Zeitschriftenartikel online zu bestellen. Dieses Verfahren ist zwar komfortabel und schnell – aber immer mit Kosten in unterschiedlicher Höhe verbunden.

Fernleihen

Die Fernleihe ist ein Service Ihrer Bibliothek, mit dem Bücher oder Zeitschriftenartikel, die vor Ort nicht vorhanden sind, von auswärtigen Bibliotheken beschafft werden. Die konventionelle Art besteht darin, einen rosa Fernleihschein mit Schreibmaschine auszufüllen, ihn in der Fernleihstelle abzugeben und dafür 1,50 € zu zahlen. Die bestellten Bücher oder kopierten Zeitschriftenartikel werden auf postalischem Weg geschickt. Heute ist diese Form der Fernleihe am Aussterben; sie wird durch die Online-Fernleihe abgelöst. Dies ist aber noch nicht an allen Bibliotheken Realität. Es bestehen zur Zeit unterschiedliche Realisierungen der Online-Fernleihe je nach regionalem Bibliotheksverbund.

Der zuständige Mitarbeiter Ihrer Bibliothek wird sich bemühen, Ihnen das gewünschte Werk so schnell wie möglich zu besorgen. Seit einigen Jahren haben sich mehrere Medizinbibliotheken zusammengeschlossen und kopieren sich gegenseitig Zeitschriften-Artikel; dann werden Sie in wenigen Tagen die gewünschte Publikation erhalten. In besonderen Fällen (etwa wenn ein Buch aus dem Ausland besorgt werden muss) kann die Lieferfrist jedoch einige Wochen betragen. Über den Eingang Ihrer Bestellung werden Sie per E-Mail informiert.

6

Zeitschriftenartikel werden heute mehr und mehr auf elektronischem Weg versandt. Dies kostet zwar etwas mehr als 1,50 €; dafür können Sie sicher sein, dass Sie Ihre Bestellung nach wenigen Tagen erhalten. Erkundigen Sie sich, welche Möglichkeiten Ihre Bibliothek anbietet! Die Bibliothek des Klinikums Mannheim hat einen Literatur-Lieferdienst enwickelt. Die Benutzer füllen ein Online-Formular mit ihrem Literaturwunsch sowie der Lieferform (PDF, Fax, Papierkopie ...) aus. Handschriftliche oder maschinenschriftliche Formulare gibt es nicht mehr. Die Mitarbeiter der Bibliothek schicken die Bestellung an die besitzende Bibliothek, der Besteller wird per E-mail informiert, wenn die Bestellung eingetroffen ist. Auch hier gilt: Der Dienst ist nur für registrierte Nutzer der Bibliothek zugänglich – also denken Sie an Ihren Benutzerausweis!

Sie können auch unabhängig von Ihrer Bibliothek bei einem auswärtigen Lieferdienst online bestellen. Diese Möglichkeit ist vor allem für Doktoranden interessant, die selten an ihrer Universität oder Klinik verkehren. Zeitschriftenaufsätze liefert die **Deutsche Zentralbibliothek in Köln** (www.zbm.de). Sie können bei diesem System nach Zeitschriftentiteln recherchieren, Sie können ferner wählen, ob Ihr Artikel konventionell per Post oder Fax oder auf elektronischem Weg gesendet werden soll. Die Bearbeitungszeit beträgt höchstens drei Werktage für den Normaldienst; bei Dokumenten, die im Eildienst bestellt werden, wird eine Bearbeitungszeit von höchstens einem Tag zugesichert (wobei eventuell noch die Versandzeit mit der Post hinzuzurechnen ist). Weitere Einzelheiten erfahren Sie über die Informationsseiten der Zentralbibliothek im Internet.

Ebenso komfortabel bedient Sie der Dokumentlieferdienst **Subito** (www.subito-doc.de), über den Sie Zeitschriftenartikel und auch Bücher besorgen können. Subito ist eine länderübergreifende, kooperative Dienstleistung einiger großer Bibliotheken, die als Lieferbibliotheken fungieren (u. a. die Deutsche Zentralbibliothek in Köln, die für Mediziner am interessantesten sein dürfte). Sie können sich beim Subito-Zugangssystem als „Gast" einloggen, um das System kennenzulernen. Wenn Sie regelmäßig dieses System nutzen, ist es sinnvoll, sich als Benutzer registrieren zu lassen. Bücher werden nur per Post verschickt; die Leihfrist beträgt vier Wochen.

Schließlich seien noch einige Internet-Adressen genannt, über die Sie recherchieren und teilweise auch Dokumente bestellen können. Einen umfangreichen Katalog bietet beispielsweise der SWB (**Südwestdeutscher Bibliotheksverbund**) mit den Beständen von ganz Baden-Württemberg, dem südlichen Rheinland-Pfalz und Sachsen. Die Internet-Adresse ist www.bsz-bw.de (bsz-bw ist die Abkürzung für Bibliotheks-Service-Zentrum Baden-Württemberg). Der **Karlsruher Virtuelle Katalog** (www.ubka.uni-karlsruhe.de/kvk.html) ist ein Dienst der Universitätsbibliothek Karlsruhe zum Nachweis von 75 Millionen Büchern und Zeitschriften weltweit. Nützliche Adressen sind ferner die **Deutsche Zentralbibliothek** in Köln (www.zbm.de) und die **Deutsche Bibliothek in Frankfurt** (www.ddb.de). Über diese Kataloge findet man so gut wie alle medizinisch relevanten Bücher und Zeitschriften, auch solche mit älterem Erscheinungsjahr, sowie seltene Monographien, Dissertationen und Habilitationen.

Selbstverständlich sind diese Dienste kostenpflichtig und teurer als die konventionelle Recherche bzw. Fernleihe. Aber in Anbetracht der Tatsachen, dass man selbstständig nach Herzenslust recherchieren und bestellen kann und nur wenige Tage auf Dokumente warten muss, sind sie durchaus preiswert.

6.3 Lesen, recherchieren und ordnen

Tipps für das Lesen von Papers

Nun ist es nicht damit getan, die Papers aus der Bibliothek oder über Fernleihe zu besorgen – schließlich müssen Sie diese auch lesen und entscheiden, ob und inwieweit die Ergebnisse für Ihre Arbeit relevant sind. Hier seien einige Tipps genannt, die Ihnen diese Arbeit etwas erleichtern sollen:

- Lesen Sie das **Abstract** (also die Zusammenfassung am Beginn) sehr sorgfältig und versuchen Sie, den Inhalt zu verstehen! Es enthält die wesentlichen Ergebnisse und Schlussfolgerungen des Papers. Manchmal verspricht der Titel eines Papers mehr, als die Arbeit enthält – dann braucht man nach dem Abstract gar nicht mehr weiter zu lesen.
- Danach ist es sinnvoll, sich mit der **Einleitung** zu befassen, um etwas über die Motivation und das Ziel der vorliegenden Untersuchung zu erfahren. Dieser Teil liest sich normalerweise recht leicht. Dann sollten Sie den **Ergebnisteil** studieren, um nachzuvollziehen, ob damit der Inhalt des Abstracts bestätigt wird.
- Seien Sie besonders kritisch beim Lesen der **Diskussion** der Ergebnisse! Einige Autoren unterliegen allzu menschlichen Schwächen und interpretieren ihre Ergebnisse nach ihren persönlichen Wunschvorstellungen. Geradezu unseriös erscheint es, wenn ein Autor schreibt: „Mit unseren Untersuchungen haben wir endgültig geklärt" oder gar: „bewiesen, dass …". Ein Mathematiker darf sich so ausdrücken – ein Mediziner kann aber nichts beweisen, sondern nur Hypothesen aufstellen und diese empirisch absichern.
- Die Angaben im Teil **Material und Methoden** sollten Sie kritisch unter die Lupe nehmen, um herauszufinden, ob und inwieweit Sie die Ergebnisse dieses Papers mit Ihren eigenen vergleichen können.
- Dinge, die Ihnen wichtig oder interessant erscheinen, markieren Sie mit einem Textmarker.

Das Durcharbeiten der ersten Papers ist mitunter recht mühsam. Sie werden aber merken, dass Ihnen das Lesen bald leichter fällt, da sich nach kurzer Zeit eine gewisse Routine einstellt. Freuen Sie sich, dass Ihnen die Dissertation die Möglichkeit zu einem ausgiebigen Literaturstudium gibt. Später – wenn Sie beruflich stark angespannt sind – wünschen Sie sich vielleicht mehr Zeit zum Lesen.

Klassisch recherchieren

Die ersten Papers, die Sie lesen, erhalten Sie in der Regel von Ihrem Betreuer. Im weiteren Verlauf der Arbeit müssen Sie selbst nach geeigneter Literatur suchen. Wie findet man diese?

Jedes Paper nimmt Bezug auf frühere Publikationen und zitiert am Ende die entsprechenden Literaturangaben. Auf diese Weise stoßen Sie auf weitere interessante Papers zu Ihrem Thema, die aber naturgemäß älteren Datums sind. Es ist daher sinnvoll, mit einem aktuellen Paper in das Literaturstudium einzusteigen. Um einen umfassenden Überblick über die Literatur zu erhalten, sollten Sie in der Anfangsphase Ihrer Arbeit ein so genanntes **Review** lesen. Reviews sind ausführliche Übersichtsarbeiten in Zeitschriften; sie enthalten zahlreiche Literaturzitate.

Nachdem Sie einige Papers und eventuell ein Review gelesen haben, sollten Sie eine **Literaturrecherche** durchführen. Bis vor einigen Jahren standen hierfür hauptsächlich der Index Medicus und der Science Citation Index in gedruckter Form zur Verfügung. Obwohl diese Systeme heute veraltet sind (der Druck wurde mittlerweile gänzlich eingestellt), werden sie – entsprechend ihrer Entstehungsgeschichte – vor den modernen Online-Suchtechniken vorgestellt.

Den **Index Medicus** gibt es seit mehr als 100 Jahren. Früher bestand er aus einem gedruckten Schlagwort- und einem Autorenverzeichnis. Diese Verzeichnisse waren jahrgangsweise in dicke Bände zusammengefasst und beanspruchten etliche Meter an Platz in den Bibliotheksregalen. Im Autorenverzeichnis waren alle Erst- und Koautoren mit den dazugehörenden Literaturangaben aufgelistet. Das Schlagwortverzeichnis enthielt Zitate mit dem Erstautor und allen bibliographischen Angaben. Die Schlagwörter wurden (und werden noch heute) von der **National Library of Medicine** in Bethesda, Md., USA (NLM) vergeben und sind im MeSH-Katalog (MeSH = Medical Subject Heading) aufgelistet. Dieser Katalog enthält einen kontrollierten Satz von etwa 16.000 Schlagwörtern, die hierarchisch gegliedert sind. Die Verzeichnisse wurden monatlich aktualisiert. Zwischen dem Erscheinen eines Artikels und der Aufnahme im Index Medicus lagen sechs bis zwölf Monate.

Der **Science Citation Index** war gänzlich anders angelegt. Dort fand man ausgehend von einem bestimmten Paper die Publikationen, die dieses Paper zitierten. Damit ließen sich jüngere Arbeiten zu einem Thema finden.

Schließlich seien noch die **Current Contents** (CC) erwähnt. Dieses Verzeichnis wurde wöchentlich vom Institute for Scientific Information (ISI) in Philadelphia, USA, herausgegeben. Es schloss die Lücke bis zum laufenden Datum und wurde verwendet, um an die allerneuesten Publikationen heranzukommen. Die Current Contents erschienen in mehreren Serien wöchentlich und enthielten die Inhaltsverzeichnisse wichtiger internationaler Zeitschriften. Für experimentelle Arbeiten dürfte der CC / Life Science am interessantesten gewesen sein; er enthielt Zitate aus dem Bereich der Medizin und deren Randgebiete. Der CC / Clinical Medicine enthielt klinisch orientierte Zeitschriften.

Online recherchieren

Die Recherchen in den gedruckten Verzeichnissen waren mühsam, zeitaufwendig und unkomfortabel. Diese Zeiten sind vorbei! Aus Platzgründen wurde der Index Medicus in gedruckter Form – für die Benutzer nicht zugänglich – in die Magazine verbannt.

Seit etlichen Jahren gibt es wesentlich bequemere Möglichkeiten zur Literaturrecherche: Der Index Medicus existiert nämlich mittlerweile als Datenbank. Ihr Name ist **Medline**; sie wird ebenfalls von der National Library of Medicine (NLM) erstellt. Während man in den Zeiten, als das Internet noch nicht existierte, hauptsächlich CD-ROMs zur Medline-Recherche verwendete (der Online-Zugriff auf Medline über das Datex-P-Netz der Bundespost kostete nämlich Geld), kann man heute bequem online recherchieren – die Benutzung der Datenbank ist mittlerweile entgelt- und lizenzfrei. Zugriffsmöglichkeiten bieten das DIMDI mit der Adresse www.dimdi.de und der NCBI (www.ncbi.nlm.nih.gov/PubMed) über die PubMed-Datenbank. Ganz bestimmt gibt es auf den Internet-Seiten Ihrer Bibliothek einen direkten Zugriff auf Medline, sodass Sie die Verbindung mit einem Mausklick herstellen können.

Medline enthält mehr als 12 Millionen Dokumente von 4.500 internationalen Zeitschriften aus allen Bereichen der Medizin und ihrer Randgebiete (auch Zahnmedizin, Veterinärmedizin, Psychologie und Gesundheitswesen). Der Zeitraum der Veröffentlichungen erstreckt sich vom Jahr 1966 bis heute. Die Datenbank **Oldmedline** (mit Beständen aus den Jahren 1960 bis 1965) ist mittlerweile in Medline integriert. An ältere Publikationen, die vor 1960 erschienen sind, kommt man allerdings nur über den gedruckten Index Medicus. Wenn Sie in Ihrer Arbeit eine historische Entwicklung aufzeigen oder über ein Thema aus der Geschichte der Medizin promovieren, müssen Sie auch heute noch diese altertümliche Form der Literaturrecherche praktizieren.

Die Online-Recherche in Medline hat gegenüber der herkömmlichen Recherchemethode gravierende Vorteile:

- Sie können nicht nur nach Schlagwörtern und Autoren suchen, sondern auch nach **Freitext**. Das ist ein beliebiger Text, der im Titel oder im Abstract vorkommt. Dies ist insbesondere dann interessant, wenn Arbeiten zu einem neuen Thema erscheinen, ehe von der NLM ein passendes Schlagwort vergeben worden ist. Außerdem kann man nach diversen anderen Kriterien suchen (z.B. Erscheinungsjahr, Sprache der Veröffentlichung, Name der Zeitschrift). Relevante Schlagwörter finden Sie übrigens in den Papers, die Sie bereits gelesen haben.

- Sie können mehrere Suchkriterien kombinieren mit den Begriffen AND, OR und NOT (Boole-Algebra). Wenn Sie beispielsweise suchen nach: „AU = Rzany B AND CT = psoriasis", erhalten Sie alle Papers des Autors *Rzany B* mit dem Schlagwort (CT = controlled term) *psoriasis* (beide Suchkriterien müssen erfüllt sein). Wenn Sie dagegen nach „CT = psoirasis OR CT = hand dermatosis" suchen, finden Sie Papers, die mindestens eines der Schlagwörter *psoriasis* oder *hand dermatosis* beinhalten. Die Suche „CT = psoirasis NOT CT = hand dermatosis" liefert schließlich die Papers, die zwar das Schlagwort *psoriasis,* nicht aber *hand dermatosis* beinhalten. Sie können selbstverständlich auch mehr als zwei Suchbegriffe kombinieren.
- Die Datenbank wird täglich aktualisiert; auch neueste Publikationen sind (allerdings ohne Schlagwörter) in Medline enthalten.
- Fast 80% aller Dokumente enthalten ein Abstract (bei älteren Dokumenten aus den 1970er Jahren ist der Anteil etwas geringer).
- Sie können sich die Zitate direkt auf die Festplatte Ihres PCs laden und dann in Ihrer persönlichen Literaturdatenbank abspeichern (s. S. 128).

6

Klassische Datenbanken im Internet

Nun gibt es auch medizinische Fachzeitschriften, die *nicht* in Medline enthalten sind. Es lohnt sich deshalb, über die Homepage in Erfahrung bringen, auf welche sonstigen Datenbanken Sie direkt zugreifen können.

Das **DIMDI-Institut** bietet Zugang zu über 90 Datenbanken (Literatur-, Fakten- und Volltextdatenbanken) mit etwa 100 Millionen Dokumenten aus den Bereichen Human- und Veterinärmedizin, Bio- und Gentechnologie, Öffentliches Gesundheitswesen u.a. In etwa 25 Datenbanken kann man kostenlos recherchieren. Es existieren Kurzbeschreibungen, über die Sie sich informieren können, welche Datenbanken für Ihre Belange interessant sind. Die allgemeine Suchsprache ist *grips* (general relation based Information Processing System); DIMDI bietet über das Internet Skripte zum Erlernen dieser Sprache an. Vorteilhaft sind das einheitliche Suchverfahren sowie die Möglichkeit der Simultan-Recherche in mehreren Datenbanken und die Duplikat-Eliminierungs-Funktion, mit der mehrfach gefundene Zitate eliminiert werden. Eine wichtige DIMDI-Datenbank ist **Scisearch** – sie entspricht dem Science Citation Index. Quellen sind ca. 5.900 internationale Zeitschriften. Allerdings stellt DIMDI diese Datenbank nicht unentgeltlich zur Verfügung.

Das **NCBI** bietet außer Medline (als PubMed bezeichnet) diverse Faktendatenbanken (Protein-, Nucleotid-, Genom- und andere Datenbanken) an. Sie können während einer PubMed-Suche direkt zu einem relevanten Artikel einer anderen Datenbank springen (Related Articles Function). *Entrez* heißt das textbasierte Retrieval-System der PubMed-Datenbanken. Übrigens: Die Recherche in Medline über PubMed verlinkt zu E-Journals (s. S. 118). Das ist das so genannte „one-stop-shopping". Außerdem bietet Pubmed online-Tutorials, in der Sie die Entrez-Suchstrategie autodidaktisch erlernen können. Seit kurzem gibt es die „New Global NCBI Search Engine", die die gleichzeitige Suche in mehreren Datenbanken ermöglicht (die Internet-Adresse ist: www.ncbi.nlm.nih.gov/entrez/query.fcgi).

Anstelle des Science Citation Index bietet sich neben Scisearch die Online-Recherche in den **Journal Citation Reports** an, zugänglich über das ISI mit der Adresse www.isinet.com. Eine andere ISI-Datenbank ist das **Web of Science**, das den Zugriff zu den allerneusten Publikationen in 8.500 renommierten Zeitschriften ermöglicht. Dies ist eine Alternative zu den Current Contents.

Erwähnenswert ist schließlich noch die **Cochrane-Library**, die von der Cochrane Collaboration, einem internationalen Netzwerk von Wissenschaftlern, erstellt wird. Sie enthält systematische Übersichtsarbeiten, in denen die Ergebnisse aller zu einem bestimmten Thema relevanten klinischen Studien zusammengefasst dargestellt werden. Die Datenbank wird ständig aktualisiert. Ziel dieser Vereinigung ist es, die Entwicklung der Evidence-Based Medicine zu fördern. Dataillierte Informationen erhalten Sie über das Internet unter der Adresse www.cochrane.de/deutsch.

Sie sollten – während Sie an Ihrer Dissertation arbeiten – die für Sie relevanten Datenbanken in regelmäßigen Abständen durchforsten (mindestens einmal pro Monat), damit Ihnen keine wichtige Veröffentlichung entgeht. In diesem Zusammenhang sei auf den **Pub-Crawler** hingewiesen. Dieses System durchsucht automatisch die Medline-Datenbank nach Ihren Vorgaben und sendet die Ergebnisse an Ihre E-Mail. Dieser Service ist kostenlos! Nähere Informationen finden Sie unter www.gen.tcd.ie/pubcrawler.

Nicht auf alle Datenbanken kann man – wie bei Medline bzw. PubMed – kostenlos zugreifen. Erkundigen Sie sich nach den Möglichkeiten, die Ihre Bibliothek bereithält. Selbstverständlich benötigen Sie für diese Dienste ebenfalls einen Benutzerausweis! Leider kann es sich nicht jede Uni leisten, ihren Studenten und Mitarbeitern kostenlosen Zugriff zu allen potentiell wichtigen Datenbanksystemen zu bieten. Als letzte Möglichkeit steht Ihnen offen, selbst einen Nutzungsvertrag (etwa mit DIMDI) abzuschließen.

Wie trennt man die Spreu vom Weizen?

Wenn Sie eine Datenbank-Recherche durchführen, werden Sie häufig eine schier unübersehbare Anzahl von Literaturangaben erhalten. Sie machen sich unglaubwürdig, wenn Sie in Ihrer Arbeit wahllos alles zitieren, was Sie in diversen Datenbanken gefunden haben – kein Mensch würde Ihnen glauben, dass Sie das alles gelesen haben. Sie sollten auch nicht aus Bequemlichkeit Zitate aus anderen Publikationen unbesehen übernehmen. Es ist gar nicht so selten, dass man beim Lesen der Originalliteratur erstaunt feststellt, dass diese in einem falschen Zusammenhang zitiert worden ist. Glauben Sie bitte nicht alles, was Sie schwarz auf weiß sehen!

Wie trennt man nun die Spreu vom Weizen? Eine Orientierung diesbezüglich bietet der **Impact Factor**. Dies ist ein Maß dafür, wie häufig die Artikel einer bestimmten Zeitschrift innerhalb eines bestimmten Zeitraumes durchschnittlich zitiert werden. Der Impact Factor wird verwendet zur Bewertung der Qualität von Zeitschriften und auch zur Entscheidungshilfe für Wissenschaftler, die ein Paper in einer angesehenen Zeitschrift publizieren wollen. Die Auswahl der Zeitschriften wird vom ISI getroffen. Die Auswertung erscheint jährlich in den **Journal Citation Reports**. Je höher der Impact Factor, desto besser ist die jeweilige Zeitschrift angesehen. Allerdings muss kritisch hinzugefügt werden, dass der Impact Factor nicht das einzige Kriterium sein sollte, nach dem die Qualität eines Papers beurteilt wird. Letztlich quantifiziert er lediglich die Güte einer Zeitschrift und nicht die eines einzelnen Papers.

6

Einige zusätzliche Punkte seien genannt, auf die man achten sollte:

- Sie können die Suche bei Datenbank-Recherchen eingrenzen, indem Sie nur nach bestimmten Sprachen suchen (etwa englisch und deutsch). Sie sollten sich hüten, Artikel zu zitieren, die in einer Sprache geschrieben sind, die Sie nicht beherrschen (zumindest sollte dann ein englisches Abstract vorhanden sein). Dies ist normalerweise auch nicht nötig – denn wichtige Papers erscheinen fast ausnahmslos in englischer Sprache. Nur bei Arbeiten, die spezifische Themen eines bestimmten Landes behandeln, müssen Sie eventuell auch Literatur in einer anderen Sprache lesen.
- Lesen Sie die Abstracts, soweit sie verfügbar sind, und entscheiden Sie dann, ob es sich lohnt, das Paper zu besorgen.
- Überprüfen Sie anhand der statistischen Methoden (die im Teil Material und Methoden genannt werden), ob deren Voraussetzungen zumindest annähernd erfüllt sind. Wenn beispielsweise Daten mit dem bei Medizinern überaus beliebtem *t*-Test analysiert werden, obwohl dessen Voraussetzungen (nämlich die Normalverteilung) nicht einmal annähernd erfüllt sind, ist das Ergebnis (auch

wenn es höchst-signifikant sein sollte) wertlos. Publikationen, bei denen signifikante Ergebnisse mit unsauberen Mitteln quasi gewaltsam herbeigeführt wurden, sind nicht wert zitiert zu werden.
- Lesen und zitieren Sie aber – ungeachtet dieser Kriterien – alle relevanten Papers Ihres Betreuers und Ihres Doktorvaters.

Die persönliche Literaturdatenbank

Gewöhnen Sie sich an, alle Papers nach einer bestimmten Systematik sorgsam abzuheften, damit sie jederzeit greifbar sind. Außerdem sollten Sie sie in Ihrer persönlichen Literaturdatenbank speichern.

Wie legt man eine solche Datenbank an? Auch hier gibt es einen konventionellen und einen modernen Weg. Die althergebrachte Methode besteht darin, dass man sich auf einer Karteikarte im Format DIN A5 das vollständige Literaturzitat mit allen bibliographischen Angaben handschriftlich vermerkt. Alternativ dazu kann man das Zitat, wenn es in gedruckter Form verfügbar ist – zusammen mit dem Abstract (falls vorhanden) – aufkleben. Bewahren Sie die Karten in einer passenden Box auf und ordnen Sie sie dort – am besten in alphabetischer Reihenfolge des Nachnamens des Erstautors. So können Sie schnell auf ein bestimmtes Paper (genauer: auf die entsprechende Karteikarte) zugreifen.

Weit mehr Möglichkeiten bietet eine persönliche Datenbank im PC. Die bekanntesten Software-Produkte sind **EndNote** und **Reference Manager**. Damit können Sie ebenso wie in einer großen Datenbank recherchieren – ganz nach Belieben nach Schlagwörtern (die Sie selbst zuteilen können), nach Autoren oder Erscheinungsjahr etc. Sie können Ihre Suchergebnisse aus Medline automatisch in Ihre persönliche Datenbank übernehmen. Das Anlegen des Literaturverzeichnisses und das korrekte Zitieren innerhalb des laufenden Textes macht die Software für Sie automatisch nach Ihren Vorgaben. Der Nachteil: Ein solches System kostet einige hundert Euro. Wenn Sie Glück haben, verfügen Sie über einen Rechner in Ihrem Institut oder Ihrer Klinik mit einem Literaturverwaltungsprogramm. Ansonsten sollten Sie sich überlegen, ob sie die Summe investieren (wobei natürlich zu bedenken ist, dass man ein solches System auch nach der Doktorarbeit verwenden kann, wenn man weiterhin publiziert). Unter www.adeptscience.com findet man nähere Informationen zu beiden Systemen.

6.4 Das Internet

In diesem Kapitel finden Sie einige Hintergründe und Handlungsanweisungen für das Internet. Sollten Sie bereits einschlägige Erfahrungen mit dem World Wide Web haben, werden Sie einige Informationen bereits kennen. Ihnen sei v. a. der Abschnitt „Nützliches" S. 132 empfohlen.

Seine Geschichte

Diese Geschichte begann im Jahre 1958, als das US-amerikanische Verteidigungsministerium eine Arbeitsgruppe namens ARPA (Advanced Research Projects Agency) einrichtete, deren Aufgabe darin bestand, an Universitäten und anderen Forschungseinrichtungen neue Ideen und Technologien zu fördern. Diese sollten dann – bei entsprechender Eignung – dem Militär zur Verfügung gestellt werden, aber auch für wissenschaftliche oder privatwirtschaftliche Zwecke genutzt werden können.

Nun konnte zu Beginn der 1960er Jahre aus finanziellen Gründen nicht jeder teilnehmenden Einrichtung ein eigener Großrechner zur Verfügung gestellt werden. Deshalb entstand 1966 die Idee, die ARPA-Rechner untereinander zu vernetzen – so entstand das ARPA-Net. Die Datenübertragung erfolgte anfangs über gemietete Telefonleitungen. Da in diesem Netz die verschiedensten Rechnerarchitekturen und Netzwerktechnologien integriert waren, musste in den 1970er Jahren ein neues Übertragungsprotokoll entwickelt werden. Das Ergebnis war **TCP/IP** (Transmission Control Protocol/Internet Protocol). Das TCP gewährleistet eine paketorientierte Übertragung: Eine Datei wird beim Absender in kleine Päckchen zerlegt, die dann über verschiedene Leitungen verschickt und beim Empfänger in der passenden Reihenfolge zusammengesetzt werden. Das IP sorgt für die richtige Adressierung im Netz.

Die ersten Dienste, die das frühe ARPA-Net bot, waren Telnet und FTP (File Transfer Protocol). Das **Telnet** ermöglichte den Netzbenutzern, sich mit einem entfernten Rechner (in der englischen Ausdrucksweise ***Host***) im Netz zu verbinden und mit diesem zu arbeiten, als sei man lokal vor Ort. Das **FTP** wurde benutzt, um große Datenmengen zu übertragen. Im Jahre 1971 wurde mit der Erfindung der ***E-Mail*** (Electronic Mailing) eine Kommunikationsplatform erschlossen, über die die Anwender nun auch miteinander kommunizieren konnten.

In den 1980er Jahren richteten interessierte Anwender in den USA ein eigenes Netzwerk auf TCP/IP-Basis ein – das so genannte NSF-Net (National Science Foundation), zu dem alle Universitäten Zugang hatten. Dieses Netz nutzte auch Ressourcen des ARPA-Net's (und umgekehrt). Das ARPA-Projekt wurde 1990 offiziell eingestellt – aus dem NSF-Net entstand das weltweite **Internet**.

Der endgültige Siegeszug des Internets begann im Jahre 1991, als der Brite Tim Berners-Lee, der damals als Informatiker am CERN (dem Institut für Teilchenphysik in Genf) arbeitete, das WWW (**World Wide Web**) erfand. Das WWW bietet eine optisch sehr ansprechende und benutzerfreundliche Bedieneroberfläche, die das Internet auch für EDV-Laien nutzbar und interessant macht.

Das Internet hat keinen Chef, Eigentümer oder zentralen Betreiber. Jeder Rechner – aus dem wissenschaftlichen oder privaten Bereich – kann daran partizipieren. Das amerikanische Unternehmen InterNIC (NIC = Network Information Center) mit nationalen Filialen in allen Herren Ländern sorgt dafür, dass jeder Rechner im Internet einen eindeutigen Namen erhält und weltweit identifizierbar ist.

Möglichkeiten im World Wide Web

Das WWW ist heute der mit Abstand am häufigsten benutzte Dienst des Internets. Eine besondere Anwendungsmöglichkeit stellen die **Hyperlinks** dar – das sind Querverweise, die es ermöglichen, sich per Mausklick von einem WWW-Dokument zu einem anderen zu verbinden. Sie erlauben es, Publikationen im Internet übersichtlich zu präsentieren und interaktiv zu nutzen. Auch ohne spezielle Informatikkenntnisse kann man so im Internet surfen und weltweit auf Informationen zugreifen.

Um mit dem WWW zu arbeiten, benötigen Sie ein spezielles Programm auf Ihrem PC – den so genannten **Browser**. Er empfängt die Internet-Seiten von anderen Rechnern und gestaltet daraus ein ansprechendes Erscheinungsbild an Ihrem Bildschirm. Marktbeherrschend sind derzeit zwei Systeme: der NETSCAPE-Browser und der Internet Explorer von Microsoft.

Die **URL** (Uniform Resource Locator) ist die eindeutige Adresse einer Internet-Ressource. Sie können in Ihrem Browser eine beliebige URL eingeben und damit einen anderen Rechner im Internet anwählen. Eine URL setzt sich aus mehreren Teilen zusammen, etwa: http://www.uni-heidelberg.de. Der erste Teil *http* steht für „Hyper Text Transfer Protocol" und bezeichnet das Übertragungsprotokoll. An der Abkürzung *www* ist erkennbar, dass es sich um einen Rechner des World Wide Web handelt. Danach folgen der Name der entsprechenden Einrichtung (also hier: *uni-heidelberg*) und schließlich das Kürzel *de*, das besagt, dass der Rechner in Deutschland steht. Wenn Sie diese URL in Ihren Browser eingeben, gelangen Sie zur **Homepage** der Universität Heidelberg, von wo Sie sich über Hyperlinks zu jeder beliebigen Einrichtung (Fakultäten, Institute, Verwaltung, Bibliothek,

Rechenzentrum etc.) per Mausklick weiterverbinden können. Die URL dieser Subsysteme ist länger als die der Homepage. Sie wird automatisch angepasst und oben in Ihrem Bildschirm vom Browser angezeigt. Sie brauchen also, wenn Sie sich zu einer speziellen Einrichtung verbinden möchten, nicht unbedingt deren komplette URL auswendig zu wissen – es genügt, wenn Sie die Adresse der dazugehörenden Homepage eingeben und sich von dort aus weiterhangeln.

Nun mögen Sie vielleicht direkt auf eine spezielle Datei (englisch **File** genannt) zugreifen, die in irgendeinem Internet-Rechner abgelegt ist. Auch das ist möglich: Geben Sie die URL mit dem Dateinamen ein (z. B. http://www.uni-heidelberg.de/sitemap.html) und das Dokument wird Ihnen – wenn alles gut geht – nach wenigen Sekunden angezeigt. Manchmal starrt man allerdings ziemlich lange auf den Bildschirm, bis eine Verbindung aufgebaut ist. Böse Zungen identifizieren deshalb das Kürzel WWW mit „World Wide Wait".

Apropos html: Dies ist die Abkürzung für „Hyper Text Markup Language". HTML ist eine Auszeichnungssprache, die hauptsächlich zum Erstellen von WWW-Seiten benutzt wird. Der Browser kennt die HTML-Befehle, löst sie auf und stellt dann die entsprechende Seite am Bildschirm dar. In HTML-Dateien lassen sich auch Hyperlinks einfügen, die das Surfen im Netz ermöglichen. HTML ist nicht an ein bestimmtes Softwareprodukt gebunden (wenngleich es Programme gibt, die zum Editieren von HTML-Dateien konzipiert sind). Sie können HTML-Dateien mit jedem beliebigen Texteditor erstellen, auch lokal auf Ihrem PC ablegen und mit dem Browser bearbeiten. So lassen sich optisch anspruchsvolle Dokumente erstellen, die nicht unbedingt für das WWW bestimmt sein müssen.

Außerdem gibt es noch **PDF-Dateien** (Portable Document Format) im Internet. Diese Dateien enthalten in der Regel sehr viel Text; bei Zeitschriftenartikeln, die man über das Internet beziehen kann, handelt es sich meist um pdf-Files.

Sie können eine Internet-Datei auf die Festplatte Ihres PC's kopieren; diesen Vorgang bezeichnet man als *Download*. Eine HTML-Datei lesen Sie mit dem Browser; zum Lesen einer PDF-Datei benötigen Sie eine spezielle Software auf Ihrem PC – den **Adobe Acrobat Reader**. Dieses Programm ist kostenlos erhältlich; nähere Informationen finden Sie unter www.adobe.de.

Die Vorteile der eigenen E-Mail

Ein weiterer wichtiger Dienst des Internet's ist neben dem WWW die E-Mail. Es gehört heute fast zum guten Ton, auf seiner Visitenkarte eine **E-Mail-Adresse** angeben zu können. Dies ist Ihre persönliche Adresse, unter der Sie im Internet erreichbar sind. Wenn Sie eine Zugangsberechtigung (oder einen Account) zu einem Unirechner haben, wird man Ihnen auch eine E-Mail-Adresse einrichten. An der Adresse der Autorin wird das übliche Schema gezeigt: christel.weiss@urz.uni-heidelberg.de. Den Anfang bilden also der Vor- und der Nachname, die durch einen Punkt getrennt sind. Danach folgen der berühmte Klammeraffe @ (gesprochen: at) und schließlich der Name der verwaltenden Institution (hier: das Universitätsrechenzentrum der Uni Heidelberg).

Eine E-Mail kann mittlerweile nicht nur aus Texten, sondern auch aus Bildern, Video-Daten oder ganzen Filmen bestehen. Diese Art der Kommunikation ist wesentlich billiger, komfortabler und schneller als das herkömmliche Briefe-Schreiben oder Faxen. Ein weiterer Vorteil ist, dass Sie ständig erreichbar sind: Wenn Ihr PC gerade ausgeschaltet ist, wird Ihre Mail im Internet-Rechner zwischengelagert. Sie können Ihre Mail lesen und beantworten, sobald Sie Ihren PC wieder eingeschaltet haben. Es ist auch möglich, sich Literatur von der Bibliothek oder einem auswärtigen Lieferdienst an die E-Mail-Adresse senden zu lassen (s. Abschn. 6.2)

Eine E-Mail-Adresse ist nicht nur praktisch für deren Inhaber, sondern auch für die Absender einer Nachricht. Keine E-Mail wird – im Gegensatz zu manchem Telefongespräch – als Störung empfunden, und Ärgernisse wegen lästigen Klingelns zu den ungünstigsten Zeitpunkten, besetzter Leitungen oder Nicht-Erreichen des Gesprächpartners sind passé. Wenn Sie mit Personen außerhalb Europas kommunizieren, brauchen Sie nicht darüber nachzudenken, ob Ihr Partner gerade arbeitet, schläft oder einer anderen Beschäftigung nachgeht. Die E-Mail macht allen Beteiligten das Leben ein klein wenig angenehmer!

Nützliches (nicht nur) für Mediziner

In diesem Kapitel wurden bereits zahlreiche Möglichkeiten genannt, die das Internet Medizinern und Doktoranden bietet. In Abschnitt 6.2 wurde dargelegt, wie man in den Katalogen einer Bibliothek nach Monographien oder Zeitschriften recherchieren, Papers bestellen oder online darauf zugreifen kann. Das Praktische daran: Man ist örtlich und zeitlich ungebunden. Ganz besonders interessant sind Literaturrecherchen (auf die in Abschn. 6.3 eingegangen wurde), die über das Internet einfach und komfortabel durchgeführt werden können.

Sie können mit jeder Universität weltweit kommunizieren. Alle deutschen Universitäten haben analoge Adressen, die man sich leicht einprägen kann, wie etwa www.uni-heidelberg.de. Bei einer anderen Uni ist anstelle von „heidelberg" der entsprechende Städtename einzusetzen – z. B. www.uni-koeln.de (Achtung: Man schreibt *koeln* – nicht *köln*). Sie können jede beliebige Institution erreichen, wenn Ihnen die Internet-Adresse bekannt ist. Normalerweise ist es kein Problem, an diese heranzukommen – in fast jedem Briefkopf findet man heute neben der postalischen auch eine Internet- und eine E-Mail-Adresse.

Nun ist es nicht immer einfach, in den unendlichen Weiten des Internet's mit seinem unüberblickbar großen Informationsangebot genau das zu finden, was man gerne wissen möchte. Hier helfen **Suchmaschinen** (englisch: Search Engines) weiter. Es handelt sich dabei entweder um Programme, die eigenständig das Internet nach einem bestimmten Stichwort durchsuchen, oder um Kataloge, deren Verzeichnisse manuell erstellt worden sind. Mächtige Suchmaschinen finden Sie unter www.altavista.com, www.crawler.de oder www.google.de. Sehen Sie einmal auf den Web-Seiten Ihrer Bibliothek nach: Es ist gut möglich, dass Sie sich von dort aus mit einem Mausklick zu einer Suchmaschine verbinden können. Als Anwendungsbeispiele seien folgende Situationen genannt:

- Sie möchten sich über das Deutsche Tierschutzgesetz informieren. Verbinden Sie sich mit einer Suchmaschine und geben das Stichwort „Tierschutzgesetz" ein. Nach kurzer Zeit erhalten Sie Ihre Treffer auf einer eigens eingerichteten HTML-Seite. Sie können sich diese Treffer genauer ansehen und alles, was Ihnen interessant erscheint, per Mausklick anzeigen lassen.
- Sie möchten Informationen von irgendeiner Institution (beispielsweise vom Thieme-Verlag) einholen, haben aber dessen Internet-Adresse nicht parat. Also tippen Sie das Wort „Thieme" in die Suchmaschine, und Sie werden ganz schnell die Adresse finden.
- Oder: Sie sind neugierig auf eine bestimmte Person aus Ihrem Kollegen- oder Bekanntenkreis. Geben Sie deren Namen in die Suchmaschine, und Sie werden – wenn Sie Glück haben – erfahren, welche Funktionen sie innehat, was sie publiziert etc.
- Wenn Sie wissen möchten, ob bestimmte Zeitschriftenartikel im Internet publiziert sind, geben Sie einfach den Namen der Zeitschrift ein (etwa „New England Journal of Medicine"), und Sie werden in wenigen Sekunden herausfinden, wie diese Zeitschrift im Internet präsentiert wird.
- Sie können sich im Internet auch an **Diskussionsforen** (so genannten Newsgroups) beteiligen. Geben Sie dazu einen Themenbegriff ein, und Sie werden mit hoher Wahrscheinlichkeit eine für Sie interessante Newsgroup entdecken. Ehe Sie sich aktiv an einer Diskussion beteiligen, sollten Sie die Beiträge aus dem letzten Zeitraum studieren. Ansonsten gehen Sie das Risiko ein, dass Sie Dinge beitragen, die andere Leute vor Ihnen diskutiert haben. Eine Newsgroup kann äußerst hilfreich sein, wenn Sie ein konkretes Problem haben. Da sich zahlreiche Experten daran beteiligen, können Sie quasi sicher sein, dass irgend jemand eine Lösung für Ihr Problem vorschlagen kann.

Wie funktioniert eine Suche nun konkret? Es gibt bezüglich der Eingabe der Suchbegriffe einige Regeln, die bei den einzelnen Suchmaschinen zwar etwas unterschiedlich sind, aber im großen und ganzen doch sehr ähnlich und leicht zu merken sind. Stellen Sie sich bitte vor, Sie möchten mittels der Suchmaschine *Google* Informationen über den Coautor dieses Buches, Herrn Axel W. Bauer, einholen.

- Wenn Sie nur das Wort *Bauer* eingeben, werden Ihnen Dokumente aufgelistet, die dieses Wort enthalten. Dies werden sehr viele mit unterschiedlichstem Inhalt sein – die wenigsten werden sich auf Axel W. Bauer beziehen.
- Wenn Sie stattdessen *Axel Bauer* (ODER-Operator) eingeben, erhalten Sie noch mehr Dokumente – nämlich alle, die die beiden Wörter *Axel* und *Bauer* enthalten (wobei diese nicht nebeneinander stehen müssen) und außerdem Dokumente, in denen nur eines der Wörter *Axel* oder *Bauer* vorkommt.
- Sie können Ihre Suche präzisieren, indem Sie *+Axel +Bauer* eingeben (UND-Operator). Damit finden Sie Treffer, die sowohl *Axel* als auch *Bauer* enthalten.
- Sie präzisieren noch mehr, wenn Sie nach *„Axel W. Bauer"* suchen (wichtig sind die Anführungsstriche). Dann erhalten Sie nur Dokumente, die diese Wörter in der angegebenen Reihenfolge enthalten.
- Die Eingabe *Axel -Bauer* (NICHT-Operator) würde dazu führen, dass Sie Ergebnisse erhalten, die zwar das Wort *Axel*, nicht aber den Begriff *Bauer* enthielten. Sie würden also über diverse Herren namens Axel, aber nichts über Axel Bauer erfahren.
- Schließlich sei noch der Platzhalter * erwähnt, der sehr nützlich sein kann. Wenn Sie beispielsweise *Bauer** eingeben, sucht die Maschine nach Dokumenten, die ein Wort enthalten, das mit *Bauer* beginnt und beliebig endet – also auch nach *Bauernhof* oder *Bauernfeind*.

Probieren Sie einfach ein paar Suchen aus! Sie werden auf viele interessante Informationen stoßen, und es wird Ihnen bestimmt viel Spaß machen. Aber werden Sie bitte nicht süchtig!

Sehr nützlich sind auch die **Sprachtools**, die über das Internet unentgeltlich zur Verfügung gestellt werden (z. B. durch Google), und die Übersetzungshilfen in diversen Sprachen anbieten.

Zum Schluss: die Zugangsmöglichkleiten

Eine Frage bleibt noch offen: Wie erhalten Sie Zugang zum Internet? Wenn Ihnen in Ihrer Uni oder Klinik ein PC zur Verfügung steht, brauchen Sie sich darüber kaum Gedanken zu machen. Heute bietet jede Uni ihren Angestellten und Studenten einen kostenlosen Zugang zum

Internet. Bei Zugriffsschwierigkeiten technischer Art wenden Sie sich am einfachsten an den zuständigen EDV-Beauftragten.

Wenn Sie keinen eigenen PC haben, könnten Sie versuchen, über das Rechenzentrum Ihrer Uni, über den PC-Pool Ihres Klinikums oder über Ihre Bibliothek Zugang zu einem PC und damit Anschluss an das Internet zu erhalten. Eventuell kann man Ihnen sogar einen eigenen Account und eine E-Mail-Adresse einrichten. Erkundigen Sie sich nach den örtlichen Gepflogenheiten!

Sie können das Internet auch von zu Hause aus nutzen – die technischen Voraussetzungen dafür sind lediglich ein PC mit einem Modem oder einer ISDN-Karte und ein Telefonanschluss. Ferner muss man die Dienste eines ISP's (Internet Service **Provider**) oder einen **Online-Dienst** in Anspruch nehmen. Provider bieten einen direkten Zugang ins Internet (inklusive einer E-Mail-Adresse), während Online-Dienste einen Zentralrechner (englisch: gateway) zur Verfügung stellen, der den Zugang zum Internet als eine von mehreren Möglichkeiten anbietet. An spezieller Software für Ihren PC benötigen Sie nur die Zugangssoftware zum Gateway und natürlich einen Browser, den Sie aber in der Regel kostenlos von Ihrem Netzwerk-Anbieter erhalten.

AOL (American Online) ist derzeit der weltweit größte und am schnellsten wachsende Online-Dienst und gleichzeitig der größte Internet-Provider. Außer einem Internet-Zugang und einer E-Mail-Adresse bietet AOL seinen Kunden Homebanking und Homeshopping sowie einen großen Informationsbereich für Mediziner mit Themen wie beispielsweise MedizinNews, Medizinlexika Online oder Apotheke Online – selbst ein direkter Medline-Zugriff ist möglich. Als weiterer Online-Dienst sei **T-Online** – ein Serviceangebot der Telekom – genannt. Er bietet neben einem komfortablen Internet-Zugang ebenfalls die Möglichkeit einer Literaturrecherche und Homebanking an.

Kommerzielle Anbieter stellen ihre Dienste natürlich nicht unentgeltlich zur Verfügung. Neben den Telefonkosten fallen Gebühren der Anbieter an, seien es monatliche Festbeträge oder zeitabhängige Beträge. Nach der Entwicklung des WWW's im Jahre 1991 entstanden zahlreiche ISPs und Online-Dienste, die mit günstigen Tarifen um Kunden werben. Ein Preis- und Leistungsvergleich lohnen sich in jedem Fall!

Anregungen zur Verwendung des Internets speziell für Mediziner geben die Bücher von Korff [8] sowie von Rupp und Klinger [12].

6

7 Die Hauptsache: das Schreiben

7.1 Bereiten Sie sich vor!

Beim Schreiben Ihrer Dissertation sind Sie gezwungen, Ihre Gedanken in eine Form zu bringen, die für Sie und Andere nachvollziehbar ist. Die „Anderen" sind zunächst Ihr Betreuer und die Gutachter. Deshalb muss die Arbeit gut geschrieben sein – schließlich hängt von den Urteilen der ersten Leser die Bewertung Ihres Werks ab.

Nun haben viele Medizinstudenten Schreibhemmungen – wenn es auch die wenigsten zugeben. Sie sitzen vor einem weißen Blatt oder einem leeren Bildschirm und bringen nichts zu Papier bzw. in den PC. Schnell stellen sich dann Gefühle wie Unlust, Frust und Selbstzweifel ein. Man hat das Gefühl, vor einem riesengroßen Berg zu stehen, der unüberwindbar erscheint. Aber dieses Problem lässt sich überwinden, wenn man pragmatisch vorgeht! Ehe Sie mit dem Schreiben beginnen, beachten Sie bitte Folgendes:

- Besorgen Sie sich nach Möglichkeit zwei oder drei Doktorarbeiten, die bei Ihrem Betreuer erstellt worden sind. Daraus können Sie entnehmen, wie diese Arbeiten aufgebaut sind und worauf Ihr Betreuer besonderen Wert legt.
- Erstellen Sie zunächst eine **grobe Gliederung** mit den Bezeichnungen der einzelnen Kapitel. Normalerweise ist eine medizinische Dissertation nach folgendem Schema gegliedert:
  - 1. Kapitel: Einleitung
  - 2. Kapitel: Material und Methoden
  - 3. Kapitel: Ergebnisse
  - 4. Kapitel: Diskussion
  - 5. Kapitel: Zusammenfassung

  Sie brauchen sich nicht sklavisch an diese Richtlinien zu halten. Bei besonderen Themen – etwa aus Gebieten wie Geschichte der Medizin oder Medizininformatik – sehen die Gliederungen oft ganz anders aus. Auch bei klinischen oder experimentellen Arbeiten sind Abweichungen denkbar. Sie können beispielsweise die Kapitel anders benennen oder die Arbeit um ein Kapitel ergänzen, wenn es Ihnen sinnvoll erscheint. Dennoch bietet das oben angegebene Schema für jeden Doktoranden zumindest eine grobe Orientierung.
- Überlegen Sie sich – ehe Sie mit dem Schreiben eines Kapitels beginnen – eine **präzise Gliederung**! Damit haben Sie die Arbeit in überschaubare Portionen zerlegt, die Sie nach und nach abarbeiten können. Auch wenn Sie diese Gliederung noch hundert Mal ändern – Sie haben aber einen roten Faden, an dem Sie sich orientieren können. Das erleichtert das Schreiben ungemein.

Es ist weder üblich noch sinnvoll, beim Schreiben mit der Einleitung zu beginnen und dann die Kapitel in der oben angegebenen Reihenfolge nacheinander abzuarbeiten. Für den Anfang empfiehlt sich das Kapitel **Material und Methoden**, das überwiegend deskriptiv verfasst wird. Es ist anzunehmen, dass ein Doktorand, nachdem er die Untersuchungen abgeschlossen und alle relevanten Publikationen gelesen hat, sich recht gut in diesen Bereich eingearbeitet hat. Danach sollte man das Kapitel **Ergebnisse** in Angriff nehmen. Auch dieses ist zu bewältigen, wenn die Daten ausgewertet sind und graphische Darstellungen vorliegen. Damit sind bereits zwei Kapitel abgeschlossen. Vor diesem Hintergrund ist man hoffentlich motiviert, sich an die **Diskussion** heranzuwagen, in der die eigenen Ergebnisse interpretiert und mit denen anderer Autoren verglichen werden. Die **Einleitung** und die **Zusammenfassung** schreibt man üblicherweise in der Endphase – nachdem man sich mit dem Thema der Dissertation in allen Details intensiv auseinander gesetzt hat. Dann kommt noch einiges an „Kleinkram" hinzu: das Titelblatt, das Inhaltsverzeichnis, das Literaturverzeichnis und die Danksagung. Diese Teile werden naturgemäß erst dann erstellt, wenn der Rest der Arbeit abgeschlossen ist.

Alle Empfehlungen und Ratschläge, die im Folgenden erteilt werden, entsprechen den Gepflogenheiten, die an deutschen Universitäten im Allgemeinen üblich sind. Studieren Sie aber bitte ganz genau die **Richtlinien für die Abfassung der Dissertationsschrift** (sie sind im Dekanat oder über das Internet erhältlich) dahingehend, ob es an Ihrer Uni irgendwelche besonderen Regelungen gibt. Dies ist wichtig, um formale Fehler von Anfang an zu vermeiden. Vieles ist auch abhängig vom Doktorvater: Es gibt Professoren, die auf der „alten" Rechtschreibung beharren oder eine ganz bestimmte Zitierweise verlangen, während anderen diese Dinge mehr oder weniger gleichgültig sind. Es ist in jedem Fall sinnvoll, derartige Formalitäten zu klären, ehe man mit dem Schreiben beginnt.

7.2 Das Gelbe vom Ei: der Inhalt der Arbeit

Im Folgenden werden die einzelnen Abschnitte der Dissertationsschrift besprochen, und zwar von deren Anfang (dem Titelblatt) bis zu deren Ende (üblicherweise der Danksagung) – auch wenn man beim Schreiben diese Reihenfolge nicht strikt einhält.

Am Anfang steht das Titelblatt

Das Titelblatt ist normalerweise die erste Seite, die gelesen und die letzte Seite, die geschrieben wird. Seine Gestaltung ist in den Dissertationsrichtlinien (meist zusammen mit einem Muster-Titelblatt) vorgegeben. Es enthält folgende Angaben:

- **Im oberen Teil:** die Institution, in der die Arbeit angefertigt wurde, und deren Leiter mit vollständigem Titel und Namen;
- **In der Mitte:**
  - den Titel der Arbeit (ohne irgendwelche Abkürzungen),
  - den Text *Inauguraldissertation zur Erlangung des medizinischen Doktorgrades der* (Bezeichnung der Fakultät) *der* (Name der Universität) *zu* (Ort der Universität);
- **Im unteren Teil:**
  - den Text *vorgelegt von* (Vor- und Nachname des Doktoranden) *aus* (Geburtsort – nicht Wohnort – des Doktoranden und Geburtsland, wenn es nicht Deutschland ist),
  - das Jahr der Vorlage der Arbeit.

Diese Angaben müssen auf Seitenmitte zentriert sein. Erstellen Sie diese Seite und begutachten Sie diese aus ästhetischer Sicht! Sie ist das Aushängeschild Ihrer Arbeit und sollte optisch ansprechend gestaltet sein.

Nach dem Titelblatt erscheinen auf der nächsten Seite der Name des Dekans und der Name des Referenten (das ist der Doktorvater), natürlich mit vollständigem akademischen Titel – etwa in der Form:

Dekan:	Prof. Dr. med. (Vor- und Nachname)
Referent:	Frau Priv.-Doz. Dr. med. (Vor- und Nachname)

Zum Titel gehört übrigens auch – falls vorhanden – der „Dr. h. c.“. Bei weiblichen Dekanen oder Referentinnen wird die Bezeichnung *Frau* hinzugefügt (wogegen bei männlichen Professoren oder Privatdozenten die Betitelung *Herr* unterbleibt) – offenbar, weil es immer noch unüblich ist, dass eine Frau in einer solchen Rolle fungiert. Der eigentliche Betreuer der Arbeit wird – wenn er nicht mit dem Doktorvater identisch ist – an dieser Stelle nicht erwähnt. Man wird ihn aber in der Danksagung gebührend berücksichtigen (s. S. 156).

7

Wenn Sie das Titelblatt anfertigen, muss freilich der endgültige Titel Ihrer Dissertationsschrift feststehen. Es soll Doktoranden geben, deren Arbeit fix und fertig ist – ohne dass sie bis dahin über einen Titel nachgedacht haben. Das sollten Sie tunlichst vermeiden – dazu ist er nämlich zu wichtig. Bedenken Sie: Ob sich später irgendjemand für Ihr Oeuvre interessiert, oder ob es in den Magazinen irgendwelcher Bibliotheken ein Mauerblümchendasein führt, hängt wesentlich vom Titel ab. Und wenn Sie später für eine Bewerbung eine Liste Ihrer Veröffentlichungen erstellen, wäre es doch peinlich, wenn ausgerechnet Ihre erste Meisterleistung einen unschönen Titel hätte!

Es ist in der Tat nicht ganz einfach, einen guten Titel zu finden. Sie sollten sich deshalb nicht erst kurz vor dem Abgabetermin darüber Gedanken machen. Legen Sie ziemlich früh einen vorläufigen Titel fest und denken Sie hin und wieder darüber nach, ob und wie man ihn verbessern könnte. Bestimmt kommen Ihnen bei der Bearbeitung Ihres Themas diesbezüglich einige Ideen.

Prinzipiell gilt: Der Titel sollte präzise und nicht allzu lang sein. Vermeiden Sie schwülstige Ausdrucksweisen wie „unter besonderer Berücksichtigung der physiologischen und pathologischen Besonderheiten von … “. Auch überflüssige Formulierungen sollten Sie unterlassen – wie etwa „retrospektive Fall-Kontroll-Studie“ oder „prospektive, kontrollierte, doppelblinde klinische Therapiestudie“. Konzentrieren Sie sich auf das Wesentliche und umgehen Sie langatmige, bis ins letzte Detail gehende Aufzählungen. Es ist auch möglich, zu einem übergreifenden Titel einen erläuternden Untertitel hinzuzufügen – wie z. B. „Optimierung der Eigenblutspende mit rekombinantem Erythropoetin und Interleukin 3. Eine tierexperimentelle Untersuchung am Modell der isovolämischen Hämodilution beim Beagle“ (Dissertation von Heiner Krieter, vorgelegt an der Universität Heidelberg im Jahre 1992).

7

Danach kann sich eine **Widmung** anschließen (diese ist selbstverständlich fakultativ). Gewöhnlich wird die Arbeit den Eltern, dem Lebenspartner, dem Kind bzw. den Kindern oder einem Hochschullehrer gewidmet. Theoretisch kann es sich dabei um jede beliebige (bekannte oder unbekannte) Person handeln. Ob und wem Sie Ihre Arbeit widmen, bleibt allein Ihnen überlassen. Wenn Sie möchten, können Sie Ihrer Arbeit ein **Motto** voranstellen. Dies kann ein besinnlicher oder heiterer Vers oder ein kleines Gedicht sein (natürlich müssten Sie den Namen des Verfassers angeben). Das Motto wird auf einer extra Seite nach dem Titelblatt bzw. nach der Widmung platziert.

Das Inhaltsverzeichnis

Dem Titelblatt (eventuell der Widmung oder dem Motto) schließt sich das Inhaltsverzeichnis an. Dafür hat sich mittlerweile die Dezimalschreibweise mit Gliederungspunkten bis zu drei Stellen eingebürgert (z. B. 2.1.4). In der Arbeit selbst können bis zu vier Stellen (z. B. 2.1.4.3) verwendet werden. Nota bene: Nach der letzten Ziffer steht kein Punkt!

Neben den Überschriften der einzelnen Kapitel bzw. Abschnitte stehen am Seitenrand die entsprechenden Seitenzahlen. Die erste Seite der Einleitung wird als „Seite 1“ bezeichnet. Von da an werden alle Seiten durchnummeriert bis zur letzten Seite. Den der Einleitung vorangehenden Seiten (also dem Titelblatt und dem Inhaltsverzeichnis) werden keine Seitenzahlen zugeordnet.

Die Länge des Inhaltsverzeichnisses sollte nicht viel mehr als zwei Seiten betragen. Es wirkt übersichtlich, wenn die Unterpunkte etwas eingerückt werden.

Eventuell können Sie auch das europäische Gliederungssystem benutzen, wenn Ihnen dieses sympathischer ist. Dabei erfolgt die Einteilung nach:

A (1. Stufe – Großbuchstaben),
I (2. Stufe – große römische Zahlen),
1. (3. Stufe – arabische Zahlen),
a) (4. Stufe – Kleinbuchstaben).

Falls erforderlich, schließt sich an das Inhaltsverzeichnis ein **Abkürzungsverzeichnis** an, in dem häufig benutzte Abkürzungen und deren Bedeutungen aufgelistet sind.

Einleitung

Voraussetzung für das Schreiben der Einleitung ist ein umfassender Überblick über das Dissertationsthema und ein umfangreiches Literaturstudium. Deshalb wird die Einleitung erst in der Endphase erstellt. Dieses erste Kapitel ist gewissermaßen ein Aperitif, also ein Appetitanreger. Sie müssen darin dem Leser Ihre Arbeit schmackhaft machen. Wenn die Einleitung interessant und spannend geschrieben ist, wird er gerne weiterlesen.

Was gehört nun in die Einleitung? Es ist immer interessant, anhand wichtiger Publikationen die historische Entwicklung eines Themas aufzuzeigen. Dies führt dann ganz automatisch dazu, dass Sie den neuesten Wissensstand auf Ihrem Spezialgebiet beschreiben. Schließlich müssen Sie ausführen, welche Idee Ihrer Arbeit zugrunde liegt und die präzise Fragestellung und Zielsetzung angeben. Damit zeigen Sie, aus welchem Motiv heraus Sie die Arbeit in Angriff genommen haben. Dem Leser muss klar gemacht werden, dass der gegenwärtige Wissensstand eine Lücke enthält, und dass Ihre Arbeit dazu beitragen soll, diese Lücke zu schließen.

Am Ende der Einleitung können Sie kurz und knapp auf den Inhalt der einzelnen Kapitel eingehen, damit der Leser sich ein Bild davon machen kann, was ihn bei der weiteren Lektüre erwartet. Eventuell ist es sinnvoll, die Einleitung in mehrere kleine Abschnitte zu unterteilen, etwa in dieser Art:

1.1 Historische Entwicklung
1.2 Aktueller Wissensstand
1.3 Fragestellung und Zielsetzung

Alle Informationen müssen Sie anhand von Literaturzitaten belegen. Beachten Sie bitte: Die Einleitung darf kein Lehrbuchwissen beinhalten. Damit würden Sie dem Leser Ihrer Arbeit ja unterstellen, dass er dieses Wissen nicht beherrscht. Bei einer Gemeinschaftsarbeit von mehreren Doktoranden muss in der Einleitung explizit dargelegt werden, welcher Doktorand für welchen Teil verantwortlich ist. Insgesamt sollte die Einleitung nicht mehr als 10 bis 15 Prozent des Gesamtumfangs Ihrer Arbeit betragen.

Lesen Sie die Einleitung, sobald sie fertig geschrieben ist, mehrmals durch und fragen Sie sich: Wird wirklich klar herausgestellt, warum Ihre Untersuchungen notwendig sind und was Sie damit erreichen wollen? Es gibt Einleitungen, in denen auf etlichen Seiten alle verfügbare Literatur langatmig beschrieben wird – und am Ende fragt sich der Leser: „Was sind denn eigentlich Ziel und Zweck der vorliegenden Arbeit?“.

Material und Methoden

Wie bereits erwähnt: Dies ist normalerweise das erste Kapitel, an das sich ein Doktorand heranwagt.

Die Bezeichnung „Material und Methoden“ ist nicht unbedingt für jede Arbeit passend. Wenn ein Doktorand Patienten untersucht oder Experimente mit Tieren durchführt, ist es etwas unglücklich, diese als „Material“ zu bezeichnen. Es ist deshalb statthaft (wenn Ihr Doktorvater keine Einwände erhebt), dieses Kapitel umzubenennen, beispielsweise in „Patienten und Methoden“. Das Material, die Methoden, Patienten etc. sind natürlich ganz wesentlich vom Thema Ihrer Arbeit abhängig. Sie müssen nicht auf alle Punkte eingehen, die im Folgenden aufgezählt sind, sondern nur auf diejenigen, die für Ihre Arbeit relevant sind.

- **Patienten und Probanden:**
  - Bei einer *retrospektiven Studie* müssen Sie präzise darlegen, nach welchen Kriterien die Patienten ausgewählt und aus welchen Quellen die Daten entnommen wurden. Bei einer Fall-Kontroll-Studie (die ja auch retrospektiv ist) ist anzugeben, wie die beiden Gruppen der Fälle und der Kontrollen zusammengestellt wurden.

- Bei einer *prospektiven Studie* müssen Sie aufzeigen, unter welchen Voraussetzungen Sie einen Patienten oder Probanden in Ihre Untersuchungen aufgenommen haben. Bei einer klinischen Therapiestudie sind alle Einschluss-, Ausschluss- und Abbruchkriterien explizit anzugeben.
- Jede einzelne Gruppe muss charakterisiert werden. Dazu sind folgende Angaben nötig: die Größe der Gruppe, das durchschnittliche Alter der Patienten oder Probanden, die Verteilung des Geschlechts (außer wenn es sich um eine Studie handelt, für die nur Frauen oder nur Männer herangezogen werden) sowie weitere relevante Merkmale (etwa Anamnesen, Diagnosen oder Therapieformen).

- **Versuchstiere:** Bei einer tierexperimentellen Studie nennt man die Tierart, die Rasse, das durchschnittliche Alter, das Geschlecht, die Herkunft und eventuell weitere Besonderheiten (z.B. Albino oder pigmentiert). Bei größeren Tieren (Schafen, Schweinen, Hunden oder Katzen) gibt man das durchschnittliche Gewicht an. Darüber hinaus müssen Sie beschreiben, wie die Tiere gehalten wurden. Hierzu gehören Angaben zu Art und Menge der Fütterung, zu Typ und Größe des Stalls bzw. des Käfigs, zu Raumklima, Lichtmenge und Betreuung.
- **Geräte und Chemikalien:** Für alle Geräte, Apparate, Medikamente, Chemikalien und Reagenzien müssen der Hersteller (und eventuell die Bezugsquelle) angegeben werden. Chemikalien sind außerdem durch die CAS-Registrierung (Chemical Abstracts Society) bzw. die EC-Nummer (Enzyme Commission) zu kennzeichnen. Wenn ein Gerät von Ihnen selbst entwickelt worden ist, müssen Sie dessen Aufbau und Funktion ausführlich beschreiben. Sie können auch eine Skizze oder eine Photographie beifügen (s.S. 148).
- **Hard- und Software:** Alle speziellen Hardware- und Softwareprodukte, mit denen Sie Ihre Ergebnisse produziert haben, sollten Sie explizit unter Angabe der Herstellerfirma nennen (freilich fallen darunter nicht der Computer und das Textverarbeitungssystem, mit dem Sie Ihre Arbeit schreiben). Falls Sie im Rahmen Ihrer Arbeit ein eigenes Software-Programm entwickelt haben, müssen Sie dieses auflisten (am besten in einem Anhang nach dem Literaturverzeichnis).
- **Studienbeschreibung:** Nach der Auflistung aller Materialien, Patienten etc. folgt eine eingehende Beschreibung der Studie bei klinischen bzw. eine genaue Darstellung des Versuchsablaufs bei experimentellen Arbeiten. Ein gut geführtes *Studienprotokoll* wird Ihnen dabei sicherlich von großem Nutzen sein (s. Abschn. 4.4, S. 72).

- **Methoden:** In diesem Abschnitt sind alle verwendeten Methoden (Untersuchungs- und Labormethoden, Operationstechniken etc.) zu nennen.
  - Einfache Methoden, die jedem Mediziner geläufig sind (etwa das Messen der Körpertemperatur), müssen nicht näher erläutert werden.
  - Methoden und Techniken, die zwar etabliert, aber wenig gebräuchlich und deshalb nicht allgemein bekannt sind, sollten Sie in einigen Sätzen umreißen und auf ein oder mehrere Literaturzitate verweisen.
  - Wenn Sie im Rahmen Ihrer Doktorarbeit eine Methode neu entwickelt oder modifiziert haben, müssen Sie diese detailliert beschreiben. Wenn es didaktisch sinnvoll ist, können Sie Skizzen oder Photos beifügen (s. S. 148).
- **Angaben zur Statistik:** Auch sie sollen nicht fehlen: die statistischen Methoden und die Software, mit denen Sie Ihre Daten analysiert haben. Sie dürfen dabei voraussetzen, dass Kenngrößen wie Mittelwert, Standardabweichung, Korrelationskoeffizient etc. sowie die gebräuchlichsten statistischen Tests (*t*-Test, *U*-Test, Chi^2-Test) dem Leser bekannt sind. Es ist nicht notwendig, mathematische Formeln oder Literaturzitate anzugeben. Der Leser wird Ihnen aber dankbar sein, wenn Sie in knappen Worten darlegen, warum Sie sich für eine bestimmte Methode entschieden haben, und weshalb die Voraussetzungen (zumindest annähernd) erfüllt sind. Wenn Sie ein weniger bekanntes Verfahren verwenden, sollten Sie auf ein Literaturzitat verweisen.

Gestalten Sie das Kapitel **Material und Methoden** übersichtlich, indem Sie es entsprechend der oben genannten Punkte gliedern. Bei besonders umfangreichen Darstellungen (Computerprogramme, Fragebögen, langen Listen etc.) ist es sinnvoll, diese als Anhang hinter dem Literaturverzeichnis zu platzieren und im laufenden Text darauf zu verweisen.

Wenn Sie im Rahmen Ihrer Doktorarbeit **eine eigene Methode** entwickelt haben, sollten Sie das Kapitel „Material und Methoden" zweiteilen. In einem Kapitel beschreiben Sie das Material und die etablierten Methoden, die Sie verwendet haben; Ihrer eigenen Methode widmen Sie ein extra Kapitel und verleihen ihr damit ein höheres Gewicht.

Sie fragen sich vielleicht: Warum sind all diese Angaben in dieser Ausführlichkeit notwendig? Dafür gibt es zwei Gründe. Erstens: Jeder Leser sollte die Möglichkeit haben, Ihre Untersuchungen oder Experimente zu wiederholen und Ihre Ergebnisse zu reproduzieren. Dieser Aspekt ist insbesondere dann von Bedeutung, wenn Sie in Ihrer Arbeit eine neue Methode oder Therapie vorstellen, von der Sie hoffen, dass sie fortan breite Anwendung finden möge. Zweitens: Nur wenn Sie die Dinge beim Namen nennen – also Patienten, Tiere, Material und Methoden genau beschreiben – kann der Leser beurteilen, ob Sie wissenschaftlich sauber und korrekt gearbeitet haben und inwieweit Ihre Ergebnisse für seine Klinik oder sein Labor relevant sind. Wenn Sie Informationen weglassen, setzen Sie sich dem Verdacht aus, dass Sie etwas zu verbergen haben.

Ergebnisse

Beim Schreiben dieses Kapitels beachten Sie bitte Folgendes:

- **Gliedern Sie es** in überschaubare, logisch zusammenhängende Abschnitte. Dadurch wird die Darstellung übersichtlicher.
- **Stellen Sie Ihre Ergebnisse ausführlich und sachlich dar!** Hüten Sie sich davor, sie an dieser Stelle zu interpretieren, zu deuten oder mit den Ergebnissen anderer Autoren zu vergleichen. Auch wenn es Ihnen beim Schreiben in den Fingern juckt – Interpretationen gehören in die Diskussion.
- Im Ergebnisteil darf **keine Literatur** zitiert werden!
- Verwenden Sie in diesem Kapitel nach Möglichkeit **graphische Darstellungen und Tabellen** (siehe nächster Abschnitt). Gelungene Diagramme, Photos oder Zeichnungen lockern den Text auf und machen die Ergebnisse anschaulich. Ein Bild sagt (unter Umständen) mehr als tausend Worte!

Auf Abbildungen und Tabellen muss im laufenden Text verwiesen werden. Vermeiden Sie dabei nichtssagende Sätze wie: „Die Untersuchungsergebnisse findet man in Tabelle 2" oder „Die Mittelwerte und Standardabweichungen sind in Abbildung 1 dargestellt". Versuchen Sie stattdessen, die Kernaussagen der Abbildungen und Tabellen wiederzugeben und informative Sätze zu formulieren wie z. B.: „Nach einer Behandlungsdauer von zwei Wochen sank der Blutdruck auf Werte unter 140 mmHg (Tabelle 2)" oder „Der Unterschied zwischen den beiden Therapiegruppen ist signifikant (Abb. 1)". In graphischen Darstellungen werden signifikante Unterschiede durch ein Sternchen (*) hervorgehoben (s. Abb. 6., S. 92).

Im Ergebnisteil werden häufig statistische Kenngrößen (Mittelwerte, Standardabweichungen etc.) angegeben, die in der Regel von einem Computer ermittelt werden – mit bis zu acht Stellen nach dem Dezimalkomma. Diese Darstellung sollten Sie jedoch nicht übernehmen. Die Kenngrößen erhalten üblicherweise nur eine Kommastelle mehr als die Daten der Stichprobe. Wenn Sie also ein Merkmal (etwa die Körpergröße) in ganzen Zahlen erfassen, sollten Sie den Mittelwert und die Standardabweichung mit nur einer Kommastelle angeben, so z. B. $\bar{x} \pm s = (181{,}5 \pm 7{,}3)$ cm. Ansonsten täuschen Sie eine höhere Messgenauigkeit vor, als in Wirklichkeit gegeben ist.

Probleme beim Schreiben dieses Kapitels ergeben sich hin und wieder dadurch, dass man vor lauter Bäumen den Wald nicht mehr sieht. Im klinischen und im Laborbereich gibt es diverse Geräte, die automatisch eine schier unüberschaubare Fülle von Daten produzieren; mit geeigneter Software lassen sich mühelos alle denkbaren Maßzahlen berechnen, Diagramme erstellen und Tests durchführen. Am Ende hat mancher Doktorand weit mehr Daten und Ergebnisse, als ihm lieb sind. Es ist weder sinnvoll noch notwendig, all diese Informationen aufzubereiten. Konzentrieren Sie sich auf das Wesentliche! Stellen Sie nur die Ergebnisse dar, die für Ihre Fragestellung relevant sind und auf die Sie in der Diskussion eingehen.

Dazwischen: Abbildungen und Tabellen

Grafiken, Fotos oder Diagramme werden als **Abbildungen** bezeichnet und fortlaufend nummeriert. Sie finden sich überwiegend im Ergebnisteil, sie können jedoch auch in den Kapiteln „Material und Methoden" oder in der Diskussion vorhanden sein (auf keinen Fall jedoch in der Zusammenfassung).

Während **Diagramme** hauptsächlich zur Veranschaulichung statistischer Ergebnisse eingesetzt werden, werden **Fotos** zur Darstellung von Sektionsbefunden, Geräten, Versuchsanordnungen, Operationspräparaten, Röntgenbildern etc. verwendet. Selbstverständlich muss ein Photo richtig belichtet und technisch einwandfrei sein. Wenn Sie selbst wenig Erfahrung mit Fotographie haben, sollten Sie jemanden um Hilfe bitten. Ideal wäre es, wenn Ihnen ein Mitarbeiter aus der Fotoabteilung mit seinem Know-How und seiner technischen Ausrüstung zur Seite stünde.

Überzeugen Sie sich davon, dass sich die Fotos in zufrieden stellender Qualität kopieren lassen (bei Farbaufnahmen müssen Sie natürlich einen Farbkopierer verwenden). Wenn Sie keine Einbußen bezüglich der Qualität hinnehmen möchten (und bereit sind, dafür etwas mehr Geld zu investieren), bleibt Ihnen nichts anderes übrig, als von jedem Foto hinreichend viele Abzüge zu machen und diese in die einzelnen Exemplare Ihrer Arbeit zu kleben. Als Alternative bietet sich an, die Fotos einzuscannen; bei farbigen Fotos benötigen Sie dann allerdings einen Farbdrucker.

Bedenken Sie: Für Sie als Autor ist natürlich jede Abbildung, die Sie erstellt haben, sonnenklar. Das können Sie jedoch nicht unbedingt von einem Leser Ihrer Arbeit erwarten. Sie dürfen auch nicht verlangen, dass er mehrere Seiten vor und nach der Abbildung liest, ehe er sie verstehen kann. Deshalb:

- **Konzentrieren Sie sich auf das Wesentliche** und verzichten Sie auf unnötigen Schnickschnack. Graphische Darstellungen sollen dem Leser eine bessere Orientierung ermöglichen und nicht Ihr künstlerisches Talent unter Beweis stellen.
- Bei Diagrammen sollten die Ordinate (y-Achse) und die Abszisse (x-Achse) beschriftet sein. Nur so kann man verstehen, was die Abbildung aussagen soll.
- Unterhalb der Abbildung steht eine **Legende**. Sie beginnt üblicherweise mit: „Abb. 2: …" (das Wort „Abbildung" wird abgekürzt). Danach folgen der Titel der Abbildung und weitere Informationen. Alle verwendeten Maßeinheiten (cm, kg etc.) und Abkürzungen müssen in der Legende aufgeführt bzw. erläutert sein.

Wenn Sie eine Abbildung (gleich welcher Art) aus einer fremden Quelle entnehmen, müssen Sie selbstverständlich das entsprechende Literaturzitat in der Legende angeben.

Tabellen dienen zur übersichtlichen Darstellung von umfangreichem Datenmaterial. Die Bedeutung der einzelnen Zeilen und Spalten muss klar hervorgehen. Sinnvollerweise wird man eine Tabelle so anordnen, dass sie mehr Zeilen als Spalten enthält, damit sie im Hochformat geschrieben und gelesen werden kann.

Tabellen werden – ähnlich wie Abbildungen – fortlaufend nummeriert; etwa in der Art: „Tabelle 1: …" (dabei wird keine Abkürzung wie etwa Tab. 1 verwendet). Danach folgen die Bezeichnung der Tabelle und Informationen, die zu deren Verständnis erforderlich sind. Die Legende steht – anders als bei Abbildungen – oberhalb der Tabelle.

Die wesentlichen Eigenschaften der Daten einer Tabelle sind auf den ersten Blick kaum erkennbar. Kein Leser wird sich die Mühe machen, jedes einzelne Datum zu lesen oder nachzuvollziehen. Dennoch sind Tabellen unverzichtbar: Sie sind nämlich die Grundlage für alle graphischen Darstellungen und statistischen Analysen. Alle Ergebnisse Ihrer Doktorarbeit – und seien sie noch so spektakulär – lassen sich im Prinzip auf Tabellen mit den Originaldaten zurückführen.

Diskussion

Im Kapitel **Ergebnisse** stellen Sie die Befunde Ihrer Arbeit dar; in der **Diskussion** sollen Sie diese **bewerten**. Dies ist didaktisch nicht ganz einfach. Es ist deshalb ganz besonders wichtig, dieses Kapitel in logisch konsistente Absätze zu strukturieren. Sinnvollerweise orientiert man sich dabei am vorangegangenen Kapitel „Ergebnisse". Jeden Abschnitt sollten Sie dann unter folgenden Gesichtspunkten diskutieren:

- **Interpretation:** Interpretieren Sie Ihre Befunde unter medizinisch-fachlichen Aspekten!
- **Vergleich:** Vergleichen Sie sie mit denen anderer Autoren!
- **Schwachpunkte:** Weisen Sie auf mögliche Schwachpunkte Ihrer Methoden hin und diskutieren Sie die Fehlermöglichkeiten!
- **Konklusion:** Zeigen Sie auf, welche Schlussfolgerungen sich aus Ihren Ergebnissen ziehen lassen!

Noch eine Bemerkung am Rande: Sie können nicht erwarten, dass der Leser alle Ergebnisse Ihrer Arbeit im Kopf hat. Deshalb sollten Sie die zu diskutierenden Befunde nochmals kurz darstellen oder auf entsprechende Abbildungen im Ergebnisteil hinweisen, ehe Sie sich auf die Diskussion einlassen.

- **Interpretation:** Doktoranden (und andere Leute) neigen häufig dazu, ein Ergebnis in Abhängigkeit von der statistischen Signifikanz zu interpretieren. Jedem signifkantem Ergebnis (d. h. einem *p*-Wert, der kleiner ist als 0,05), misst man eine immense Bedeutung bei. Nicht-signifikante Ergebnisse (mit $p > 0{,}05$) werden dagegen kaum beachtet. Doch Vorsicht: Ob ein Ergebnis klinisch oder wissenschaftlich bedeutend ist, entscheidet sich nicht an der Grenze $p = 0{,}05$ (s. Abschn. 5.3, S. 103 f.). Wenn Sie bei einem statistisch signifikanten Ergebnis berechtigten Grund zur Annahme haben, dass die Alternativhypothese tatsächlich zutrifft, sollten Sie das Ergebnis mit fachlichen Argumenten untermauern. Eine theoretische Herleitung **und** eine statistische Signifikanz sind zusammen eine runde Sache! Wenn Sie jedoch bei einer Serie von zwanzig oder mehr Tests **ein** signifikantes Ergebnis erhalten, sollten Sie sich ernsthaft fragen, ob dies von Bedeutung ist, oder es sich um einen banalen α-Fehler handelt (in diesem Fall erübrigt sich die Diskussion).
  Wie behandelt man nun ein nicht-signifikantes Ergebnis? Wenn man gar keinen Unterschied oder Zusammenhang erwartet, ist ein solches Testergebnis nicht weiter Aufsehen erregend und braucht nicht diskutiert zu werden. Nun könnte es aber sein, dass Sie einen Unterschied vermuten, den Sie aber statistisch nicht absichern können. Dann müssen Sie darüber nachdenken, ob die Nullhypothese entgegen Ihren Annahmen zutrifft oder ob es einen Unterschied gibt, den Sie aber – etwa aufgrund eines zu geringen Stichprobenumfangs – nicht nachweisen können (damit hätten Sie einen β-Fehler begangen). Ein solches Ergebnis bietet Stoff für die Diskussion: Sie können ausführen, welche fachlichen Gründe für die Alternativhypothese sprechen und anregen, dies in einer nachfolgenden Studie eingehend zu untersuchen.

- **Vergleich mit der Literatur:** Der Vergleich der eigenen Befunde mit den Ergebnissen anderer Autoren ist ein wichtiger Teil der Dissertation. Man fühlt sich natürlich bestätigt, wenn man Papers zitieren kann, die die eigenen Ergebnisse erhärten (das dürfen Sie auch ohne Weiteres!). Überprüfen Sie aber bitte, ob und inwieweit derartige Schlussfolgerungen überhaupt zulässig sind. Wenn Sie ein Paper zitieren, sollten Sie dessen Kernaussage deutlich formulieren. Der Leser Ihrer Arbeit kennt sich höchstwahrscheinlich nicht so gut in der Literatur aus wie Sie und kann deshalb nicht wissen, worauf Sie sich beim Zitat eines Papers beziehen.
  Eventuell stoßen Sie auch auf Publikationen, die Ihren Ergebnissen widersprechen. Auch diese müssen Sie berücksichtigen. Lesen Sie in diesen Papers den Teil „Material und Methoden" sehr aufmerksam, um einen möglichen Grund dafür zu finden. Möglicherweise sind die Ergebnisse aufgrund unterschiedlicher Versuchstiere, Materials oder Messmethoden zustande gekommen. Hüten Sie sich davor, nur den Autoren zu glauben, in deren Papers Ihre eigenen Ergebnisse bestätigt werden!
- **Schwachpunkte:** Jede Studie hat nur eine beschränkte Aussagekraft, und diese ist abhängig von den verwendeten Methoden und den Stichproben. Selbstverständlich ist es legitim, dass Sie in Ihrer Arbeit die Vorteile Ihrer Methode gegenüber anderen Verfahren darstellen. Sie müssen aber auch deren Schwachpunkte erwähnen und Fehlermöglichkeiten diskutieren. Nach dem Abschluss der Untersuchungen ist ein Doktorand mit der Methode gewöhnlich bestens vertraut und kann vielleicht Lösungswege aufzeigen oder Verbesserungsvorschläge unterbreiten. Dies ist insbesondere dann wichtig, wenn es sich bei Ihrer Arbeit um ein Pilotprojekt handelt, bei dem erstmals eine Methode routinemäßig eingesetzt worden ist. Sie würden weder Ihrem Doktorvater noch sich selbst und schon gar nicht den potentiellen Anwendern Ihrer Methode einen Gefallen erweisen, wenn Sie Schwachpunkte einfach ignorieren würden.
  Eine weitere Problematik stellen die Stichproben dar. Überlegen Sie kritisch, ob und auf wen oder was Ihre Ergebnisse übertragbar sind – mit anderen Worten: Für welche Grundgesamtheiten sind Ihre Stichproben repräsentativ? Sie können beispielsweise aus den Untersuchungen von Risikopatienten einer Spezialklinik nicht auf den gesamten Rest der Menschheit schließen! Ganz besonders problematisch gestaltet sich die Übertragbarkeit der Ergebnisse von Tier auf Mensch. Bedenken Sie: Alles, was Sie untersucht und erforscht haben, gilt zunächst nur für Ihre Stichproben. Der Rest ist Spekulation und muss mit der gebotenen Vorsicht diskutiert werden.

- **Konklusion:** Jeweils am Ende eines Abschnitts sollten Sie Schlussfolgerungen ziehen, die Sie aus Ihren eigenen Ergebnissen und der bekannten Literatur herleiten. Zeigen Sie klar und deutlich, was mit Ihren Untersuchungen erreicht wurde und wie sich das medizinische Wissen dadurch (wenn auch nur marginal) vermehrt hat. Es bietet sich an, zur Deutung Ihrer Ergebnisse Hypothesen aufzustellen und anzuregen, diese als Basis für nachfolgende Studien zu benutzen. Schießen Sie dabei aber bitte nicht über das Ziel hinaus! Bleiben Sie bei Ihren Ausführungen sachlich und korrekt! Verzichten Sie auf Formulierungen wie: „Die Befunde bestätigen eindrucksvoll, dass ..." oder „Die von uns entwickelte Methode bietet vielfältige Anwendungsmöglichkeiten". Dies entscheiden nicht Sie, sondern die akademische Nachwelt!

Überprüfen Sie selbstkritisch jeden einzelnen Abschnitt dahingehend, ob er verständlich geschrieben und logisch nachvollziehbar ist. Oft plätschert der Text einfach so dahin, die Lektüre langweilt den Leser, und er fragt sich zum Schluss: „Was ist denn eigentlich bei all den Untersuchungen herausgekommen?". Sie müssen dem Leser das Neue und Innovative Ihrer Arbeit klar vor Augen führen!

Zusammenfassung

Die meisten Doktoranden sind verständlicherweise heilfroh, wenn sie bis zur Zusammenfassung durchgedrungen sind, haben mittlerweile die Lust am Schreiben verloren und meinen, diese ein bis zwei Seiten schnell „runterreißen" zu können – nach dem Motto: Die Zusammenfassung liest eh kein Mensch!

Weit gefehlt! Sie sollten gerade auf die Zusammenfassung extrem viel Sorgfalt und Mühe verwenden. Warum? Der einzige, der die Arbeit komplett von Anfang bis Ende durchliest, dürfte Ihr Betreuer (und eventuell der Koreferent) sein. Das mag frustrierend sein, ist aber leider so. Die Mitglieder des Promotionsausschusses beschränken sich jedoch oft (wenn sie überhaupt etwas lesen) auf die Zusammenfassung, bestenfalls überfliegen sie noch die Einleitung. Das war's dann schon! Daraus bilden sie sich ein Urteil bezüglich Ihrer Arbeit. Deshalb sind diese beiden Kapitel – wenn auch gering bezüglich ihres Umfangs – die wichtigsten der Dissertationsschrift.

In der Zusammenfassung muss die **gesamte Arbeit** abgehandelt werden – angefangen bei Material und Methoden über die Ergebnisse bis hin zur Diskussion. Nennen Sie kurz die Methoden, stellen Sie sachlich und korrekt Ihre Ergebnisse dar und drücken Sie sich vorsichtig beim Formulieren der Schlussfolgerungen aus. Spekulative Hypothesen sind hier fehl am Platz. Die Zusammenfassung muss in sich geschlossen und für sich allein verständlich sein.

Dieses Kapitel darf keine Literaturhinweise, Abbildungen oder Tabellen enthalten. Die Länge beträgt normalerweise maximal zwei Seiten. In den Promotionsrichtlinien sind weitere Einzelheiten vorgegeben. Halten Sie sich unbedingt an diese Vorgaben! Deren Nichtbeachtung könnte zur Ablehnung Ihrer Arbeit führen.

Literaturverzeichnis

Alle im Text zitierten Publikationen (Papers und Buchbeiträge) müssen im Literaturverzeichnis aufgelistet sein; umgekehrt müssen alle Literaturstellen dieses Verzeichnisses irgendwo in der Arbeit zitiert werden. Es muss gewährleistet sein, dass jeder Leser anhand der Angaben im Literaturverzeichnis in der Lage ist, die Originalpublikation zu finden. Dafür gibt es einige Richtlinien:

- **Papers:** Hier sind zu nennen: die Nachnamen aller Autoren mit den Initialen der Vornamen, Jahr der Publikation, Titel des Papers, Abkürzung des Zeitschriftentitels, Bandnummer sowie erste und letzte Seitenzahl des Beitrags. Folgendes Beispiel möge dies verdeutlichen:
  Zwissler B, Schosser R, Weiss C, Iber V, Weiss M, Schwickert C, Spengler P, Messmer K (1991): Methodological error and spatial variability of organ blood flow measurements using radiolabeled microspheres. Res Exp Med 191: 47–63
  Auch wenn wie im obigen Beispiel sehr viele Autoren beteiligt sind, dürfen Sie die Autorenliste nicht abkürzen mit „et al.“. Die korrekte Abkürzung eines Zeitschriftentitels entnehmen Sie der Medline-Datenbank oder der PubMed Journals Database (s. Abschn. 6.2, S. 124). Falls Sie auch dort nicht fündig werden, wenden Sie sich am besten an einen Mitarbeiter Ihrer Bibliothek.
- **Beiträge aus Handbüchern und Sammelwerken:** Diese Bücher haben einen oder mehrere Herausgeber; die einzelnen Kapitel werden von unterschiedlichen Autoren erstellt. Beim Zitat eines Kapitels werden aufgeführt: Namen aller Autoren mit den Initialen der Vornamen, Erscheinungsjahr, Titel des Beitrags, Namen der Herausgeber, Buchtitel, Band (falls mehrere erschienen sind), Auflage (falls es sich nicht um die erste handelt), Name des Verlags, Verlagsort (bis zu drei Angaben), erste und letzte Seite des Beitrags. Als Beispiel möge dienen:
  David H (1995): Virchows Zellularpathologie – fehlleitendes Dogma des 19. Jahrhunderts oder Basis des Krankheitsverständnisses auch für das 21. Jahrhundert. In: Bauer A (Hrsg.): Theorie der Medizin. Dialoge zwischen Grundlagenfächern und Klinik. Johann Ambrosius Barth, Heidelberg Leipzig, 19–33
- **Monographien:** Beim Zitieren einer Monographie sind folgende Angaben notwendig: Autoren, Erscheinungsjahr, Buchtitel, Aufla-

ge (falls nicht die erste), Name des Verlags, Verlagsort (bis zu drei Angaben). Man wird allerdings selten auf eine komplette Monographie Bezug nehmen (Handbücher dürfen in keinem Fall als ganzes Werk zitiert werden, siehe oben), sondern nur auf eine bestimmte Seite oder ein Kapitel. Dann fügt man die relevanten Seitenzahlen an. Beispiel:
Hamm CW, Willems S (1998): Checkliste EKG. Thieme, Stuttgart, 213–215

- **Habilitationen und Dissertationen:** Geben Sie an: den Namen des Autors, das Erscheinungsjahr, den Titel der Arbeit, den Text *Med. Habilitationsschrift* bzw. *Med. Dissertation* sowie *Universität* und den Universitätsort. Ein Beispiel:
Bauer A (1985): Pathologie auf den Versammlungen Deutscher Naturforscher und Ärzte von 1822 bis 1872. Die Krankheitslehre auf dem Weg zur naturwissenschaftlichen Morphologie. Med. Habilitationsschrift, Universität Heidelberg
- **Zur Publikation angenommene Arbeiten:** Bei diesen Zitaten erscheinen die selben Angaben wie bei veröffentlichten Papers; die Bandnummer und Seitenzahlen sind zu ersetzen durch den in Klammern gesetzten Text *(zur Publikation angenommen).* Die Angabe *im Druck* ist nicht zulässig.
- **Unveröffentlichte Befunde:** Diese zitiert man in folgender Form:
Weiß C (2004): Persönliche Mitteilung
Anstelle des Textes „Persönliche Mitteilung“ kann auch stehen „Publikation in Vorbereitung“ oder „Unveröffentlichte Befunde“. Generell sollte man solche Zitate sparsam verwenden, da deren Inhalte nicht nachprüfbar sind.

7

Üblicherweise wird das Literaturverzeichnis alphabetisch geordnet und durchnummeriert. Die Auflistung der Zitate erfolgt dabei nach folgenden Ordnungskriterien:

- Das erste Kriterium ist der **Familienname des Erstautors.** Wenn mehrere Erstautoren denselben Namen haben, richtet man sich nach den Initialen der Vornamen.
- Wenn mehrere Arbeiten desselben Erstautors zitiert werden, werden zuerst die Publikationen genannt, die er **allein geschrieben** hat. Danach folgen die Publikationen, bei denen Coautoren mitgewirkt haben, und zwar in alphabetischer Reihenfolge des Nachnamens des zweiten Autors.
- Wenn bei mehreren Papers sämtliche Autoren übereinstimmen, richtet sich die Reihenfolge nach dem **Erscheinungsjahr.** Dabei wird aufsteigend sortiert, d.h. die ältesten Publikationen werden zuerst angegeben.

- Wenn der ungewöhnliche Fall eintritt, dass alle Autoren und das Erscheinungsjahr identisch sind, fügt man an die Jahreszahl einen **Kleinbuchstaben** *a*, *b* etc. an.
- Adels- und Herkunftsprädikate wie *von*, *van* oder *de* gelten als Bestandteil des Vornamens. *Klaus van Ackern* wird also zitiert mit: „*Ackern K van*".
- Die Vokale ä, ö und ü werden wie a, o und u behandelt, der Konsonant ß wie ss.

Eventuell (wenn in Ihren Promotionsrichtlinien nichts Gegenteiliges steht) können Sie die Zitate auflisten in der Reihenfolge, wie sie in der Arbeit genannt werden. Dieses System hat aber den Nachteil, dass man anhand des Literaturverzeichnisses nur sehr mühsam recherchieren kann, ob ein bestimmtes Paper zitiert wird. Es findet daher heute kaum noch Verwendung.

Publikationen, bei denen Sie als Erst- oder als Coautor beteiligt sind, werden an das Literaturverzeichnis unter der Überschrift „Eigene Publikationen" angehängt und wie oben beschrieben aufgelistet. Diese Veröffentlichungen werden in der Arbeit nicht zitiert; deshalb wird ihnen *keine* Zahl zugeordnet.

In der Arbeit selbst kann man auf zwei Weisen zitieren:

- **Numerisches System:** Sie zitieren die Nummern der Zitate des Literaturverzeichnisses in runden (oder eckigen) Klammern, beispielsweise [11, 37, 128]. Der Vorteil dieses Systems ist, dass der Text nicht durch lange Zitate zerrissen wird. Der Nachteil besteht darin, dass das Literaturverzeichnis quasi komplett sein muss, ehe man mit dem Schreiben beginnt. Wenn nämlich ein Zitat hinzukommt oder wegfällt, ändern sich die Nummern der übrigen Zitate und man muss alle Zitate in der Dissertation entsprechend anpassen. Andernfalls muss man sämtliche Literaturverweise in der Arbeit, nachdem sie fertig geschrieben ist, komplett überarbeiten. Dies ist äußerst mühsam, und die Gefahr, dass sich dabei (mindestens) ein Fehler einschleicht, ist sehr groß. Eine immense Erleichterung bringt hier ein Literaturverwaltungsprogramm (s. Abschn. 6.3, S. 128).
- **Harvard-System mit Angabe der Autorennamen:** Bei diesem System geben Sie die Namen der Erstautoren an. Wenn die Publikation von einem einzigen Autor erstellt wurde, schreibt man beispielsweise [Meßmer 1990]. Bei zwei Autoren gibt man beide Nachnamen an, etwa [Otto und Herfarth 1991]. Bei mehr als zwei Autoren zitiert man in der Form [Zwissler et al. 1991]. Zitiert man mehrere Publikationen derselben Autoren aus einem Erscheinungsjahr, fügt man an die Jahreszahl *a* oder *b* an (ebenso wie im Literaturverzeichnis). Der Vorteil dieses Systems liegt darin, dass

man das Literaturverzeichnis schrittweise aufbauen kann. Nachteilig ist, dass diese Form des Zitierens sehr viel Platz beansprucht und der Text der Dissertation – insbesondere bei häufigem Zitieren und einem umfangreichen Literaturverzeichnis – zerstückelt wird.

Nun sind bei den Zitaten im Literaturverzeichnis die Form der Darstellung und die Reihenfolge der darin enthaltenen Angaben nicht einheitlich vorgeschrieben. Es ist möglich, dass Ihre Fakultät Richtlinien vorgibt, die von den oben genannten Regeln geringfügig abweichen (etwa die Reihenfolge der bibliographischen Angaben oder der Gebrauch von Sonderzeichen). Deshalb ist wichtig: Vergewissern Sie sich anhand Ihrer Promotionsrichtlinien, wie Sie korrekt zitieren. Vorsichtshalber sollten Sie Ihren Doktorvater fragen, ob er ein bestimmtes Zitiersystem bevorzugt (das können Sie freilich auch in Erfahrung bringen, indem Sie sich eine bei ihm erstellte Doktorarbeit ansehen).

Der Lebenslauf

Nach dem Literaturverzeichnis folgt – falls erforderlich – ein **tabellarischer Anhang**. Daran schließt sich der kurzgefasste Lebenslauf des Doktoranden an. Er enthält persönliche Daten sowie Angaben zum schulischen und universitären Werdegang. Dazu zählen:

- Name und Vorname des Doktoranden
- Geburtstag und Geburtsort (eventuell Geburtsland)
- Familienstand
- Konfession (nicht unbedingt erforderlich)
- Namen und Berufe der Eltern (Berufe ebenfalls nicht erforderlich)
- Schulbesuche mit Zeiten und die jeweiligen Abschlüsse (insbesondere Allgemeine Hochschulreife)
- evtl. die Zeit des Wehr- bzw. des Zivildienstes
- Medizinstudium (Zeiten, Studienorte)
- Angaben zu ärztlichen Prüfungen, Famulaturen, Praktischem Jahr

Wenn es in Ihrem Lebenslauf noch irgend etwas Erwähnenswertes gibt (z. B. einen längeren Auslandsaufenthalt, eine Berufsausbildung oder ein Vorstudium), sollten Sie dies ebenfalls auflisten.

Ganz am Ende: die Danksagung

Eine Danksagung ist zwar nicht zwingend vorgeschrieben – sie wird aber erwartet. Zuerst bedankt man sich beim Doktorvater und danach beim Betreuer (falls dieser nicht mit dem Doktorvater identisch ist). Wenn das Thema Ihrer Arbeit interessant und die Betreuung gut war, sollten Sie dies auch zum Ausdruck bringen und nicht nur die üblichen Floskeln aus anderen Arbeiten abschreiben. Ihr Betreuer wird sich darüber freuen (und vielleicht auch wohlwollend in die Beurteilung einfließen lassen). Es gibt vielerlei Gründe, sich zu bedanken: für die Überlassung des Themas, für anregende Diskussionen, für hilfreiche Unterstützung, für konstruktive Kritik, für Ermutigungen etc. etc.

Sie sollten außerdem allen Personen danken, die zum Gelingen Ihrer Arbeit beigetragen haben. Dies können bestimmte Ärzte, MTAs oder Pfleger sein; auch Geber von Drittmitteln oder Stipendien sind an dieser Stelle zu nennen. Sie sollten auch nicht vergessen, sich bei dem Biometriker zu bedanken, wenn er Ihnen geholfen hat. Danken kostet nichts! Die Personen, bei denen Sie sich bedanken, freuen sich, dass ihre Arbeit anerkannt wird und sind dann hoffentlich motiviert, auch weiterhin Doktoranden zu unterstützen.

Sie können sich auch bei Familienangehörigen (Eltern, Partner, Kindern) bedanken, die ja oft mitgelitten haben. Dies ist selbstverständlich ganz allein Ihre Entscheidung.

7.3 Ein Hoch auf die Technik: der Computer

Hardware-Komponenten

Eine Doktorarbeit schreibt man heutzutage am Computer – eine sinnvolle Alternative gibt es nicht. Die Vorteile liegen auf der Hand:

- Man tippt den Text ein und sieht sofort, wie die gedruckte Version aussieht.
- Schreibfehler lassen sich problemlos korrigieren.
- Der Text lässt sich beliebig oft überarbeiten.
- Es stehen komfortable Hilfen zur Verfügung (Rechtschreibprüfung, Thesaurus u. a.).
- Die Gestaltungsmöglichkeiten (Schriftart, Schriftgröße, Seitengestaltung u. a.) sind äußerst vielfältig.

Rein theoretisch kann man die Arbeit zwar mit einer Schreibmaschine erstellen. Damit hat man jedoch weit weniger Gestaltungsmöglichkeiten als mit einem Computer; deshalb wird diese Möglichkeit kaum noch genutzt. Man könnte noch in Erwägung ziehen, das Manuskript handschriftlich zu erstellen und von einem Schreibbüro tippen zu lassen – doch dann kann man die Gestaltungsmöglichkeiten eines Textverarbeitungsprogramms allenfalls indirekt nutzen. Problematisch ist außerdem, dass die Schreibkräfte keine Mediziner sind. Deshalb muss man damit rechnen, dass die Arbeit Fehler enthält. Außerdem kostet dieser Service eine ganze Stange Geld, das man besser in den Kauf eines eigenen Rechners stecken sollte.

Man kann die Dinge drehen und wenden, wie man will – Sie kommen nicht daran vorbei, Ihre Arbeit selbst zu schreiben. Schätzen Sie sich glücklich, wenn Sie einen PC nebst Drucker Ihr Eigen nennen können. Die Investition lohnt sich! Sie werden diese Geräte bestimmt nicht nur für Ihre Doktorarbeit, sondern auch zum Schreiben Ihrer Korrespondenz, Bewerbungen etc. benutzen. Nach kurzer Zeit werden Sie sich kaum noch vorstellen können, wie Sie jemals ohne Computer gelebt haben.

Beim Kauf haben Sie generell die Wahl zwischen einem IBM-kompatiblen PC und einem Macintosh-Rechner der Firma Apple. Es lassen sich endlose und erbitterte Diskussionen darüber führen, welches System das bessere ist. PCs sind zwar weiter verbreitet – aber speziell im medizinischen Umfeld gab und gibt es auch viele Macintosh-Benutzer. Wenn Sie unsicher sind, sollten Sie sich bei Ihrer Entscheidung daran orientieren, welches System in Ihrer Umgebung vorzugsweise verwendet wird. Dann haben Sie die Möglichkeit, sich von jemandem Hilfe zu holen, wenn Sie einmal im Regen stehen sollten.

Überlegen Sie sich vor dem Kauf eines Rechners, welche Anforderungen Sie stellen. Wenn Sie „nur" Texte schreiben, benötigen Sie einen Computer mit geringerer Kapazität, als wenn Sie umfangreiche Statistik- oder Grafikprogrammpakete installieren möchten. An Peripheriegeräten benötigen Sie normalerweise nur eine Maus und einen Drucker – zusätzliche Geräte wie Scanner, Modem oder CD-Brenner sind nur für spezielle Anwendungen erforderlich (und können bei Bedarf auch noch zu einem späteren Zeitpunkt installiert werden).

Drucker und Scanner in ansprechender Qualität sind zu einem durchaus erschwinglichen Preis zu haben. Beim Drucker haben Sie die Auswahl zwischen einem Tintenstrahldrucker und einem Laserdrucker. Letztere sind – insbesondere was die Farbdrucker betrifft – etwas teurer; sie haben dafür eine bessere Qualität. Allerdings muss hinzugefügt werden, dass Qualitätsunterschiede nach dem Kopieren kaum noch erkennbar sind.

Wenn Sie beabsichtigen, einen Rechner zu erwerben, erkundigen Sie sich nach Vertragshändlern, die Angehörigen Ihrer Universität oder Ihres Klinikums Rabatte einräumen. Falls Ihnen ein neues Gerät nicht erschwinglich erscheint, können Sie eventuell versuchen, ein gebrauchtes Gerät zu kaufen. Einige (aber bei weitem nicht alle) Doktoranden können einen PC in ihrem Institut oder ihrer Klinik benutzen (wenn sie Glück haben, inklusive umfangreicher Software). Anderen steht ein Gerät in ihrer Familie oder ihrem Bekanntenkreis zur Verfügung. Wenn all diese Möglichkeiten für Sie nicht in Frage kommen, bleibt Ihnen nichts anderes übrig, als an einem PC-Pool am Rechenzentrum oder in der Bibliothek Ihrer Universitität zu arbeiten. Sie sind dabei natürlich an gewisse Zeiten gebunden. Vollkommen unabhängig ist man nur mit einem eigenen Computer, auf den man zu jeder beliebigen Tages- und Nachtzeit zugreifen kann, ohne sich mit anderen Benutzern absprechen zu müssen.

Software-Komponenten

Zur Grundausstattung eines Rechners gehören das Betriebssystem und Standardsoftware. Bei PCs ist dies Windows und das Programmpaket Office der Firma Microsoft. Macintosh-Rechner arbeiten mit dem von der Firma Apple entwickelten Betriebssystem MacOS-X – ein leistungsfähiges Mehrbenutzersystem, das auf UNIX basiert. Microsoft-Office wird auch als Macintosh-Version angeboten, sodass man problemlos Dateien mit Windowsbenutzern austauschen kann.

Eine der wichtigsten Office-Komponenten ist das Textverarbeitungssystem Winword; des Weiteren bietet sich das Tabellenkalkulationsprogramm Excel an, um Tabellen anzulegen, Diagramme zu erstellen oder einfache statistische Berechnungen durchzuführen. Zum

Office-Paket gehören ferner das Präsentationsprogramm Power Point und der Internet-Explorer (s. Abschn. 6.4, S. 130). Achten Sie darauf, dass in Ihrem Rechner mit dem Office-Paket der Formel-Editor installiert wird (dies erfolgt nicht automatisch). Auch wenn Ihre Arbeit keine komplexen Formeln enthält, kann Ihnen der Editor bei einfachen mathematischen, physikalischen oder chemischen Termini von Nutzen sein.

Darüber hinaus können ein Literaturverwaltungsprogramm (s. Abschn. 6.3, S. 128) oder Statistik-Software (s. Abschn. 5.4, S. 109) hilfreich sein. Ferner könnte man das Grafik-Programmpaket „Corel Draw" in Erwägung ziehen. Dieses Programm existiert für Windows und MacOS-X. Es bietet einerseits äußerst vielfältige und interessante Anwendungsmöglichkeiten – angefangen von Freihandzeichnen über das Erstellen von ansprechenden Diagrammen und Grafiken mit allen denkbaren Gestaltungsvarianten bis hin zum Bearbeiten von eingescannten Photos. Andererseits sind bei diesem Gigantismus der Lernaufwand beträchtlich und der Anschaffungspreis hoch. So stellt sich die Frage, ob sich die Anschaffung lohnt, oder ob man seine Graphiken weniger aufwendig, dafür schneller mit einer einfacheren Software oder per Hand anfertigt.

Ob und welches dieser Produkte für Sie sinnvoll ist, hängt von mehreren Faktoren ab: von der Ausstattung Ihres Rechners, der benötigten Einarbeitungszeit, von Ihrer eigenen Erfahrung im Umgang mit solchen Programmen, von den Kosten und Nutzen und letzten Endes auch davon, ob Sie beabsichtigen, nach Ihrer Promotion sich weiterhin wissenschaftlich zu betätigen.

Wenn Sie eine spezielle Software privat erwerben möchten, dann erkundigen Sie sich beim Rechenzentrum Ihrer Uni nach Sonderkonditionen. Ansonsten fragen Sie im Fachhandel und bei der Herstellerfirma bzw. (bei im Ausland erzeugten Produkten) bei der deutschen Vertreiberfirma nach günstigen Konditionen. Adressen finden Sie im Internet!

Tipps für das Arbeiten am Computer

Der wichtigste Tipp an alle Doktoranden: Erstellen Sie **immer**, ehe Sie Ihren Rechner ausschalten, eine **Sicherungskopie** Ihrer Arbeit auf Diskette, CD oder einen USB-Stick! Die meisten Anwender (Doktoranden eingeschlossen) unterlassen dies – sei es aus Schlamperei, Geiz oder Vergesslichkeit. Und eines schönen Tages (wenn es der Teufel will) tritt die Katastrophe ein: Doktorarbeit fertig – Doktorarbeit weg! Leider sind das keine maßlos übertriebenen Horrorstories, sondern leidvolle Erfahrungen einiger Doktoranden! Nicht wenige schleppen ihre Doktorarbeit unentwegt mit sich herum – in Form eines Notebooks, auf dem sämtliche Informationen, die für die Arbeit in irgendeiner Weise relevant sind, abgelegt sind. Was tut man, wenn dieses Notebook verloren geht oder zerstört wird? Das ist zwar unwahrscheinlich, aber keineswegs unmöglich. Verlassen Sie sich **niemals** darauf, dass Ihr Rechner stabil ist, oder dass bei Ihrem Pool regelmäßig Backups durchgeführt werden. Ein kompletter Systemabsturz mit Verlust aller Daten aufgrund höherer Gewalt ist niemals ganz auszuschließen.

Vergewissern Sie sich, dass Ihre aktuelle Datei in regelmäßigen Abständen (etwa alle zehn Minuten) automatisch gespeichert wird. Wenn Sie etwas ganz Besonderes erstellt haben (z. B. eine Grafik, eine Tabelle oder eine besonders gelungene Textpassage), sollten Sie sofort zwischenspeichern! Erstellen Sie für jedes Kapitel Ihrer Arbeit mindestens eine eigene Datei!

Noch etwas: Bewahren Sie die Sicherungsdiskette, die CD oder den USB-Stick sorgsam auf (sonst nutzt die Sicherungsmaßnahme nichts)! Auch dies ist schon vorgekommen: Eine Diskette wird achtlos zusammen mit anderen Utensilien wie Zigarettenschachtel, Kaugummis und Schlüsselbund in eine Tasche gestopft oder stundenlang der Sonne ausgesetzt. Dann darf man sich nicht wundern, wenn sie im Bedarfsfall beschädigt und nicht mehr lesbar ist.

7.4 Ein paar formale Dinge

Hinweise zur Rechtschreibung

Rechtschreibfehler, Fehler in Grammatik und Zeichensetzung sind keine Kavaliersdelikte! Die Rechtschreibung ist ein Teil der sprachlichen Normen, die es dem Leser erlauben, sich auf das Wesentliche zu konzentrieren. Es ist beileibe kein Zeichen geistiger Genialität, ein paar Wortfetzen unter Missachtung sämtlicher Regeln bezüglich Zeichensetzung oder Groß- und Kleinschreibung zu Papier zu bringen und den Leser damit allein zu lassen. Ganz im Gegenteil: Es wäre für einen angehenden promovierten Akademiker beschämend, wenn er die Regeln der deutschen Sprache nicht wenigstens in ihren Grundzügen beherrschen würde.

Nun sind diese Regeln zugegebenermaßen teilweise schwierig oder unlogisch. Mit der Einführung der „neuen" Rechtschreibung sollte sich vieles vereinfachen. Tatsächlich wurde vieles komplizierter, Unsicherheit herrscht allenthalben, und eine „offizielle" Instanz (die früher der Duden-Verlag innehatte) gibt es nicht mehr. Dennoch verlangen auch heute noch die meisten Promotionsrichtlinien eine Rechtschreibung gemäß Duden. Es sei Ihnen deshalb geraten, sich die neueste Ausgabe des ersten Duden-Bandes (Rechtschreibung) zu besorgen und sich zunächst über die wichtigsten Änderungen zu informieren. Tun Sie dies, ehe Sie mit dem Schreiben beginnen, damit Sie sich von Anfang an richtige Schreibweisen angewöhnen! Für medizinische Fachausdrücke stehen das „Wörterbuch medizinischer Fachausdrücke" (ebenfalls im Dudenverlag erschienen) oder der „Pschyrembel" zur Verfügung. Besondere Vorsicht ist geboten bei:

- **Silbentrennungen:** Hier gibt es diverse neue Regeln (beispielsweise darf man jetzt ein *s* vom *t* trennen). Vergewissern Sie sich im Zweifelsfall! Seien Sie vorsichtig, wenn Sie fremdsprachliche Begriffe verwenden (die deutschen Trennregeln lassen sich nicht übertragen).
- **Artikeln:** Vielfach hat sich bei medizinischen Fachausdrücken die Benutzung falscher Artikel eingebürgert (es heißt beispielsweise **das** Virus und nicht **der** Virus). Auch das sollte Ihnen nicht passieren.
- **Zusammengesetzten Wörtern:** Oft besteht die Tendenz, lange oder unübersichtliche Wörter durch Bindestriche in kleinere Strukturen zu zerlegen. Aber auch dabei sollte man keineswegs das Gefühl walten lassen, sondern sich an geltenden Regeln orientieren.

Außerdem beachten Sie bitte Folgendes:

- Zahlen von eins bis zwölf schreibt man als Wörter aus (außer in Verbindung mit einer Maßeinheit, z.B. 10 cm), größere Zahlen stellt man numerisch dar.
- Abkürzungen (besonders selbst erfundene) sollte man möglichst vermeiden. Zulässig sind dagegen allgemein anerkannte Abkürzungen aus dem medizinischen Bereich (z.B. EKG für Elektrokardiogramm) sowie Abkürzungen für physikalische Einheiten (z.B. cm, gr, sec). Eventuell ist ein Abkürzungsverzeichnis sinnvoll.
- Wenn am Ende eines Satzes eine Abkürzung mit einem Punkt steht (z.B. etc.), dann endet dieser Satz mit nur einem Punkt.
- Es sollten nur Einheiten des **SI-Systems** (Système International d‹Unités) und davon abgeleitete Einheiten verwendet werden. Dies hat zur Folge, dass man Wärmemengen in der Einheit kJ (Kilojoule) angibt und nicht mehr – wie früher – in kcal. Es soll allerdings konservative Professoren geben, die mit dieser neuen Einheit nichts anfangen können und nach wie vor auf kcal bestehen.
- Wenn Sie Zahlen auflisten (in Tabellen oder im laufenden Text), dann achten Sie bitte auf eine einheitliche Darstellungsweise. Es ist nicht sinnvoll, die Werte eines bestimmten Merkmals teilweise ohne und teilweise mit einer, zwei oder sieben Kommastellen aufzulisten (auch wenn der Computer sie in dieser Form ausgibt). Die Anzahl der Kommastellen entspricht der Messgenauigkeit.

Das Textverarbeitungsprogramm Word beinhaltet eine Rechtschreibprüfung und eine automatische Silbentrennung. Diese Hilfsmittel sind seit Einführung der neuen Rechtschreibung nur noch bedingt tauglich. Verlassen Sie sich in keinem Fall blindlings darauf!

Wenn Sie bei einer Frage bezüglich Rechtschreibung oder Silbentrennung gar nicht mehr weiter wissen, können Sie sich telefonisch, postalisch oder über E-Mail an die Sprachberatungsstelle des Duden-Verlags in Mannheim wenden (die Internet-Adresse: www.duden.de).

Noch ein Hinweis zum Schluss: Erkundigen Sie sich – ehe Sie mit dem Schreiben beginnen – vorsichtshalber danach, ob Ihr Doktorvater auf die neue Rechtschreibung Wert legt. Es soll ältere Herren geben, die nicht mehr gewillt sind, sich auf ihre alten Tage umzustellen und nur Doktorarbeiten mit der alten Rechtschreibung akzeptieren. Professoren der jüngeren und mittleren Jahrgänge bleibt nichts anderes übrig, als sich an die neuen Sitten zu gewöhnen.

Bemerkungen zu Fragen des Stils

Es ist natürlich schwer oder gar unmöglich, einem Doktoranden einen flüssigen und ansprechenden Schreibstil anzutrainieren. Einige haben in dieser Richtung eine gewisse Begabung – andere tun sich verdammt schwer damit. Andererseits gilt aber auch: Wenn man sich einmal überwunden und ein paar Seiten geschrieben hat, erlangt man eine gewisse Übung und wird im Laufe der Zeit etwas routinierter und sicherer in Fragen des Stils. Einige Hinweise seien an dieser Stelle genannt:

- Schreiben Sie in kurzen und vollständigen Sätzen! Bei langen, verschachtelten Sätzen kann der Leser nur mit Mühe (oder überhaupt nicht) herausfinden, was der Autor eigentlich gemeint hat. Gegen Schachtelsätze gibt es ein probates Mittel: Aus einem Satz lassen sich zwei, notfalls sogar drei machen!
- Nutzen Sie die Funktionen Ihres Textverarbeitungsprogramms! Mit der Thesaurus-Funktion lassen sich schnell Synonyme finden; so können Sie Wiederholungen vermeiden.
- Zur Verwendung der Zeiten ist Folgendes zu sagen: Wenn man sich auf die Untersuchungen früherer Publikationen bezieht, verwendet man das Imperfekt; bereits bewiesene Fakten werden im Präsens dargestellt (z. B.: *Samo zeigte, dass postoperative Infektionen nach homologen Infusionen vermehrt auftreten*). Die für die Arbeit durchgeführten Tätigkeiten und erhobenen Befunde werden ebenfalls im Imperfekt beschrieben (z. B. *Die Tiere wurden drei Monate vor Beginn der Versuche splenektomiert.* Oder: *Der präoperative Hämatokrit stieg von durchschnittlich 0,39 auf 0,46*).
- Bemühen Sie sich um eine sachliche Sprache! Vermeiden Sie wertende Begriffe wie *leider, zu unserem Erstaunen, unglücklicherweise* etc.
- Im deutschen Sprachgebrauch ist es unüblich (anders als in den USA), dass wissenschaftliche Publikationen Ausdrücke wie *ich, wir* oder davon abgeleitete Ausdrücke enthalten. Floskeln wie „meines Erachtens" oder „Wir sind der Überzeugung, dass …" sollten Sie deshalb unterlassen.

Sie müssen sich klar darüber sein, dass Schreiben ein kreativer Prozess ist! Sie dürfen nicht erwarten, dass die erste Version eines Textes druckreif ist. Lassen Sie sich dadurch nicht entmutigen! Sie werden jeden Abschnitt mehrmals überarbeiten und dabei immer wieder korrigieren. Mit einem Textverarbeitungssystem ist dies kein großes Problem, im Gegenteil: Es macht sogar Spaß! Irgendwann haben Sie dann das Gefühl: Jetzt ist es wirklich gut!

Gönnen Sie sich, nachdem Sie einen längeren Text geschrieben haben, eine schöpferische Pause von zwei oder drei Tagen. Lesen Sie ihn dann erneut. Sie müssen berücksichtigen, dass Sie sich (hoffentlich!) bestens in der Materie und der relevanten Literatur auskennen. Bei den Lesern Ihrer Arbeit können Sie diesen Kenntnisstand jedoch nicht voraussetzen. Versuchen Sie einmal, sich in die Situation hinein zu denken, als Sie mit Ihrer Promotion gerade begonnen hatten. Fragen Sie sich kritisch: Hätten Sie zur damaligen Zeit Ihren eigenen Text verstanden? Wirkt er gut strukturiert und didaktisch verständlich? Übrigens: Drucken Sie Ihren Text aus, wenn Sie ihn korrigieren. Am Bildschirm übersieht man erfahrungsgemäß eine Menge Fehler.

Vielleicht haben Sie das Glück, jemanden in Ihrem Familien- oder Freundeskreis zu kennen, der gut formulieren kann und sicher in stilistischen Fragen ist (das muss kein Mediziner sein). Bitten Sie diese Person, Ihren Text kritisch durchzulesen. Es kann in keinem Fall schaden, wenn Sie die Meinung eines „Außenstehenden" hören und beachten.

Die Gestaltung der Arbeit

Der Computer bietet unsagbar viele Möglichkeiten, was die Gestaltung der Arbeit (Schriftart, Schriftgröße etc.) angeht. Der Gestaltungsfreiraum wird freilich massiv eingeschränkt durch die Vorgaben der Promotionsrichtlinien (teilweise sind sogar eine ganz bestimmte Schriftart und -größe explizit vorgegeben).

Sie sollten in jedem Fall darauf achten, dass Ihre Schrift gut lesbar ist. Dafür eignen sich die so genannten Serifen-Schriften, wie z.B. Times New Roman oder die in diesem Buch verwendete Schrift. Die Serifen sind die kleinen waagrechten Striche an den Buchstaben, die das Auge führen. Serifenlose Schriften (wie Arial) sehen vielleicht etwas eleganter aus; sie sind jedoch nicht so gut lesbar und deshalb für Dissertationsschriften weniger geeignet. In Überschriften sowie in den Legenden von Tabellen und Abbildungen können jedoch auch serifenlose Schriften verwendet werden. Die Schriftgröße im laufenden Text liegt üblicherweise bei 10 bis 12 Punkt; für Überschriften kommen größere Schriften bis zu 20 Punkt in Frage. Auch wenn Ihnen Ihre Promotionsrichtlinien diesbezüglich einige Freiheiten gewähren: Ihre Arbeit sollte durch ihren Inhalt hervorstechen, und nicht durch ausgefallene Schrifttypen oder besondere Stilattribute.

Es ist sinnvoll, dass Sie gleich zu Beginn Ihrer Schreibarbeit wissen, auf welchem Drucker die Endfassung Ihrer Arbeit ausgedruckt werden soll. Wenn Sie zu einem späteren Zeitpunkt einen anderen Drucker wählen, wird die Arbeit anders gestaltet – Schriften verändern sich, Zeilen- und Seitenumbrüche verrutschen etc. Es ist irritierend, wenn die Arbeit plötzlich eine ganz andere Gestalt annimmt! Achten Sie darauf, dass weder „Schusterjungen" (die letzte Zeile eines Absatzes steht allein auf dem oberen Teil einer Seite) noch „Hurenkinder" (die erste Zeile steht allein am unteren Ende einer Seite) vorkommen.

Beim Satz können Sie wählen zwischen linksbündigem Flattersatz und Blocksatz. Der Blocksatz wird im Allgemeinen bevorzugt, da er sauberer aussieht (allerdings muss man dann häufiger trennen, um zu große Wortabstände zu vermeiden).

Weitere Anregungen bezüglich der Gestaltung erhalten Sie, wenn Sie in anderen Doktorarbeiten schmökern. Ein Format, für das man sich einmal entschieden hat, muss natürlich konsequent durchgehalten werden!

Worauf Sie sonst noch achten sollten

Von mancher Seite wird den Doktoranden geraten, die Arbeit von Anfang bis Ende fertig zu schreiben und dann dem Betreuer erstmals vorzulegen. Unseres Erachtens ist dies wenig sinnvoll. Der Doktorand geht dabei nämlich ein sehr hohes Risiko ein: Wenn der Betreuer die Arbeit in Bausch und Bogen verdammt, hat er eine Menge an unnötiger Zeit und Energie investiert. Nichts ist frustrierender und demotivierender.

Sie sollten auch während des Schreibprozesses einen intensiven Umgang mit dem Betreuer pflegen und ihm bereits die Gliederung zur Ansicht vorlegen. Wenn Sie Ihr erstes Kapitel (üblicherweise „Material und Methoden") fertig geschrieben haben, sollten Sie es ihm zeigen. Er kann dann noch in der Anfangsphase des Schreibens beurteilen, ob der Inhalt, der Schreibstil oder was auch immer seinen Vorstellungen entsprechen und Ratschläge erteilen. Für Sie als Doktorand ist es beruhigend, von Anfang an zu wissen, dass der Betreuer mit Ihrer Dissertationsschrift einigermaßen zufrieden ist. Im anderen Fall können Sie rechtzeitig Gegenmaßnahmen ergreifen, ohne allzu viel Zeit verloren zu haben.

Noch etwas: Eine Arbeit wird nicht dadurch gut, dass sie besonders lang ist. Ganz im Gegenteil: Sie würden damit Ihre Gutachter verdrießen, noch ehe sie die Arbeit lesen und bewerten. Die Doktorarbeit von Carl Friedrich Gauß (bekannt durch den 10-DM-Schein, der mittlerweile nicht mehr im Umlauf ist) bestand aus einer ganzen Seite, ebenso die von Watson und Crick, die die Struktur der DNA beschrieben haben. Um keine Missverständnisse aufkommen zu lassen: Das bedeutet freilich nicht, dass Sie sich Hoffnungen auf den Nobelpreis dürfen, wenn Sie eine Arbeit von ein bis zwei Seiten abgeben! Aber Sie sollten auch wissen: Der Umfang einer Arbeit besagt nichts über deren Qualität; die Qualität sollte immer vor der Quantität stehen.

Überprüfen Sie Ihre Arbeit auf gewisse formale Kriterien, ehe Sie die erste Version Ihrem Betreuer vorlegen. Dieser erhält nämlich einen denkbar schlechten Eindruck, wenn er feststellt, dass die Arbeit formale Unstimmigkeiten enthält. Im Einzelnen seien genannt:

- Überzeugen Sie sich, dass die **Seitenzahlen des Inhaltsverzeichnisses** richtig zugeordnet sind.
- Checken Sie, ob die **Textüberschriften** mit den Gliederungspunkten des Inhaltsverzeichnisses übereinstimmen.
- Prüfen Sie, ob die **Abbildungen und Tabellen** richtig durchnummeriert sind, ob die Legenden an der richtigen Stelle platziert sind, ob sie alle notwendigen Informationen enthalten und verständlich sind.
- Überprüfen Sie die **Seitenzahlen**. Ist die Arbeit korrekt durchnummeriert beginnend bei 1 (Einleitung) in Einser-Schritten aufwärts bis zur Danksagung?
- Ist das **Literaturverzeichnis** richtig angeordnet? Überzeugen Sie sich stichprobenartig davon, dass die Zitate im Text korrekt sind!

Wenn Sie großes Glück haben, wird Ihr Betreuer die Arbeit vom ersten bis zum letzten Buchstaben sorgfältigst lesen und außer auf den Inhalt auch auf Orthographie, Zeichensetzung und Stil achten. Im schlimmsten Fall überfliegt er nur die Zusammenfassung und allenfalls noch die Einleitung. Wie auch immer: Für alle formalen Dinge sind allein Sie verantwortlich, und es wirft ein beschämendes Bild auf Sie (nicht auf Ihren Betreuer oder Doktorvater), wenn Ihre Arbeit in ihrer Endversion diesbezüglich Mängel enthalten sollte. Bemühen Sie sich von Anfang an, dass es soweit gar nicht kommt!

Irgendwann müssen Sie Ihre Dissertationsschrift aus der Hand geben. Danach können Sie zunächst einmal aufatmen. Die Arbeit hängt nun nicht mehr an Ihnen, sondern an Ihrem Betreuer, der sie korrigieren muss. Freilich hat man ein wenig Bammel, wie dessen Kommentar ausfallen wird (ein bisschen Nervenkitzel gehört einfach dazu). Aber Sie können sich glücklich schätzen, wenn Sie erst einmal so weit auf dem Weg zu Ihrem Doktortitel vorangekommen sind!

Anregungen zum Verfassen eines Textes und Formulierungshilfen enthalten beispielsweise die Stilfibel von Reiners [11] und das Standardwerk „Deutsch für Profis“ [13].

8 Stolpersteine – und wie man sie umgeht

8.1 Einige Bemerkungen vorab

Vermeiden Sie Probleme im Vorfeld!

Manche Stolpersteine, mit denen der Weg zum Doktortitel mitunter gepflastert ist, lassen sich unmittelbar nach dem ersten Gespräch mit dem Betreuer vorhersehen. Deshalb ist dieses Gespräch so wichtig (s. Abschn. 2.5, S. 25). Wie oft hörten wir Studenten stöhnen, nachdem sie monate- oder gar jahrelang ein aussichtsloses Thema bearbeitet hatten: „Ich hatte von Anfang an ein komisches Gefühl".

Ein solches Gefühl trügt selten. Es kann nicht oft genug darauf hingewiesen werden: Sagen Sie bei einem Thema, das Ihnen angeboten wird, nicht voreilig zu! Seien Sie skeptisch, wenn Ihnen Ihr Betreuer keine präzise Fragestellung nennen kann! Viele Doktoranden spüren intuitiv, wenn der Betreuer über das Thema selbst noch nicht richtig nachgedacht hat. Versuchen Sie in diesem Fall, mit jemandem Kontakt aufzunehmen, der sich in dem relevanten Fachgebiet ein wenig auskennt. Es kann auch hilfreich sein, sich an einen Mitarbeiter des Biometrischen Instituts wenden. Diese Leute betreuen zahlreiche Doktoranden aus allen Fachrichtungen in statistischen Fragen und verfügen oft über ein enormes Know-How, was die Qualität der Themen und der Betreuer angeht. Sie können auch beurteilen, ob eine vorgegebene Fragestellung in einem angemessenen zeitlichen Rahmen bearbeitet werden kann.

Sprechen Sie unbedingt mit ehemaligen Doktoranden, um möglichst viel über Ihren Betreuer in Erfahrung zu bringen! Klären Sie vorab so viel wie möglich! Wenn Sie große Zweifel hegen, ob Ihnen das Thema, die Betreuung oder das Arbeitsumfeld zusagen, dann sehen Sie sich besser nach einem anderen Thema um. So werden Sie sich viel Ärger und viele Enttäuschungen ersparen.

Wägen Sie Risiken ab!

In jedem medizinischen Forschungsvorhaben steckt ein Risiko! Bei Ihrer Arbeit ist dieses Risiko möglicherweise dadurch begründet, dass Sie eine Methode anwenden müssen, von der Sie vorab nicht genau wissen, ob und wie sie funktioniert. Dieses Risiko lässt sich jedoch vorher abschätzen (s. Abschn. 3.4, S. 42)!

Bei experimentellen Studien kann es Gegenstand der Arbeit sein, eine neue Methode zu entwickeln oder eine etablierte Methode weiter zu entwickeln. Dabei ergeben sich fast zwangsläufig Schwierigkeiten. Wenn es dem Doktoranden gelingt, eine neue Methode zu etablieren, wird dies als eine herausragende Leistung anerkannt. Er geht allerdings das Risiko ein, dass er am Ende enttäuscht ist, weil die Ergebnisse doch nicht so bahnbrechend sind, wie er das erwartet hat. Es ist keineswegs ausgeschlossen, dass sich eine Methode nicht etablieren lässt – dann ist eben diese Aussage das Ergebnis der Doktorarbeit. Freilich ist ein solches Ergebnis nicht unbedingt das, was man sich anfangs erhofft hatte.

Man braucht bei experimentellen Studien in jedem Fall sehr viel Zeit, Geduld und Ausdauer und darf nicht bei den ersten Problemchen die Flinte ins Korn werfen. Kandidaten, die auf Nummer „Sicher" gehen wollen, sei empfohlen, eine solche Arbeit *nicht* in Angriff zu nehmen.

Es erscheint weniger problematisch, wenn der Doktorand bei seinen Untersuchungen auf eine bereits etablierte Methode zurückgreifen kann (etwa bei einer prospektiven Studie, in deren Verlauf Patienten zu untersuchen sind). In diesem Fall sollten Sie Ihrem Betreuer beim ersten Gespräch unbedingt die Frage stellen: „Ist die Methode etabliert?". Auch wenn Ihnen dies glaubhaft versichert wird, ist es dennoch fast normal, dass die Versuche oder Untersuchungen anfangs nicht klappen. Das kann zu nicht unerheblichen Verzögerungen Ihrer Arbeit führen. Dennoch ist dies kein Grund zu verzweifeln. Für die Methode sind Sie nicht allein verantwortlich! Es wird Ihrem Betreuer viel daran gelegen sein, dass die Untersuchungen problemlos durchgeführt werden können und brauchbare Ergebnisse liefern. Ansonsten wären sie teuer, wertlos und eventuell ethisch problematisch. Sehen Sie sich als Mitglied eines Teams, das daran arbeitet, die Methode zu etablieren und fragen Sie sich, welchen Teil Sie dazu beitragen können.

Überlegen Sie sich also im Vorfeld: Wenn Sie eine prospektive Arbeit in Angriff nehmen, müssen Sie in jedem Fall damit rechnen, dass sich Schwierigkeiten mit der Methode ergeben. Ihre Promotionszeit wird spannend werden mit Höhen und Tiefen. Dafür haben Sie die Chance, eine innovative Leistung zu erbringen, die auch entsprechend honoriert werden dürfte. Das geringste Risiko mit der Methodik gehen Sie bei einer retrospektiven Arbeit ein. Hier ist es nicht erforderlich, eine Methode in der Praxis anzuwenden. Allerdings ist von vornherein klar, dass es sich um eine überwiegend deskriptive Arbeit handelt, bei der nicht viel mehr als „rite" zu erwarten ist.

Das erste Resümee

Sie merken schon nach kurzer Zeit, ob die Betreuung gut oder schlecht ist, ob Sie mit den Mitarbeitern des Labors oder der Klinik zurecht kommen, und ob die anzuwendende Methode funktioniert.

Etwa vier Wochen nach Beginn Ihrer Arbeit sollten Sie sich fragen, ob Sie mit der Betreuung und Ihrem Arbeitsumfeld zufrieden sind, und ob Sie das Thema wirklich so brennend interessiert, dass Sie sich vorstellen können, noch Monate und Jahre intensiv daran zu arbeiten.

Wenn in Ihrem Fall Schwierigkeiten auftreten und Sie meinen, diese allein nicht lösen zu können, dann sprechen Sie am besten mit jemandem, der die Dinge mit einer gewissen Distanz kritisch beurteilt. Dies kann ein älterer Kommilitone oder ein junger Arzt sein, der seine Doktorarbeit bereits abgeschlossen hat. Es ist mitunter auch sinnvoll, bei einem Kommilitonen aus der Fachschaft vorzusprechen. Dort kennt man oft die geschilderten Probleme und kann mitunter Ratschläge erteilen. Es mag auch nützlich sein, einen Ihnen bekannten Hochschullehrer anzusprechen, der Erfahrung im Umgang mit Doktoranden hat.

In Einzelfällen kann es vorkommen, dass man das Gefühl hat, die Situation sei nicht mehr tragbar und es sei nicht sinnvoll, weiterzumachen. Wenn Sie ernsthaft erwägen, Ihre Arbeit bereits in der Anfangsphase abzubrechen, bitten Sie Ihren Betreuer um ein Gespräch und erläutern Sie ihm Ihre Gründe. Vielleicht hat er Verständnis für Ihre Probleme und versucht eine Lösung zu finden – denn auch für ihn ist eine abgebrochene Doktorarbeit kein gutes Aushängeschild. Ansonsten sollten Sie – wenn Sie sich nach reiflicher Überlegung dazu entschlossen haben – abbrechen, ehe Sie unnötig viel Zeit verlieren (nach dem Motto: besser ein Ende mit Schrecken als ein Schrecken ohne Ende). Überlegen Sie sich, wie Sie im nächsten Anlauf verhindern, dass sich ein solches Dilemma wiederholt.

Ihr Status als Doktorand

Dem Betreuer hat man viel zu verdanken: die Idee zur Arbeit und die Bereitschaft, diese zu betreuen. Das bedeutet aber keineswegs, dass man ihm bis zum Abgabetermin schutzlos ausgeliefert ist.

An den meisten Universitäten ist es mittlerweile üblich, dass bei der Vergabe einer Doktorarbeit ein Formblatt erstellt wird, mit dem die Doktorarbeit beim Dekanat angemeldet wird. Das gibt Ihnen eine gewisse Sicherheit. Auch Ihr Doktorvater hat nämlich jetzt für Sie und Ihre Arbeit eine Verantwortung, und der Dekan ist offiziell davon unterrichtet.

Ihr Status als Doktorand ist dennoch nicht allzu stark. Sie sind – daran ist nicht zu rütteln – von Ihrem Betreuer und eventuell von dessen Mitarbeitern abhängig. Seien Sie kooperativ und dankbar für jede Unterstützung, die man Ihnen gewährt. Zeigen Sie aber auch ein gewisses Maß an Selbstbewusstsein. Weisen Sie – falls nötig – höflich, aber bestimmt darauf hin, dass Sie im Institut sind, um zu promovieren. Das ist freilich eine Gratwanderung, da man es sich mit niemandem verscherzen möchte. Aber Sie haben ein Recht auf eine gute Betreuung und auch Ihr Betreuer, der diese Aufgabe freiwillig übernommen hat, ist daran interessiert, dass Sie Ihre Arbeit erfolgreich beenden.

8.2 Probleme im Umgang mit anderen

Uninteressierte Betreuer

Dies ist der häufigste Grund, der Anlass zu Frust und Enttäuschung gibt. Die Betreuung wird in den seltensten Fällen von Anfang bis Ende in vollkommener Harmonie verlaufen. Probleme unterschiedlichster Art können in allen Phasen der Arbeit auftreten.

- **Probleme in der Anfangsphase:** Am besten ist es, wenn vor Beginn der Arbeit feste Vereinbarungen getroffen werden, was die Betreuung angeht (zum Beispiel regelmäßigen Informationsaustausch). Darauf können Sie sich berufen, wenn sich kurz danach herausstellen sollte, dass die Betreuung nicht zufriedenstellend ist. Es ist in der Tat alarmierend, wenn sich solche Probleme gleich zu Anfang einstellen. Im schlimmsten Fall kann man die Arbeit zu diesem Zeitpunkt noch abbrechen (s. Abschn. 8.1, S. 171 f.).
  Überlegen Sie aber bitte auch, ob Sie vielleicht zu hohe Erwartungen haben. Bedenken Sie, dass sich Ihr Betreuer außer um Ihre Doktorarbeit noch um eine Menge anderer Dinge zu sorgen hat. Er ist in einen Klinik- oder Institutsbetrieb involviert; er muss sich um seine Patienten oder sein Labor kümmern; er hat außer Ihnen vielleicht noch andere Doktoranden zu betreuen; er ist möglicherweise mit eigenen Forschungsarbeiten oder seiner Habilitation befasst. Kurz und gut: Ihre Doktorarbeit ist (zumindest in der Anfangsphase) für Sie persönlich ein wesentlicher Bestandteil Ihres Alltags – für Ihren Betreuer ist sie nur eine Sache unter vielen, für die er verantwortlich ist.
- **Probleme, die später auftreten:** Sie kennen Ihren Betreuer nun schon eine Weile und haben plötzlich den Eindruck, dass er sich für Ihre Arbeit nicht mehr interessiert. Ein Abbruch kommt kaum noch in Frage – dafür hat man schon zu viel Zeit und Energie investiert. Wenn Sie sich sein Verhalten nicht erklären können, sollten Sie ihn ansprechen. Vielleicht ist ihm das selbst noch gar nicht zu Bewusstsein gekommen, oder er kann Ihnen Gründe dafür nennen.
  Seien Sie aber bitte auch selbstkritisch und überlegen Sie, ob Sie etwas dazu beigetragen haben. Es gibt durchaus Gründe, weshalb sich Betreuer über Doktoranden ärgern (nicht nur umgekehrt). Diese können beispielsweise sein:
  - Beim Doktoranden ist der anfängliche Eifer verflogen, und der Betreuer gewinnt den Eindruck, dass ihm andere Dinge weit wichtiger sind als seine Doktorarbeit. Er wartet vergebens darauf, über den Fortgang der Arbeit informiert zu werden.

  - Der Betreuer gibt dem Doktoranden Anregungen (z. B. Literaturempfehlungen) und merkt, dass seine Ratschläge in keiner Weise befolgt werden.
  - Ganz besonders ärgerlich ist es für den Betreuer, wenn der Doktorand ihm mehrmals einen Ausdruck der Arbeit (oder eines Kapitels) vorlegt, der schlampig erstellt und in Bezug auf Rechtschreibung, Zeichensetzung und Ausdrucksweise eine Katastrophe ist! Es ist nicht seine Aufgabe, den Erstentwurf einer Dissertation so oft zu überarbeiten, bis eine vorzeigbare Version entsteht.

Wenn Sie Ihrem Betreuer Anlass zur Unzufriedenheit gegeben haben, sollten Sie das in einem offenen Gespräch klären. Sie müssen natürlich auch bereit sein, sich Fehler einzugestehen und Ihr Verhalten zu ändern.

- **Probleme in der Endphase:** Auch diese können nervenaufreibend sein. Einige typische Situationen seien hier genannt:
  - Der Betreuer ist nicht zufrieden zu stellen. Die Arbeit ist eigentlich fertig – aber vor jedem Kongress (für den er Ergebnisse benötigt) fallen ihm unzählige Dinge ein, die man noch „reinbringen" könnte. Machen Sie ihn in diesem Fall darauf aufmerksam, dass dies anfangs so nicht vorgesehen war und stellen Sie klar, dass Sie die Arbeit beenden wollen. Sonst werden Sie nie fertig!
  - Die Erstversion Ihrer Arbeit liegt ein halbes Jahr oder noch länger auf dem Schreibtisch Ihres Betreuers, ehe er sie korrigiert. Diese Situation ist für den Doktoranden höchst ärgerlich, weil sich dadurch der Abgabetermin verzögert.
  - Die Arbeit ist endgültig fertig und könnte eingereicht werden. Unglücklicherweise kommt der Betreuer wegen Arbeitsüberlastung mehrere Monate nicht dazu, ein Gutachten zu schreiben.

All die genannten Situationen können sehr unangenehm werden, wenn Gespräche nichts bringen. Theoretisch besteht zwar die Möglichkeit, sich beim Dekan zu beschweren. Damit würden Sie Ihren Betreuer allerdings sehr verärgern (was sich nachteilig auf die Bewertung auswirken könnte). Im Allgemeinen hilft nur eines: Bleiben Sie hartnäckig und machen Sie höflich, aber bestimmt auf sich und Ihre Belange aufmerksam.

Unkooperative Mitarbeiter

Bei vielen Arbeiten ist man auf Mitarbeiter angewiesen, die einen im Labor oder auf einer Station einarbeiten. Oft hört man Studenten klagen, diese Ansprechpartner hätten keine Zeit oder keine Lust, man sei ganz auf sich allein gestellt und werde nur als ein Störfaktor empfunden. Mit Sätzen wie „Da hinten stehen die Geräte. Fangen Sie schon mal an“ ist es eben nicht getan. Besonders ärgerlich ist es, wenn der Doktorand zu wichtigen Untersuchungen nicht gerufen wird, weil sich niemand dafür verantwortlich fühlt. Häufig haben Doktoranden das Gefühl, ausgenutzt zu werden: Sie werden zu Routinearbeiten im Labor herangezogen, dienen als Pipettierknechte oder sollen Dienstbotengänge und Kopierarbeiten durchführen.

Sie erkennen an diesen Beispielen, wie wichtig es ist, dass der Betreuer hinter Ihnen steht. Nur dann werden seine Mitarbeiter auch bereit sein, Sie zu unterstützen. Wenn es in dieser Hinsicht Probleme gibt, versuchen Sie zunächst, diese in einem klärenden Gespräch mit dem jeweiligen Mitarbeiter zu lösen. Sagen Sie ihm, dass Sie auf seine Hilfe angewiesen sind und dass Sie ihm dankbar dafür sind.

Wenn Sie Schwierigkeiten allein nicht lösen können, bitten Sie Ihren Betreuer, Unstimmigkeiten aus dem Weg zu räumen. Bedenken Sie dabei aber auch, dass Ihre Anwesenheit zusätzliche Arbeit bedeutet und dass Sie nicht erwarten können, dass Ihnen permanent jemand zu Diensten ist. Sie haben es selbst in der Hand, zu einer guten Arbeitsatmosphäre beizutragen.

In diesem Zusammenhang sei noch auf Folgendes hingewiesen: Bei einigen Einrichtungen, die Sie als Doktorand hin und wieder aufsuchen müssen, gibt es feste Sprechzeiten (z. B. im Promotionsbüro). Halten Sie sich daran! Es ist zwar ärgerlich, wenn man außerhalb der Sprechzeiten irgendwo auftaucht und nichts erledigen kann. Es wird aber als unhöflich empfunden, wenn Sie trotzdem vorsprechen und erwarten, dass Sie bevorzugt behandelt werden. Damit machen Sie sich nur unbeliebt.

Konkurrierende Doktoranden

Probleme in diesem Bereich entstehen, wenn Sie gezwungen sind, eng mit anderen Doktoranden zusammenzuarbeiten. Dies ist beispielsweise dann gegeben, wenn mehrere Arbeiten auf derselben Tierversuchsserie basieren. Dann werden Experimente gemeinsam geplant und durchgeführt, und es werden dieselben Methoden zur Aufbereitung und Verarbeitung der Daten verwendet. Wie leicht hat man dabei das Gefühl, ausgenutzt zu werden! So kann es passieren, dass ein Student, der sich gut in Statistik auskennt, anfangs bereitwillig alle Daten analysiert und später ganz selbstverständlich sämtliche statistischen Auswertungen alleine durchführt. Deshalb: Treffen Sie im Vorfeld klare Absprachen! Ertragen Sie Ärger und Frust nicht klaglos, sondern versuchen Sie, mit Ihren Kommilitonen sachlich zu diskutieren. Hier ist eine Arbeitsgruppe, zu der sich die Doktoranden in regelmäßigen Abständen treffen, sehr vorteilhaft.

In diesem Zusammenhang noch einige Bemerkungen zum Thema **Doktorarbeit zu zweit**. An manchen Universitäten besteht die Möglichkeit, ein Thema zu zweit (oder gar zu dritt) zu bearbeiten. Die Promotionsordnung verlangt, dass die Leistung eines jeden Einzelnen klar ersichtlich ist. Einige Studenten wünschen sich ein solches Thema, weil sie dann bei Schwierigkeiten nicht alleine sind. Dennoch ist ein solches Vorhaben keineswegs unproblematisch. Früher oder später ergeben sich mit Sicherheit Reibungspunkte. Sie sollten auch bedenken, dass bei solchen Arbeiten niemals beide Kandidaten eine sehr gute Bewertung erhalten. Grundvoraussetzung ist, dass die Beteiligten sich schon längere Zeit kennen und gut miteinander harmonieren. Überlegen Sie sich die Sache reiflich, bevor Sie sie angehen!

Der Betreuer verlässt die Uni

Natürlich wünschen sich die meisten Doktoranden, dass sie von Anfang bis Ende der Arbeit mit demselben Betreuer zusammenarbeiten. Deshalb kann es wichtig sein, vor Inangriffnahme eines Themas in Erfahrung zu bringen, ob Ihr potenzieller Betreuer möglicherweise die Einrichtung verlässt. Es gibt einige Anhaltspunkte, die darauf hindeuten, ob ein Dozent in naher Zukunft wahrscheinlich geht, oder ob er bleibt. Wenn ein Dozent einen Ruf auf eine Professur erhalten und angenommen hat, wird dies offiziell bekannt gegeben – dann kann man ganz sicher sein, dass er geht. Solche Leute werden aber kaum noch Doktorarbeiten anbieten.

Bei jungen Privatdozenten oder C3-Professoren muss man damit rechnen, dass sie jede Chance, die sich Ihnen bietet, nutzen, um C4-Professor zu werden. Bei Klinikdirektoren und Institutsleitern darf man am ehesten annehmen, dass sie bleiben. Auch bei Dozenten, die noch nicht lange in einer Institution arbeiten, ist kaum anzunehmen, dass sie nach kurzer Zeit die Stelle erneut wechseln. Man kann jedoch niemals ganz sicher sein, ob der Betreuer und der Doktorvater die Arbeit von Anfang bis Ende begleiten werden.

Wenn Sie befürchten, dass Ihr Betreuer eventuell gehen könnte, sollten Sie ihn darauf ansprechen. Sie werden zwar nicht immer eine ehrliche Auskunft erhalten (kaum einer wird ihnen ausführlich von seinen Bewerbungsbemühungen erzählen, wenn er noch keine feste Zusage hat). Sie können seiner Antwort aber vielleicht doch entnehmen, ob er einen Stellenwechsel ins Auge fasst, oder ob er diesbezüglich keine Ambitionen hegt. Fragen Sie ggf. nach, ob und wie die weitere Betreuung im Falle eines Falles erfolgen wird.

Nun vollziehen sich Stellenwechsel in den seltensten Fällen von heute auf morgen. Wenn sich für Ihren Betreuer eine berufliche Chance ergibt, wird er Sie hoffentlich so früh wie möglich informieren – alles andere wäre unfair. Wenn Sie einen wesentlichen Teil Ihrer Arbeit bereits abgeschlossen haben und Ihr Betreuer ernsthaft daran interessiert ist, ist es nicht ganz so tragisch, wenn er zu einer anderen Einrichtung geht. Die Qualität einer Betreuung ist nicht unbedingt von der Entfernung abhängig! Schließlich gibt es moderne Kommunikationsmedien wie Telefon, Handy, Fax und E-Mail. Sie müssen allerdings einkalkulieren, dass Sie – ehe Sie die Arbeit fertigstellen können – einige Male zu Ihrem Betreuer reisen müssen (Sie dürfen nicht erwarten, dass er zu Ihnen kommt).

Eine andere Möglichkeit besteht darin, dass sich Ihr Betreuer um einen „Ersatz“ bemüht, der in Ihrer Klinik oder Ihrer Uni arbeitet. Dies ist insbesondere dann vorteilhaft, wenn Sie mit Ihrer Arbeit noch am Anfang stehen. Mit ein wenig gutem Willen auf beiden Seiten sollte es möglich sein, sich auf die neue Situation einzustellen und die Arbeit erfolgreich zu Ende zu bringen.

Weniger problematisch ist es, wenn „nur“ der offizielle Doktorvater geht (falls er nicht identisch mit dem Betreuer ist). Für den Doktoranden ändert sich dadurch nicht allzu viel. Der Doktorvater behält weiterhin das Recht zur Erstbegutachtung.

Der äußerste Extremfall tritt ein, wenn ein Doktorand plötzlich ganz ohne Betreuer dasteht (beispielsweise nach dessen plötzlichem Tod). Dann müssen Sie einen anderen Dozenten finden, der Ihre (halb-fertige) Arbeit weiterbetreut. Sie können sich auch an das Dekanat oder ein Mitglied der Promotionskonferenz wenden und um Hilfe bitten.

8.3 Die Zeit läuft davon

Ursachen

Anfangs ergeben sich häufig Probleme mit der zeitlichen Planung. Sie entstehen beispielsweise, wenn der Betreuer verlangt, dass Sie zu bestimmten Zeiten im Labor erscheinen, und Sie gleichzeitig eine Vorlesung besuchen wollen. Das lässt sich aber leicht in den Griff kriegen. Wenn Sie in einer solchen Situation sind, schildern Sie Ihrem Betreuer das Dilemma und versuchen Sie, eine ehrliche und verlässliche Absprache zu treffen. Für die Zukunft sollten Sie besser planen, um derartige Probleme zu vermeiden.

Ein wesentlich gravierenderes Problem ist gegeben, wenn Sie nach einigen Monaten feststellen, dass Ihnen die Zeit unter den Händen zerrinnt. Dann ist zu befürchten, dass die ganze Sache aus dem Ruder läuft, wenn man nicht gegensteuert. Am Anfang der Doktorarbeit stehen meist Datenerhebungen, Untersuchungen oder Experimente auf dem Plan. Zum Teil handelt es sich dabei um Routinearbeiten, die ein gewisses Maß an Fleiß erfordern, aber keine allzu großen intellektuellen Leistungen abverlangen. Diese Arbeiten werden in der Regel relativ zügig erledigt.

Dann folgt der schwierigere Teil: die Datenauswertung und die Schreibarbeit verbunden mit einem umfangreichen Literaturstudium. „Mit der Doktorarbeit bin ich fast fertig. Ich muss nur noch schreiben" hört man dann oft – so als ob dies in kürzester Zeit ohne großen Aufwand zu erledigen wäre.

Die Datenanalyse und das Schreiben fällt aber vielen Studenten enorm schwer, nicht zuletzt deshalb, weil dies während des Studiums kaum von ihnen verlangt worden ist. Deshalb sind sie sehr einfallsreich, wenn es darum geht, Ausreden für ihre geringe Motivation zu finden. Während des Semesters sind sie mit Vorlesungen und Praktika voll beschäftigt. Sie nehmen sich vor, die Semesterferien zu nutzen. Dann sucht und findet man neue Ausflüchte: Die Freundin ist beleidigt, wenn man nicht einen längeren Urlaub mit ihr verbringt; danach müssen die Videofilme vorgeführt werden, damit Freunde und Verwandte sehen, wie schön der Urlaub war; die Oma erwartet, dass man sie zu ihrem Geburtstag besucht; man muss jobben, um sein Studium zu finanzieren; die Wohnung könnte mal wieder neu tapeziert werden; endlich hat man Zeit, sich um die Familie und Freunde zu kümmern, was man doch so lange vernachlässigt hat. Alles, was vom Schreiben abhält, ist willkommen. So gehen die Semesterferien vorbei, und am Ende ist man mit der Dissertation genau so weit wie zu Beginn.

Kandidaten, die bereits im Praktischen Jahr oder als approbierter Arzt arbeiten, brauchen sich weniger um Ausreden zu bemühen. Der Tagesablauf an einer Klinik, zu dem noch Wochenend- oder Nachtdienste kommen, ist so vollgepackt, dass man in der karg bemessenen Freizeit kaum noch dazu kommt, sich um die Doktorarbeit zu kümmern.

Monate und Jahre ziehen ins Land – es entsteht ein Teufelskreis. Einerseits plagt einem permanent das schlechte Gewissen, weil man sich gar nicht ernsthaft bemüht, weiterzukommen. Andererseits wird das Neu-Anfangen immer schwieriger und der Horror davor immer größer – also drückt man sich weiterhin vor der Arbeit.

Folgen

Die Folgen, die sich daraus ergeben, sind weitreichender, als man zunächst vermuten würde.

- Je länger man die Arbeit liegen gelassen hat, umso schwieriger wird der Wiedereinstieg. Es dauert dann oft mehrere Tage, bis man sich in die Materie von neuem eingearbeitet hat und die Gedanken, die man sich vor langer Zeit gemacht hatte, wieder nachvollziehen kann.
- Je mehr Zeit vergeht, desto umfangreicher wird die Literatur. Dies bedeutet wiederum zusätzliche Arbeit, denn gerade die neueste Literatur muss in jedem Fall berücksichtigt werden.
- Die Untersuchungsergebnisse sind längst nicht mehr so aktuell, wenn die Doktorarbeit erst Jahre nach deren Erhebung fertig erstellt wird. Die Veröffentlichung in einer wissenschaftlichen Zeitschrift wird schwieriger.
- Je länger die Arbeit dauert, umso geringer ist die Wahrscheinlichkeit, dass man noch vor Beginn des Praktischen Jahres damit fertig wird.
- Wenn man später als Arzt in einer anderen Stadt tätig ist und die Doktorarbeit noch immer anhängen hat, gestaltet sich der Informationsaustausch mit dem Betreuer schwieriger.
- Es macht bei Bewerbungen keinen guten Eindruck, wenn man übermäßig lange mit der Dissertation beschäftigt war. Schnell kommt dann der Verdacht auf, dass der Kandidat nicht effizient arbeiten kann.
- Die Promotionsordnungen einiger Universitäten sehen vor, einen Kandidaten von der mündlichen Doktorprüfung zu befreien, wenn seit dem Abschluss der letzten ärztlichen Prüfung nicht mehr als zwei Jahre vergangen sind. In diesen Genuss kommt man natürlich nur, wenn sich die Arbeit nicht endlos in die Länge zieht.
- Und das Allerschlimmste: Man verliert die Selbstachtung!

Gegenmaßnahmen

Sie müssen diesen Teufelskreis durchbrechen oder – noch besser – dafür sorgen, dass es erst gar nicht so weit kommt. Ein Student sollte folgende Ratschläge beherzigen:

- Bemühen Sie sich, die Dissertation so weit wie möglich während Ihres Studiums abschließen. Das heißt, Sie sollten früh damit beginnen und die Semesterferien zum Schreiben nutzen. Seien Sie froh um die vorlesungsfreie Zeit – als PJ-ler oder Arzt kommen Sie nicht mehr in diesen Genuss.
- Setzen Sie Prioritäten! In den Semesterferien sollte Ihre Dissertation an erster Stelle stehen. Viele Studenten müssen zwar in dieser Zeit jobben; außerdem muss Zeit für Examensvorbereitungen eingeplant werden. Bei anderen Dingen (z. B. Urlaubsreisen oder Hobbies) sollten Sie sich aber fragen, ob Sie Abstriche machen können.
- Seien Sie realistisch! Es hat keinen Sinn, sich für die Semesterferien viel vorzunehmen, wenn Sie vorab wissen, dass Sie vier Wochen jobben und drei Wochen verreisen. Viele Doktoranden nehmen ein Notebook und diverse Papers mit in den Urlaub, und haben die besten Vorsätze, jeden Tag einige Stunden zu arbeiten. Fragen Sie sich selbstkritisch, ob Sie die dazu notwendige Disziplin aufbringen, oder ob Sie voraussichtlich während des gesamten Urlaubs faul am Strand liegen und das Notebook ungenutzt und die Papers ungelesen zurück transportieren.
- Trainieren Sie sich gutes Zeitmanagement an! Planen Sie deshalb genau, zu welchen Tageszeiten Sie arbeiten! Halten Sie sich streng an diese Vorgaben (auch wenn draußen die Sonne scheint und Sie lieber ins Schwimmbad gingen). Dann können Sie unbeschwert Ihre Freizeit genießen. Ansonsten vertrödelt man leicht den ganzen Tag, und hat abends keine Lust mehr, sich an den Schreibtisch zu setzen (und ständig plagt einen das schlechte Gewissen).
- Ihre Familie und Ihr Freundeskreis müssen auf Ihre Belange Rücksicht nehmen. Es ist enorm wichtig, dass man in dieser Zeit einen Partner hat, der einen unterstützt und nicht unentwegt Ansprüche stellt. Sie selbst müssen hin und wieder „nein“ sagen – etwa wenn Sie von Freunden eingeladen werden zu einer Zeit, die Sie für Ihre Dissertation eingeplant haben.
- Es ist erfahrungsgemäß nicht sinnvoll, sich Ziele zu setzen wie etwa: „Bis Ende Juli muss das zweite Kapitel fertig sein“. Labile Typen werden dann den halben Juli verstreichen lassen, ohne einen Finger zu krümmen und dann – wenn sie merken, dass sie nicht fertig werden – schamlos die Frist bis Mitte August verlängern. So entsteht eine Schraube ohne Ende. Es ist besser, wenn Sie täglich an von Ihnen festgelegten Zeiten arbeiten (siehe oben). Nach kurzer Zeit werden Sie merken, dass Ihre Arbeit langsam Gestalt annimmt; damit wächst auch die Motivation, weiter zu schreiben.

Es ist darüber hinaus empfehlenswert, wenn Sie sich mit Ihrem Betreuer regelmäßig treffen, um mit ihm über den Fortgang der Arbeit zu sprechen. Diese Gespräche haben eine Kontrollfunktion: Es besteht weniger die Gefahr, dass der Doktorand die Dinge schleifen lässt.

Wenn Sie es nicht schaffen, die Arbeit während des klinischen Studienabschnitts zu beenden, sollten Sie erwägen, ein Freisemester vor dem PJ einzuschieben. Dies ist aber nur dann sinnvoll, wenn Sie sich in dieser Zeit uneingeschränkt auf Ihre Doktorarbeit konzentrieren können.

Welche Maßnahmen kann man ergreifen, wenn man bereits im PJ steht oder berufstätig ist? Hier ist guter Rat teuer. Nach einem stressigen Tag und nach etlichen Überstunden in einer Klinik oder Praxis ist man so ausgepowert, dass man abends oder nachts keine Energie mehr hat, für die Dissertation kreativ tätig zu sein. Wenn Sie sich in einer solchen Situation befinden, müssen Sie eine harte Durststrecke zurücklegen – sonst ist es kaum zu schaffen. Also:

- Versuchen Sie, so oft wie möglich ein paar freie Stündchen für die Doktorarbeit abzuknapsen. Wochenenden und Urlaubstage sollten frei von sonstigen Verpflichtungen sein.
- Am besten ist es, wenn Sie einen mehrwöchigen Urlaub einplanen, in dem Sie sich ausschließlich Ihrer Doktorarbeit widmen.
- Ihre Familie und Ihre Freunde müssen Ihnen in dieser schwierigen Zeit den Rücken frei halten.
- Halsen Sie sich keine zusätzliche Arbeit auf, die nicht unbedingt notwendig ist. Laden Sie alles auf andere ab, was Sie nicht unbedingt selbst erledigen müssen (im beruflichen und im privaten Umfeld).
- Halten Sie Kontakt mit Ihrem Betreuer! Am besten ist es, wenn Sie sich an festgelegten Tagen treffen, etwa jeden ersten Montag im Monat. Damit setzen Sie sich selbst ein wenig unter Druck – denn Sie müssen ja etwas vorzuweisen haben.
- Wenn Sie am Ende des Praktischen Jahres mit dem Schreiben noch nicht fertig sind, sollten Sie zuerst die Arbeit abschließen, ehe Sie sich auf eine Stelle bewerben.

Sie werden allmählich sehen, dass es – wenn Sie konsequent sind – ganz langsam, aber stetig vorangeht. Das sollte ein Ansporn zum Weitermachen sein. Schließlich brauchen Sie in dieser Situation einen Betreuer, der die notwendige Geduld aufbringt, und der Verständnis für Ihre Situation hat. Wenn Sie Ihre Arbeit unter diesen Bedingungen abgeschlossen haben, können Sie zu Recht sehr stolz auf sich sein!

Als Lektüre zum Thema „Zeitmanagement" sei der Klassiker von Lothar Seiwert [15] empfohlen.

9 Ende gut – alles gut

9.1 Der Ablauf des Promotionsverfahrens

Die offizielle Abgabe der Dissertation

Diesem Abschnitt liegt das Verfahren an der Fakultät für Klinische Medizin Mannheim der Universität Heidelberg zugrunde. Die Einzelheiten können an Ihrer Universität ein wenig differieren – genau ist dies in der Promotionsordnung geregelt –, aber die wesentlichen Grundzüge sind die gleichen.

Irgendwann haben Sie Ihre Dissertation fertig geschrieben und übergeben sie Ihrem Betreuer. Danach werden Sie Ihr Oeuvre noch ein oder mehrere Male überarbeiten müssen – bis Ihr Betreuer endlich zufrieden ist und meint: „Jetzt können Sie offiziell abgeben".

Die innovative Phase Ihrer Promotion wäre damit beendet. Jetzt beginnt der formale Teil. Sie müssen offiziell ein Gesuch an den Dekan richten, um zur Promotion zugelassen zu werden. Dazu sind im Dekanat diverse Unterlagen abzugeben. Im Allgemeinen handelt es sich um:

- Zwei (oder je nach Universität ein paar mehr) **gebundene Exemplare** Ihrer Dissertation.
- Das **Gutachten** Ihres Doktorvaters und eine gewisse Anzahl von Kopien.
- Den **Antrag auf Zulassung** zur Promotion (ein Formblatt ist üblicherweise im Promotionsbüro erhältlich). Nicht an jeder Uni ist die Eröffnung des Promotionsverfahrens vor dem zweiten Abschnitt der Ärztlichen Prüfung möglich.
- Eine **eidesstattliche Erklärung** darüber, dass Sie die Arbeit selbstständig durchgeführt und keine anderen als die angegebenen Hilfsmittel verwendet haben (auch dafür gibt es ein Formblatt im Promotionsbüro).
- Eine **Kurzfassung Ihrer Dissertation** mit einer bestimmten Anzahl von Kopien. Diesbezüglich gibt es Vorschriften, die in Ihren Promotionsrichtlinien nachzulesen sind (oft zusammen mit einem Muster). Üblicherweise umfasst die Kurzfassung nicht mehr als eine bis maximal zwei Seiten. Sie darf keine Abbildungen, Tabellen oder Literaturverweise enthalten. Orientieren Sie sich beim Schreiben an der Zusammenfassung Ihrer Arbeit.

Wenn alle Unterlagen im Dekanat eingegangen sind, befasst sich der **Promotionsausschuss** mit Ihrer Arbeit. Das Verfahren wird damit formal eröffnet. Der Ausschuss überprüft, ob alle Zulassungsvoraussetzungen (die in der Promotionsordnung aufgelistet sind) erfüllt sind und legt einen Zweitgutachter (**Koreferenten**) fest. Wenn das Zweitgutachten vorliegt, wird die Dissertation erneut verhandelt. Die vom Promotionsausschuss zur Annahme empfohlenen Dissertationen werden der **Promotionskonferenz** vorgelegt, die dann die endgültige Entscheidung trifft. Nach dem Abschluss dieses Verfahrens werden Sie schriftlich informiert und aufgefordert, zusätzliche Unterlagen nachzureichen (etwa weitere Exemplare Ihrer Dissertation, ein polizeiliches Führungszeugnis, einen Einzahlungsbeleg für Promotionsgebühren oder eine beglaubigte Kopie des Zeugnisses über den letzten Abschnitt der Ärztlichen Prüfung u. a.). In vielen Universitäten ist es mittlerweile üblich, die Doktorarbeit im Internet zu veröffentlichen; dazu müssen Sie in der Regel eine Diskette beilegen, die eine Word-Datei mit der Kurzfassung enthält.

Der Promotionsausschuss tagt üblicherweise drei- bis viermal im Semester. Das Verfahren dauert also insgesamt mehrere Wochen oder Monate. Sie können dies zwar kaum beeinflussen, aber das in Ihrer Macht Stehende sollten Sie tun:

- Erkundigen Sie sich rechtzeitig nach den Abgabeterminen für die Sitzungen des Promotionsausschusses.
- Achten Sie penibel darauf, dass Sie **alle** erforderlichen Unterlagen (und die Anzahl der verlangten Kopien) schnellstmöglich und vollständig einreichen! Jede Universität hat diesbezüglich ihre eigenen Vorgaben. Erkundigen Sie sich, was in Ihrem speziellen Fall verlangt wird. Üblicherweise gibt es eine Kurzinformation in schriftlicher Form, die über das Internet oder im Promotionsbüro erhältlich ist. Bei Unklarheiten sollten Sie dort nachfragen!
- Das erste Gutachten wird von Ihrem Betreuer geschrieben. Notfalls müssen Sie ihn höflich daran erinnern.
- Der Koreferent hat für sein Gutachten in der Regel vier Wochen Zeit; danach wird er vom Promotionsausschuss gemahnt. Manche Zweitgutachter (die den Doktoranden oft gar nicht persönlich kennen) verzögern das Verfahren, weil sie die Arbeit wochen- oder monatelang liegen lassen. In der Regel weiß der Doktorand nicht, wer als Koreferent fungiert. Sie können jedoch bei Ihrem Doktorvater oder im Promotionsbüro nachfragen, wenn Sie den Eindruck gewinnen, dass sich der Zweitgutachter zu viel Zeit nimmt.
- Sie dürfen davon ausgehen, dass auch Ihr Doktorvater daran interessiert ist, dass Ihre Arbeit möglichst schnell und problemlos „über die Bühne“ geht. Er hat dann einen Doktoranden mehr, und Sie haben eine Sorge weniger!

Ausdruck und Vervielfältigung

Ehe Sie die Arbeit vervielfältigen, sollten Sie sie einer Endkorrektur unterziehen. Drucken Sie sie aus, lesen Sie sie aufmerksam durch und achten Sie insbesondere auf die in Abschnitt 7.4, S. 162 genannten Punkte! Verwenden Sie für den letzten Ausdruck qualitativ hochwertiges Papier (kein Recycling-Papier). Denken Sie daran: Ihre Doktorarbeit ist eine Veröffentlichung, die theoretisch jedem Mediziner und Medizinstudenten zugänglich ist (auch wenn nicht damit zu rechnen ist, dass sie von vielen gelesen wird). Jedes Mitglied der Promotionskonferenz kann sie einsehen und beurteilen (auch wenn dies eher die Ausnahme als die Regel ist). Sie sollte deshalb keine formalen Fehler enthalten, die bei der ersten Durchsicht sofort ins Auge springen!

Da Sie vorab niemals absolut sicher sein können, ob die Arbeit durch den Promotionsausschuss geht, sollten Sie vorerst nur so viele Exemplare vervielfältigen, wie zur Eröffnung des Promotionsverfahrens benötigt werden. Überschlagen Sie, nachdem das Verfahren abgeschlossen ist, wie viele Exemplare insgesamt erforderlich sind, und seien Sie bei Ihrer Kalkulation großzügig! Berücksichtigen Sie nicht nur die Belange der Fakultät, sondern auch die Ihrer Verwandten und Freunde. Am besten ist es, Sie vergleichen mehrere Copy-Shops bezüglich der Güte ihrer Kopiergeräte und der Preise (viele gewähren Mengenrabatte). Nehmen Sie zum Kopieren zur Sicherheit von jeder Seite eine doppelte Vorlage mit (es kann passieren, dass der Kopierer eine Seite zerfetzt).

Sie können die Exemplare Ihrer Arbeit in einem Copy-Shop binden lassen – dies ist die preisgünstigste und einfachste Möglichkeit. Sie finden dort in der Regel eine große Auswahl an Einbanddeckeln, auf die Sie das Titelblatt drucken können. Der Schreibwaren-Fachhandel bietet freilich eine größere Auswahl an Deckblattkartons. Eine andere Möglichkeit besteht darin, die Arbeit mit einer durchsichtigen Folie vor dem Titelblatt binden zu lassen. Falls Sie eine aufwendigere Bindung bevorzugen (beispielsweise mit Hartkarton oder Ledereinband), müssen Sie sich an eine Buchbinderei wenden. Sie sehen: Am Ende Ihrer Promotion fallen einige Kosten an. Aber Ihr Doktortitel sollte Ihnen dies wert sein!

Die mündliche Prüfung

Nicht jeder Doktorand hat eine mündliche Prüfung (auch **Rigorosum** oder **Disputation** genannt) zu absolvieren. Manche Unis verlangen diese Prüfung nur, wenn zwischen dem Staatsexamen und der Eröffnung des Promotionsverfahrens mehr als zwei (oder in manchen Fällen drei) Jahre liegen. Andere Unis führen grundsätzlich eine mündliche Prüfung durch. Die Anforderungen sind unterschiedlich. Manche Fakultäten erwarten nur eine Vorstellung der Arbeit und eine kurze Diskussion; üblich ist jedoch, dass in drei Fächern geprüft wird.

Auch hier gilt: Erkundigen Sie sich frühzeitig nach den örtlichen Gepflogenheiten, denn Sie müssen sich vorbereiten! Eine Wiederholungsprüfung ist nur einmal möglich. Bei nochmaligem Nichtbestehen wird das Verfahren beendet – ohne Titelvergabe!

Wenn in drei Fächern geprüft wird, ist das Fach, in dem Sie Ihre Dissertation geschrieben haben, das Hauptfach. Darin werden Sie etwas länger und intensiver als in den beiden anderen Fächern geprüft. Der Hauptfach-Prüfer ist üblicherweise Ihr Doktorvater (auch wenn er der Fakultät nicht oder nicht mehr angehören sollte).

Die beiden zusätzlichen Prüfungsfächer, die Prüfer und den Prüfungstermin legt offiziell der Dekan fest. Es ist jedoch üblich (und meist sogar erwünscht), dass Sie selbst diese Fächer und die Prüfer vorschlagen. Wenn nichts dagegen spricht, wird sich der Dekan nach Ihren Wünschen richten.

Setzen Sie sich möglichst früh mit Ihren Prüfern in Verbindung! Es geht in der Doktorprüfung anders als beim Staatsexamen (bei dem ein Fach in seiner ganzen Breite geprüft wird) darum, die wissenschaftliche Befähigung des Doktoranden herauszufinden. Es ist deshalb gängige Praxis, dass man sich auf ein kleines Teilgebiet eines Fachs einigt. Beispielsweise erwartet kein Physiologe, dass Sie über das gesamte Gebiet der Physiologie Bescheid wissen, sondern wird mit Ihnen einige Prüfungsthemen absprechen (zum Beispiel Herz- und Kreislaufphysiologie). Noch ein Tipp: Wenn einer Ihrer Prüfer Autor oder Herausgeber eines Lehr- oder Handbuches ist, sollten Sie dessen relevante Kapitel unbedingt durcharbeiten. Auch Papers, in denen er mitgewirkt hat, sollten Sie überfliegen. Es kann nicht schaden, während der Prüfung durch Hinweise auf diese Literaturstellen kund zu tun, dass man es für wert erachtete, sie zu lesen. Ungeheuer peinlich wäre es andererseits, wenn Sie darauf angesprochen werden würden („Haben Sie mein Buch etwa nicht gelesen?") und gestehen müssten, dass Sie dieses gar nicht kennen.

Zur Zeit der mündlichen Prüfung steht die Note Ihrer Dissertation bereits fest, und der Prüfungsausschuss wird sich daran orientieren. Eine gute Benotung Ihrer Arbeit stellt jedoch keine Gewähr dar, dass die Prüfung ebenso gut verläuft. Nehmen Sie diesen letzten Teil Ihrer Promotion nicht auf die leichte Schulter! Schon manchem Doktoranden ist es passiert, dass er die Prüfung vermasselt hat, weil er annahm, mit der Dissertation sei bereits alles gelaufen. Gerade dann, wenn Ihre Arbeit sehr gut bewertet worden ist, sollten Sie sich in der mündlichen Prüfung dieser Auszeichnung als würdig erweisen!

Die Bewertung

Den ersten Vorschlag bezüglich der Bewertung Ihrer Dissertation macht Ihr Betreuer. Er erstellt das Erstgutachten und unterbreitet es Ihrem Doktorvater (wenn er nicht Betreuer und Doktorvater in einer Person ist). Dieser überfliegt dann Teile Ihrer Arbeit (vielleicht liest er sie sogar ganz), bespricht sich mit dem Betreuer und richtet sich normalerweise – wenn er keine Einwände hat – nach dessen Empfehlungen.

In der ersten Sitzung des Promotionsausschusses, in der über Ihre Doktorarbeit verhandelt wird, wird der Koreferent bestellt (der vom Doktorvater vorgeschlagen werden kann). Theoretisch gibt es nun drei Möglichkeiten:

- Der Zweitgutachter schließt sich in seiner Bewertung dem Erstgutachter an. Für den Doktoranden ist dies sehr günstig – er kann dann damit rechnen, dass seine Arbeit den Promotionsausschuss bei nächster Gelegenheit passiert.
- Der Zweitgutachter spricht sich zwar für die Annahme der Dissertation aus; er bewertet sie aber anders als der Doktorvater. Der Promotionsausschuss wird in diesem Fall anregen, dass sich die beiden Gutachter auf eine gemeinsame Note einigen. Ansonsten wird ein Dritt-Gutachter bestellt (was natürlich wieder einige Wochen oder gar Monate an Verzögerung bewirkt).
- Der Zweitgutachter akzeptiert die Arbeit nur unter bestimmten Bedingungen. Der Doktorand muss dann seine Dissertation überarbeiten und dem Ausschuss erneut vorlegen.

Manchmal werden bei der Erstellung der Gutachten Animositäten unter den Professoren auf dem Rücken der Doktoranden ausgetragen. Das könnte zur Folge haben, dass sich der Abschluss Ihres Verfahrens verzögert. Es ist günstig, wenn Ihr Doktorvater einen guten Ruf in der Fakultät genießt. Im Idealfall schlägt er den Zweitgutachter vor und einigt sich mit ihm auf eine Benotung.

Wenn die Arbeit den Promotionsausschuss passiert hat, ist die größte Hürde genommen. Sie wird dann zusammen mit den Gutachten eine bestimmte Zeit (etwa zwei Wochen) im Dekanat zur Einsicht ausgelegt. Jedes Mitglied der Fakultät kann die Arbeit einsehen und Einspruch erheben. Etwaige Auflagen werden dem Doktorvater mitgeteilt. Praktisch geschieht dies aber nur selten. Das letzte Wort bezüglich Annahme und Bewertung der Dissertation hat die Promotionskonferenz. Damit steht dann die Bewertung – wenn keine mündliche Prüfung absolviert wird – endgültig fest.

Im Falle einer mündlichen Prüfung gibt es keine einheitlichen Regelungen, wie die Gesamtnote berechnet wird. Bei manchen Unis genügt es, wenn man die mündliche Prüfung bestanden hat (das heißt, die Note wird ausschließlich durch die Dissertation bestimmt). Bei anderen Unis ist es üblich, dass jedes Prüfungsfach einzeln bewertet wird. Der Dekan legt die Gesamtnote fest, indem er das arithmetische Mittel aus den Noten der Dissertation und den mündlichen Prüfungen ermittelt (wobei die Dissertation dreifach oder doppelt gewichtet wird).

Besondere Bestimmungen gibt es bei der Höchstnote „summa cum laude“. Diese Note darf nur unter bestimmten Bedingungen vergeben werden. Meist wird das Votum von einem oder zwei zusätzlichen Gutachtern, die nicht der Fakultät angehören, eingeholt. Genaue Details finden Sie in Ihrer Promotionsordnung.

Wenn alle Formalitäten beendet sind, wird die Promotionsurkunde in Druck gegeben. Sie erhalten dann die Urkunde (oder eine Kopie) und sind damit berechtigt, den Doktortitel zu führen. In vielen Unis wird die Originalurkunde in einer Feierstunde verliehen, die am Ende des Semesters in einem stimmungsvollen Rahmen zelebriert wird. Es steht Ihnen selbstverständlich frei, daran teilzunehmen. Wenn Sie nicht persönlich erscheinen, wird Ihnen die Urkunde mit der Post zugeschickt.

Den Doktortitel kann Ihnen niemand mehr wegnehmen. Nur in äußersten Extremfällen – wenn sich nachträglich herausstellen sollte, dass der Doktorand bei seinen Promotionsleistungen schwer getäuscht hat, oder dass der Inhaber unwürdig zur Führung des Doktorgrades ist – kann der Doktortitel entzogen werden.

9.2 Die Veröffentlichung der Dissertation

Sie werden – nachdem Sie Ihre Doktorurkunde erhalten haben – wahrscheinlich abschalten und mit dem Thema Ihrer Arbeit vorerst nichts zu tun haben wollen. Wenn es Ihnen ausschließlich um Ihren Doktortitel gegangen ist, haben Sie Ihr Ziel erreicht und können sich auf neue Herausforderungen konzentrieren. Wenn Sie jedoch vorhaben, sich in ihrem weiteren Berufsleben wissenschaftlich zu betätigen, sollte Ihnen daran gelegen sein, dass Ihre Arbeit veröffentlicht wird. Bei sehr guten Arbeiten (mit magna oder summa cum laude) wird von den meisten Unis die Publikation ohnedies vorausgesetzt. Die Doktorarbeit selbst ist zwar auch eine Veröffentlichung – aber Papers können durch Literaturrecherchen leicht ausfindig gemacht werden und werden demzufolge viel häufiger als Doktorarbeiten gelesen. Außerdem ist ein Paper in einer englisch-sprachigen Zeitschrift einem internationalen Publikum zugänglich.

Ihr Betreuer, der beim Schreiben eines Papers über eine weit größere Erfahrung verfügt als Sie, wird Ihnen gerne behilflich sein (schließlich nutzt eine Veröffentlichung auch ihm). Er wird Sie beim Schreiben unterstützen und auch eine Zeitschrift vorschlagen. Hilfreich bei deren Wahl kann der Impact Factor sein (s. Abschn. 6.3, S. 127).

Nun hat ein Paper in der Regel mehrere Autoren: Der Erstautor ist derjenige, der die meiste Arbeit geleistet und das Paper geschrieben hat. Danach folgen weitere Coautoren, die mehr oder weniger viel beigetragen haben. Der letzte Autor auf der Liste ist der Seniorautor, also der Institutsdirektor oder Klinikchef. Diese Autoren-Reihenfolge ist eine stillschweigende Übereinkunft, die jeder kennt, der Papers schreibt.

Der Publizitätsgewinn des Erstautors ist am größten. Sie müssen sich mit Ihrem Betreuer einigen, wer diese Position einnimmt. Wenn Sie das Paper selbst geschrieben haben, sollten Sie das nötige Selbstbewusstsein haben und darauf achten, dass Sie als Erstautor auftreten. Andererseits haben viele Doktoranden (insbesondere wenn sie zum ersten Mal an einem Paper beteiligt sind) enorme Schwierigkeiten beim Verfassen des Textes in englischer Sprache und sind froh, wenn ihnen der Betreuer diese Arbeit abnimmt. In diesem Fall müssen Sie sich mit der Rolle des Zweitautors zufrieden geben. Vielleicht besteht auch die Möglichkeit, Teile Ihrer Arbeit auf einem **Kongress** im Rahmen eines Vortrags oder Posters vorzustellen. Die Vorträge (und Abstracts bei Postern) werden in einem Sonderband herausgegeben, sodass Sie damit auch noch zu einer Veröffentlichung kommen (wenngleich diese Beiträge schwieriger zu finden sind und seltener gelesen werden als Papers).

Wenn Sie eine sehr gute Arbeit (mindestens „magna cum laude“) geschrieben haben und Ihr Doktorvater von Ihren Fähigkeiten überzeugt ist, wird er vielleicht vorschlagen, sie irgendwo zur Prämierung einzureichen. Preise für herausragende Doktorarbeiten (die auch finanziell sehr lukrativ sein können) werden beispielsweise von Pharmafirmen vergeben. Adressen und weitere Informationen findet man in Fachzeitschriften oder in dem jährlich neu erscheinenden Buch „Preise, Wettbewerbe, Stipendien in der Medizin“ vom Medikon-Verlag in München. Ein Preis ist natürlich bei Bewerbungen und für die weitere Karriere von beachtlichem Vorteil. Selbstverständlich können Sie auch Ihren Doktorvater ansprechen, wenn Sie glauben, eine wirklich herausragende Arbeit erstellt zu haben.

Ob mit oder ohne Veröffentlichung, prämiert oder nicht: Wenn Sie alles überstanden haben, schweben Sie wahrscheinlich einige Tage lang auf Wolken. Das sei Ihnen gegönnt! Dieser euphorische Zustand hält aber leider nicht sehr lange an. Sie mögen es glauben oder nicht: Die Welt bleibt nicht stehen, und das Leben geht weiter – mit Höhen und Tiefen. In kürzester Zeit holt Sie der Alltag wieder ein. Dennoch ist dieser Alltag ein klein wenig anders als vorher: Sie haben einen Dr. vor dem Namen – und der wird Ihnen ewig anhängen.

Nützliche Hinweise bezüglich des Schreibens und Publizierens eines Papers finden Sie in [4] und [10]. Den Kandidaten, die sich mit dem Gedanken tragen, eine akademische Karriere anzustreben, sei das Werk „Forschen auf Deutsch“ [2] ans Herz gelegt – eine zugleich amüsante und nachdenklich stimmende Lektüre.

10 Beispiele von Doktorarbeiten

10 Beispiele von Doktorarbeiten

In diesem letzten Kapitel werden Doktorarbeiten aus diversen Fächern vorgestellt, die am Universitätsklinikum Mannheim, an der Universität Heidelberg oder einer anderen Universität erstellt wurden. Die Texte wurden von den Doktoranden selbst verfasst. Die Auswahl der hier vorgestellten Arbeiten ist zwar nicht unbedingt repräsentativ – schließlich waren alle Doktoranden mit ihrer Betreuung im Großen und Ganzen sehr zufrieden. Dennoch werden die Vor- und Nachteile sowie Problematiken und Schwierigkeiten der einzelnen Arbeitstypen deutlich. Die Ausführungen zeigen vor allem, wie wichtig eine gute Betreuung ist.

Klinisch-retrospektive Arbeit in der Dermatologie (Sabine Reuss, Mannheim)

Die Überlegung, mich nach einer retrospektiven Doktorarbeit umzusehen, hatte anfangs ganz praktische Gründe – ich werde schneller fertig, kann einen großen Teil der Arbeit zu Hause erledigen (bei meiner kleinen Tochter) und erhalte so hoffentlich auf unkompliziertem, schnellen Weg meine Dissertation. Erfreulich bei meiner Arbeit war, dass alle diese Gründe zutrafen und ich zudem auch tatsächlich Spaß an der Arbeit hatte.

Auf der Suche nach einer Doktorarbeit in Form einer retrospektiven Studie stieß ich nach Telefonaten mit fast allen Kliniken auf die Dermatologie. Dort bekam ich sofort ein zu bearbeitendes Thema – es ging um Patienten mit der Pigmentstörung „Vitiligo", die sich einer besonderen Therapieform, der PAUVA-Therapie (Phenylalanineinnahme mit anschließender UVA-Bestrahlung) unterzogen hatten. Ich sollte anhand der Patientenakten überprüfen, welche Erfolgs- bzw. Misserfolgsquoten nach einer PAUVA-Therapie entstanden. Dabei sollte auch die Bedeutung verschiedener Einflussfaktoren (Alter, Geschlecht, Nebenwirkungen, UVA-Dosis, weitere Erkrankungen, Stadium etc.) auf das Therapieergebnis untersucht werden. Die Erhebung der Daten im Archiv konnte in wenigen Wochen abgeschlossen werden. Die anschließende tabellarische Aufstellung und Überprüfung der Signifikanz anhand eines Statistikprogrammes stellte für mich anfangs die größte Schwierigkeit dar. Doch anhand der großartigen Hilfe von Frau Dr. Weiß und meiner Doktormutter war auch diese Hürde zu bewältigen. Das anschließende Schreiben, das vor Beginn als unmöglich erschien – da ich bisher eine solche Form schriftlicher Arbeit noch nie gemacht habe – ging dann auch gut voran. Wenn der Anfang erst einmal gemacht ist, ist die Hemmschwelle überwunden.

Sehr geschätzt habe ich, dass ich sofort ein Thema erhalten habe und damit die Arbeit direkt beginnen konnte. Dieses ist sicherlich der Vorteil einer retrospektiven Studie, da ja schon alle Daten vorhanden sind. Natürlich bestand bis nach der Auswertung die ganze Zeit die Gefahr, dass mit den gesammelten Daten keine sinnvolle Statistik durchzuführen ist und damit das Thema neu definiert werden muss. Wenn die Daten für die Statistik aber gut zu verwerten sind bzw. ein gutes, sinnvolles Ergebnis bringen, ist es sofort möglich, mit dem Schreiben zu beginnen. Dabei ist neben dem kontinuierlichen Arbeiten ein ganz entscheidender Faktor der regelmäßige Kontakt zur Doktormutter bzw. -vater oder der betreuenden Person. Wenn hier ein regelmäßiger und rascher Austausch besteht, ist ein zügiger Abschluss der retrospektiven Dissertation möglich.

Eine retrospektive Doktorarbeit würde ich jedem empfehlen, der nicht gerne im Labor experimentiert und an einer statistischen Auswertung vorhandener Daten interessiert ist. Die Benotungen liegen dabei eher im unteren Bereich, was man vor Beginn wissen sollte. Bei aller Theorie und Statistik kann eine solche Dissertation aber sehr interessant sein. Und wenn dann noch so eine hervorragende Zusammenarbeit zwischen Statistikerin, Doktormutter/-vater und Doktorand besteht, ist diese Form der Arbeit sehr empfehlenswert.

Klinisch-retrospektive Arbeit in der Pädiatrie (Hannah Müller, Mannheim)

Da die Pädiatrie eine sehr beliebte Fachrichtung ist, sind viele Studierende der Medizin an einem pädiatrischen Dissertationsthema interessiert. So ist es nicht verwunderlich, dass immer wieder im Sekretariat der Universitätskinderklinik nach einem noch zu vergebenden Dissertationsthema gefragt wird. Dabei habe ich von einer der Sekretärinnen erfahren, dass sogar für mehrere Fragestellungen in der Neonatologie – ein Bereich der Pädiatrie, der mich ganz besonders interessiert – Doktoranden von dem zuständigen Oberarzt gesucht werden. Sehr positiv empfand ich, dass sich mein späterer Betreuer viel Zeit nahm, mir die einzelnen Fragestellungen zu erläutern, und auch durchaus kritische Punkte bei der Bearbeitung der einzelnen Themen offen ansprach. Auch bezüglich der Durchführungsdauer machte er sehr realistische Angaben.

Ich entschied mich für eine retrospektive Arbeit über die **Retinopathia praematurorum**, eine Erkrankung, die eine Komplikation bei der Betreuung von Frühgeborenen darstellt. Da dazu die Akten der Kinder aus dem Archiv benötigt wurden, stellte mich mein Betreuer bei der zuständigen Dame im Archiv vor und berichtete ihr von der anstehenden Doktorarbeit und dem Bedarf an Akten. So entwickelte sich zwischen dieser und mir eine sehr gute Zusammenarbeit, was die Arbeit bei der Durchsicht von über 400 Akten sehr erleichterte.

Zudem gab mir mein Betreuer Literatur zum Einlesen in die Thematik. Bei regelmäßigen Treffen zwischen meinem Betreuer und mir wurde der Fortgang der Arbeit sowie die Lösung der aufgetretenen Probleme besprochen. Auch sonst konnte ich mich immer bei ihm melden, da ich sowohl die private Telefonnummer als auch die Handynummer von ihm hatte. Für fachliche Fragen war dabei immer Zeit, sodass ich durch die Anfertigung der Doktorarbeit einen deutlichen Lernerfolg hatte. Zudem legte mein Betreuer darauf Wert, dass ich auf der Frühgeborenenstation famulierte – was meinem besonderen Interesse auf diesem Gebiet sehr entgegenkam – und so auch Einblick in die praktische Tätigkeit bekam. Bei der Beratung beim Institut für Medizinische Statistik, Biomathematik und Informationsverarbeitung war mein Betreuer zugegen, was sich sehr positiv auswirkte. Sowohl mein Doktorvater als auch mein Betreuer waren sehr an der Vorstellung der Ergebnisse auf Kongressen interessiert, wobei dem Doktoranden die Stelle des Erstautors ermöglicht wurde.

Für die Literaturrecherche standen mir in der Kinderklinik die zahlreichen abonnierten Zeitschriften, viele Fachbücher sowie ein Computer zur Literatursuche zur Verfügung. Ergänzt wurde dies durch die Möglichkeit der Fernleihe und die sonstigen Angebote der medizinisch-wissenschaftlichen Bibliothek des Universitätsklinikums.

Frage ich mich im Nachhinein, wo die Vorteile meiner retrospektiven Arbeit lagen und welche Probleme auftraten, so komme ich zu folgendem Schluss: Die Tatsache, dass dies eine retrospektive Untersuchung war, hatte den Nachteil, dass die Daten in einzelnen Fällen nicht die gewünschte Qualität aufwiesen oder einzelne Akten unvollständig beziehungsweise nicht auffindbar waren. Andererseits hatte ich nicht das Problem mancher prospektiven Studien, welche die statistisch notwendige Fallzahl nur schwer erreichen, da die Erkrankung selten ist oder da der Doktorand nicht regelmäßig informiert wird, wenn entsprechend erkrankte Patienten da sind. Ein weiterer Vorteil war, dass ich jederzeit ins Archiv kommen und an meiner Dissertation arbeiten konnte. Nicht zu übersehen ist die Tatsache, dass im Falle eines Stellenwechsels oder einer Erkrankung des Betreuers eine retrospektive Arbeit wesentlich leichter zu Ende gebracht werden kann als eine prospektive Arbeit, was einem gerade zu Beginn der Doktorarbeit eine etwas höhere Sicherheit gibt.

Klinisch-retrospektive Arbeit in der HNO (Marc Häffner, Mannheim)

In meiner Doktorarbeit beschäftige ich mich mit dem Thema **Schlafapnoesyndrom** (OSAS). Genauer gesagt, mit dem so genannten Apnoe/Hypopnoe-Index (AHI), der die Stärke des OSAS angibt. Hierbei untersuche ich, ob verschiedene Merkmale, Anomalien, Allergien oder Noxen (z.B. der BMI), Alkohol oder Rauchen, Behinderung der Nasenatmung etc. in einem Zusammenhang mit dem AHI stehen, um somit eine Aussage machen zu können, welche Patienten zu OSAS neigen und welche Therapien in Frage kommen. Um eine aussagefähige Statistik zu bekommen, musste eine große Zahl von Patienten mit ihren Anamnesedaten in eine hierfür speziell konzipierte Datenbank eingegeben werden. Bei meiner Arbeit waren dies etwa die Daten von 1.200 Patienten. Das Eingeben der Daten teile ich mir mit anderen Doktoranden, die aus dieser Datenbank ebenfalls ein Thema bearbeiten.

Da die HNO-Abteilung des Klinikums Mannheim eines der größten Schlaflabore Deutschlands betreibt, war es nicht schwer, eine so große Patientenanzahl zu bekommen. Dennoch war das Erstellen der Datenbank nicht problemlos. Die Überlegung, tagsüber (z. B. in der Mittagspause oder bei Leerlauf des Kursplans) Daten einzugeben, war schwierig durchzuführen, da während dieser Zeit die meisten der hierfür geeigneten Computer besetzt waren, sodass mir hauptsächlich die Zeit nachmittags oder abends blieb. Aber auch dann war es nicht immer einfach, jemanden zu finden, der Archiv- und Computerraum öffnete und hinterher auch wieder schloss. Doch nach mehreren Gesprächen mit meiner Betreuerin konnte auch hierfür eine Lösung gefunden werden.

Der Vorteil meiner Arbeit lag darin, dass ich keine Patienten einbestellen oder untersuchen musste, sondern nur deren Akten brauchte, die auch immer zur Verfügung standen. Auch die Literaturfrage war kein Problem, da ein so großes Institut über eine gute Bibliothek verfügt, und auch das Internet war ergiebig. Die Auswertung der Daten wurde mir Dank der Mitarbeiterinnen der Abteilung für Medizinische Statistik des Klinikums sehr erleichtert.

Es empfiehlt sich, frühzeitig nach einer Doktorarbeit zu suchen. Spätestens nach dem ersten Staatsexamen sollte man mit der Suche beginnen. Es ist nicht immer einfach, die passende Arbeit zu finden. Häufig muss man das Studium wegen der Doktorarbeit unterbrechen, oder es ist schwer, dem Lehrstoff zu folgen. Auch ich begann mehrere aufwendige Arbeiten, bis ich schließlich über einen Freund, der ebenfalls in der HNO-Klinik promovierte, zu einer Arbeit kam. Es ist wichtig, sich vor Beginn einer Arbeit über das Thema, den Zeitaufwand, die vorhandenen Materialien und deren Verfügbarkeit ausführlich zu informieren.

Wie gut ist die Betreuung? Hier helfen oft ehemalige Doktoranden oder Doktoranden, die gerade in diesem Institut promovieren, weiter. Man muss sich natürlich mit seinem Betreuer verstehen und das Thema sollte einem gefallen. Dann dürfte der Promotion nichts im Wege stehen.

Retrospektiv-prospektive Arbeit in der Pädiatrie (Eva-Maria Schütz, Mannheim)

Von Kommilitonen erfuhr ich ganz zufällig, dass an der Kinderklinik des Mannheimer Klinikums Neugeborene mit einer Zwerchfellhernie mit der ECMO-Therapie (extracorporale Membranoxygenierung) behandelt werden. Da die Pädiatrie im Allgemeinen und diese Therapie im Besonderen mich sehr interessieren, beschloss ich, mich nach der Möglichkeit einer Doktorarbeit auf diesem Gebiet zu erkundigen. Mir wurde empfohlen, den Oberarzt der Neonatologie direkt anzusprechen, da Oberärzte am ehesten über den neusten Stand der zu vergebenden Doktorarbeiten informiert sind. Er erklärte mir dann ausführlich das Problem bei Kindern mit angeborener Zwerchfellhernie und die Notwendigkeit eines pränatalen Prognoseparameters. Ich sollte hierfür das Lungenvolumen der Feten mittels MRT (Magnetresonanztomographie) bestimmen. Er stellte mir auch gleich den zuständigen Oberarzt der Radiologie vor und gab mir einige Artikel zu dem Thema. Nach meinem 1. Staatsexamen absolvierte ich eine Famulatur auf der neonatologischen Intensivstation, dadurch konnte ich auch bei der Erstversorgung der Kinder mit angeborener Zwerchfellhernie dabei sein und lernte die Schwestern, Ärzte und den Ablauf auf der Intensivstation besser kennen.

Für meine teils retrospektive, teils prospektive Arbeit erstellte ich mit Hilfe meines Betreuers einen Erhebungsbogen mit den wichtigsten Daten. Die retrospektiven Daten suchte ich mir aus dem Archiv heraus, was teilweise wegen unvollständig ausgefüllter Akten schwierig war. Für meinen prospektiven Teil wurde ich immer rechtzeitig über neue Patienten informiert und konnte so alle meinen Daten am Patienten erheben.

Da es sehr schwierig ist MRT-Bilder zu beurteilen, habe ich die Bilder vorbereitet und mein radiologischer Betreuer hat dann die eigentliche Ausmessung vorgenommen. Schwierig war allerdings, gemeinsame Termine zu finden, an denen wir beide Zeit hatten und der Computer frei war, der eigentlich den ganzen Tag über in Gebrauch war. Bei der Auswertung meiner Daten haben mir die Mitarbeiter vom Institut für Biomathematik sehr geholfen. Ich konnte auch zwischendurch kurz anrufen, wenn beim Interpretieren der Ergebnisse Dinge unklar waren. Ein Teil meiner Ergebnisse durfte ich dann auf einem Kongress vortragen. Leider war mein Betreuer verhindert, mich zu begleiten.

Für die Literatursuche per Internet machte ich vorher einen kurzen Einführungskurs in der Bibliothek und nach einigen Anfangsschwierigkeiten klappte es immer besser. Außerdem sind die Mitarbeiter der Bibliothek wirklich sehr nett und helfen einem beim noch so kleinen Problem. Im Moment bin ich am Schreiben meiner Arbeit. Meine Betreuer haben mir viele Tipps und Verweise auf andere Doktorarbeiten gegeben.

Im Nachhinein bin ich froh, an einer Dissertation zu arbeiten, bei der nicht so viele Faktoren unsicher sind. Je nach Situation (Prüfungen, Semesterferien ...) konnte ich meine Zeit für den Fortgang an meiner Arbeit selber einteilen. Meine Betreuer versuchen, sich trotz ihrem ausgefüllten klinischen Alltag für mich Zeit zu nehmen. Entscheidend ist sicherlich, einen Betreuer zu finden, der einem sympathisch ist und der hilft, wenn man nicht mehr weiter weiß. Zu bevorzugen ist ein Betreuer, der selbst an den Ergebnissen der Arbeit interessiert ist und Spaß daran hat, wissenschaftlich zu arbeiten.

Klinisch-prospektive Arbeit in der Radiologie (Christian Zechmann, Mannheim)

Was liegt für einen ausgebildeten medizinisch technischen Radiologieassistenten näher, als eine Promotion in der Radiologie zu beginnen? Diese Frage habe ich mir eigentlich gar nicht erst gestellt, denn ich wollte von Beginn an eine Arbeit, die mich einerseits in Kontakt mit den neuesten Technologien in der Radiologie hält und andererseits auch mit der späteren alltäglichen Arbeit als Radiologe vertraut macht.

Die Schwierigkeit am Fach Radiologie an sich ist natürlich der Umgang mit Strahlung, was mit Sicherheit die Arbeit mit freiwilligen Patienten erschwert. Deshalb bleibt oft nur die Alternative zwischen einer experimentellen Arbeit ohne Patienten oder einer klinischen Arbeit im Rahmen der allgemeinen Routine. Ich hatte aber das Glück, gleich zu Beginn meines klinischen Studiums einen versierten Radiologen kennen zu lernen, der auch eine Promotion auf dem Gebiet der nicht strahlenbelastenden Magnetresonanztomographie (MRT) sowie dem diagnostischen Ultraschall anbot. Da mich die Technik der MRT schon immer faszinierte und auch das angebotene Thema noch nicht so stark „beackert" war, entschloss ich mich nach dem 1. Staatsexamen, die Arbeit mit dem Thema „Diagnostischer Stellenwert der hochauflösenden Magnetresonanz-Tomographie bei unklaren Mamma-Befunden" anzunehmen.

Ein weiterer Grund, der mich auch zur Annahme des Themas bewog, war der, dass die Untersuchungsmethode bereits im Rahmen der Routine als Zusatzdiagnostik angeboten wurde. Das heißt, dass die MR-Tomographie der weiblichen Brust ein einigermaßen etabliertes

Verfahren in der weitergehenden Brustkrebs-Diagnostik ist. Die Arbeit war also einerseits klinisch ausgelegt, aber auch durch neuartige Nachbearbeitung und Auswertung in gewisser Hinsicht experimentell und da auch ein Vergleich mit einer älteren Untersuchungsmethode angestrebt wurde, retrospektiv vergleichend. Auf der anderen Seite ist auch das Patientenkollektiv gesichert, da Brustkrebs häufig und dieses Kollektiv bei der Untersuchung durch nicht zu harte Ausschlusskriterien ausgedünnt wurde (meistens gleich zu Beginn auf Grund von Klaustrophobie). Ich erinnere mich ungern an Kommilitonen, die monatelang auf Patienten mit „ihrer Krankheit" warteten.

Aber wie so oft im Leben ist nicht alles eitel Sonnenschein, und das sollte ich auch bald zu spüren bekommen. Denn bei klinischen Studien ist die Festlegung des Themas schwierig, da sich durch Fortschritte in der Wissenschaft neue Aspekte ergeben. So wurde auch die genaue Fragestellung durch neuere Studien präzisiert, und nach einem Kongressbesuch wurden die Auswertekriterien nochmals überarbeitet. Die Untersuchung am Magnetresonanztomograph durfte ich (natürlich unter Aufsicht wegen der notwendigen Kontrastmittelgabe) selbstständig durchführen. Meine übrige Arbeit bescherte mir die nähere Beschäftigung mit Statistikprogrammen wie EXCEL und SAS – doch, wie fasst man eine bildgestützte Arbeit in einer Statistik zusammen? Durch Kooperation meines Doktorvaters gab es bereits ein Auswerteprogramm, welches von der Universität Bremen entwickelt worden war. Das einzige Problem war, dass es bisher (und immer noch) nur auf einer Unix-Workstation zu installieren war, und sogar diesem Rechner bereitete die enorme Bilder- und damit Datenflut einiges „Kopfzerbrechen". Am Ende war ich bei ca. 800 Bildern pro Patient angelangt und etwa 70 GB an Daten, die es auszuwerten galt.

Dabei half auch das Literaturstudium wenig, da es auf diesem Gebiet nicht sehr viele Veröffentlichungen gab. Aber immerhin bekommt man einen kleinen Einblick, wie andere ihre Daten auswerten. Mit der Zeit bekommt man auch ein Gefühl, welche Studien Sinn machen und welche mehr oder weniger die wichtigen Details verschweigen oder verschleiern als sie zu erhellen. Grundsätzlich macht es also Sinn, sich schon während oder vor Beginn der Arbeit mit der Literaturrecherche vertraut zu machen. Dabei habe ich in erster Linie die elektronische Recherche bevorzugt, da sich durch die Speicherung der pdf-Dateien die Papierflut in Grenzen hielt. Je weiter und tiefer man jedoch einsteigt, desto mehr findet man natürlich auch Literatur, die noch nicht oder überhaupt nicht als elektronisch gespeichertes Medium verfügbar ist. Diese Art der Literatursuche habe ich aber erst spät begonnen, da mir zu Beginn die aktuelle Literatur wichtiger war. Wenn es natürlich um Basics oder Grundlagenwissen geht, sollte man sich trotzdem die Mühe machen, in den Tiefen einiger Archive Staub aufzuwirbeln.

Ich habe auch bereits frühzeitig mit dem Niederschreiben der Promotion begonnen, da einige Kapitel, wie Material und Methoden oder die Grundlagen der Brustkrebsentstehung gewissermaßen unveränderlich sind. Beim Schreiben kamen auch immer wieder neue Gedanken auf, die im Gespräch mit dem Doktorvater ausdiskutiert wurden und dann direkt in ein Kapitel der Arbeit einflossen.

Das Problem klinischer Arbeiten sind oft fehlende Angaben, die die Auswertung erschweren, wenn nicht gar utopisch erscheinen lassen. Das Thema „fehlende Daten" kann man aber leicht in den Griff bekommen, wenn frühzeitig ein Untersuchungsprotokoll anlegt und dabei versucht wird, auch wirklich alle später benötigten Werte zu berücksichtigen. Das sagt sich natürlich so leicht, und ehrlich gesagt hat es bei mir auch nicht so ganz geklappt, wie ich mir das vorgestellt habe.

Die Auswertung war daher auch nicht in der normalen Arbeitsroutine einer Klinik zu bewältigen, will heißen, dass durch den enormen Rechenaufwand die Auswertung sich oftmals bis spät in die Nacht hinzog und schließlich wurde – wegen der Vergleichbarkeit der Daten – die Auswertung letztendlich mit konvertierten Daten wiederholt. Dafür wurde auch eine Fahrt nach Bremen zum industriellen Kooperationspartner der Auswertesoftware notwendig.

Wer sich daher noch nie mit Computern beschäftigt hat oder zumindest der Tatsache, dass es in der Medizin nicht mehr ohne geht, kritisch gegenübersteht, der ist in der Radiologie mit Sicherheit an der falschen Adresse. Aber auch die psychische Komponente einer solchen Arbeit ist nicht zu unterschätzen. Gerade wenn eine neue Methode bei einem sensiblen Thema wie Brustkrebs angewandt wird, werden oft überzogene Vorstellungen von Patienten an die Untersucher gestellt. Diese Vorstellungen müssen dann auf eine ebenso sensible Art zurechtgerückt werden.

Klinisch-prospektive Arbeit in der Inneren Medizin (Frank Grünbeck, Jena)

Ich habe meine Doktorarbeit mit dem Ziel begonnen, sie während des Studiums abzuschließen – ohne dieses zu unterbrechen. Als geeigneten Zeitpunkt entschied ich mich für die Monate nach dem Physikum. Etwa zwei Monate lang erkundigte ich mich bei verschiedenen Professoren nach potenziellen Promotionsthemen. Auf einigen Umwegen über Assistenzärzte, Laborangestellte und AiPs (nur die wissen wo wirklich gut promoviert wird, denn hochwertige Themen hängen oft nicht öffentlich aus) bin ich bei einem Oberarzt angekommen, der eine auf den ersten Blick brillante und in ihrer Zielstellung und Zeitplanung klar abgegrenzte klinische Studie ins Leben rief. Nach ausgiebiger Literaturrecherche für etwa vier Monate beschäftigte ich mich fortan mit einem nahezu jungfräulichen Thema: **Vorhersage der postoperativen Komplikationsrate bei Patienten mit resektablen Gastrointestinaltumoren durch eine präoperative Messung der Body-Impedanz**.

In den nächsten drei Monaten erlernte ich die Messmethode und beschrieb Messfehler und Störfaktoren. Weiterhin arbeitete ich an der Implementierung des Studienablaufs in den klinischen Alltag. Dabei war es wichtig, möglichst viele Ärzte für die Rekrutierung der Patienten zu gewinnen, denn schließlich sollten alle Patienten eines Jahres eingeschlossen werden.

Die eigentliche Studie begann planmäßig an dem zu Beginn festgesetzten Termin. Der Einschluss der Patienten erfolgte jeweils am Vorabend der Operation. Die Messung selbst (ca. 15 Minuten pro Patient) war am Operationstag zwischen 5 und 7 Uhr fällig (vor Vorlesungsbeginn) und erfolgte mit der Dokumentation primär digital, direkt am Bett des Patienten. Die detaillierte Erfassung der postoperativen Verläufe wurde von einer zweiten Arbeitsgruppe übernommen, die über chirurgische Komplikationen promovierte. Im Gegenzug stellte ich meine Dokumentation zur präoperativen Diagnostik und zu intraoperativen Vorkommnissen zur Verfügung. Insgesamt führte ich an ca. 250 Tagen eines Jahres Messungen durch. Die Arbeit einer Woche ging wegen des Diebstahls der Messeinrichtung einschließlich des Laptops verloren (Sicherheitskopien erstellen und alles ausdrucken!!!).

Während des letzten Abschnitts der klinischen Messungen arbeitete ich bereits an der Dissertationsschrift selbst. Mein Doktorvater kümmerte sich während der gesamten Zeit um den Fortgang der Arbeit. Besonders bei der schriftlichen Fassung konnte ich immer auf dessen professionelle Unterstützung zählen. Einleitung, Zielstellung und Messmethode waren bereits am letzten Messtag fertig. Ebenso lag die komplette statistische Auswertung der 20 „Üb-Fälle“ aus der Vorbereitungsphase vor. Daher benötigte ich nach Studienende nur etwa zwei Wochen, um die vollständige Auswertung abzuschließen. Eine weitere Woche nahm die Wiederherstellung der Reinschrift aus Dateifragmenten in Anspruch, die durch „autonome digitale Randomisierung“ der Textdatei durch das verwendete Textverarbeitungsprogramm entstanden waren (Sicherheitskopien in verschiedenen Formaten und zwischenzeitliche Ausdrucke; PDF-Format!).

Die über 300 eingebrachten Fälle wurden durch die Gewichtung einzelner Messparameter in einem Index zusammengefasst. Retrospektiv konnten die Patienten somit in zwei Gruppen eingeteilt werden: eine kleine Gruppe mit hohem Risiko und eine große Gruppe mit niedrigem Risiko für klinisch relevante postoperative Komplikationen (Letalitätsrisiko: 15% versus 0%!)

Die Dissertationsschrift wurde am Tag vor der Prüfung zum 3. Staatsexsamen eingereicht. Aus den von mir vorgeschlagenen fünf Gutachtern wurden zwei ausgewählt (jeweils die Vorsitzenden des Chirurgischen Landesverbandes). Ein Gutachter wurde von der Promotionskommission eingesetzt (nichtoperatives Fach aus dem eigenen Klinikum). Üblicherweise werden nur vorgeschlagene Gutachter bestimmt. Leider war mir damals die politische Spannung zwischen „meiner“ Klinik und dem Klinikum noch nicht bekannt. Der dritte Gutachter konnte meine Arbeit als einziger mit einem knapp 1½-seitigen Gutachten nur mit „gut“ bewerten (Zitat aus einer Arbeit aus den 70ern fehlte!). Die beiden anderen Gutachter bewerteten die Arbeit detailliert auf jeweils über sechs Seiten mit „sehr gut“ – sechs Monate eher und ohne Mahnung. Ebenso wurde die Verteidigung honoriert. Fazit: Um gezielt eine hervorragende Bewertung seiner Mühen zu erreichen, sind neben besonderem Fleiß auch die sorgfältige Auswahl des Themas und die Wahl des Arbeitsbeginns ausschlaggebend. Von essenzieller Bedeutung sind jedoch die Brillanz des Betreuers, das internationale Ansehen des Doktorvaters und insbesondere die Auswahl von hochrangigen Gutachtern – denn nur so kann die potenzielle, subjektive Willkür der Promotionskommission zum Beauftragen von Negativgutachten umgangen werden. Nicht renommierte Gutachter machen sich unglaubwürdig, wenn sie dann mehr als eine Notenstufe schlechter votieren.

Klinisch-prospektive Arbeit im Institut für klinische Pharmakologie (IKPM) (Sven Kolitsch, Mannheim)

Auf meine Doktorarbeit bin ich durch einen Aushang am schwarzen Brett aufmerksam geworden: „Das IKPM sucht Doktorand für klinische Studie über (schnelle, nichtgenomische) Östrogenwirkungen bei Frauen. Dauer: 3–4 Monate“. Ausschlaggebend war für mich nicht nur, dass ich mich für Pharmakologie besonders interessiere, sondern auch der relativ kurze Zeitansatz. Ich habe mich nämlich erst nach Abschluss des 4. klinischen Semesters ernsthaft auf die Suche nach einer Arbeit gemacht, was ziemlich spät ist.

Sofort nachdem ich den Aushang gelesen hatte, rief ich bei der angegebenen Telefonnummer an und meine Betreuerin hatte auch gleich Zeit für ein persönliches Gespräch. Ich erfuhr, dass für die Studie 16 Probandinnen rekrutiert werden sollten. Das ist zwar ein kleiner Stichprobenumfang, aber ich war trotzdem skeptisch, sechzehn geeignete Frauen zu finden, weil folgende Hauptkriterien erfüllt sein mussten: gesunde Frauen, zwischen 18 und 40 Jahren alt, Nichtraucherinnen und keine Form von hormoneller Verhütung. Nachdem ich im Klinikum und in verschiedenen universitären Einrichtungen in

Mannheim und Heidelberg (Bibliothek, Mensa, Institute etc.) Aushänge gemacht hatte, erwies sich die Rekrutierung jedoch als problemlos; innerhalb kürzester Zeit hatte ich weitaus mehr als sechzehn freiwillige Probandinnen gefunden, die größtenteils Studentinnen waren.

Hätte ich jedoch vor Annahme meiner Doktorarbeit mit einer Doktorandin aus dem Institut gesprochen, wäre es gut möglich gewesen, dass ich mich für eine andere Doktorarbeit entschieden hätte! Die Studie dieser Doktorandin umfasste nämlich ein anderes Patientenkollektiv, und sie hatte größere Probleme, geeignete Probanden zu finden; teilweise machte sie sich sogar die Mühe, Patienten morgens um sechs Uhr mit dem eigenen Auto von zu Hause abzuholen, damit sie an der Studie teilnahmen. Sicherlich hat es auch eine große Rolle gespielt, dass ihre Patienten keine Aufwandsentschädigung erhielten, wohingegen meine Probandinnen 250 Euro für die komplette Teilnahme erhielten.

Der Ablauf meiner Studie bestand darin, dass jede Probandin an einem Studientag Östrogen und an einem anderen Tag Plazebo erhielt (doppelblind, cross-over). Nach Injektion der Studienmedikation wurden über mehrere Stunden hinweg mit einem softwaregestützten Messgerät (so genannter Task-Force-Monitor) kontinuierlich Herzkreislaufparameter erfasst und zu bestimmten Zeitpunkten Blutproben entnommen, um die Auswirkungen von Östrogen auf die Gerinnung zu untersuchen.

Um meine Doktorarbeit in möglichst kurzer Zeit fertigzustellen, nahm ich mir ein Urlaubssemester; und so habe ich es tatsächlich geschafft, den experimentellen Teil in etwas weniger als drei Monaten durchzuführen, was allerdings nur dadurch zu realisieren war, dass ich meist jeden Tag eine Probandin zur Messung oder Vor- bzw. Nachuntersuchung einbestellte.

Allerdings lief nicht immer alles reibungslos ab. Einmal funktionierte die Software des Messgerätes nicht mehr, und ich musste mehrere Telefonate mit der Herstellerfirma in Österreich führen und unter deren Anleitung die Software neu installieren, während die Probandin geduldig darauf wartete, dass die Messung fortgesetzt werden konnte. Ein anderes Mal gab ein Laborgerät, mit dem ich die Blutproben messen musste, seinen Geist auf und ich suchte im gesamten Klinikum panisch nach einem Ersatzgerät, da die Proben nur eine bestimmte Zeit lang stabil sind. Glücklicherweise hat keine der Probandinnen die Studie vorzeitig abgebrochen; allerdings musste eine Messung aufgrund eines Softwarefehlers wiederholt werden, und eine Probandin hatte einen Fahrradunfall, sodass sich ihre letzte Messung um vier Wochen verzögerte. Es ist ein Nachteil klinischer Studien, dass immer etwas Unvorhergesehenes passieren kann, auf das man keinen Einfluss hat; sei es der „Faktor Technik" oder der „Faktor Mensch".

Inzwischen habe ich alle für die Auswertung erforderlichen Daten zusammen und stehe kurz vor der statistischen Analyse. Ich war bereits in der Anfangsphase meiner Doktorarbeit in der Abteilung für Biomathematik des Klinikums Mannheim und habe mit einer Mitarbeiterin die Studie besprochen. Daher denke ich, dass es keine größeren Probleme bei der Datenanalyse geben wird.

Obwohl im experimentellen Teil (wie bereits angedeutet) nicht alles ganz nach Plan lief, ziehe ich trotzdem eine durchweg positive Bilanz. Ich erhielt einen eigenen Arbeitsplatz mit Probandenzimmer, PC und Schlüssel für alle Räume, sodass ich mir meine Arbeitszeit frei einteilen konnte und sogar an Wochenenden und Feiertagen die Möglichkeit hatte zu arbeiten. Die Durchführung der Studie brachte auch einen Lernerfolg mit sich. Durch die erforderlichen Vor- und Nachuntersuchungen bekam ich Routine in klinischen Untersuchungstechniken (z. B. EKG-Interpretation) und im Blut-Abnehmen und Zugänge-Legen. Mehr als die zweite Hälfte der Studie konnte ich dadurch weitgehend selbstständig durchführen und hatte stets die Möglichkeit, mich bei Problemen an meine Betreuerin oder an den Arzt, der die Studie mitbetreute, zu wenden (ich hatte praktisch also zwei Betreuer). Außerdem steht mir die Option offen, ein Paper zu veröffentlichen. Nicht zuletzt hat auch das gute Arbeitsklima einen großen Teil dazu beigetragen, dass mir die Arbeit Spaß gemacht hat. Außer den Ärzten haben mich auch die Study Nurses tatkräftig bei der Durchführung meiner Studie unterstützt. Mit meiner Begeisterung konnte ich sogar bereits einen Kommilitonen anstecken, dem ich eine Doktorarbeit im Institut vermittelt habe.

Fazit: Wer eine gesunde Portion Eigeninitiative und grundlegende PC-Kenntnisse besitzt, braucht sich vor einer Studie, wie ich sie durchgeführt habe, nicht zu scheuen.

Epidemiologische retrospektive Arbeit in der Dermatologie (Martin Jung, Mannheim)

Meine Dissertation begann ich bereits während meines zweiten klinischen Semesters. Ein paar Wochen zuvor, während meiner ersten Famulatur in der Hautklinik in Mannheim, habe ich meinen zukünftigen Doktorvater und Betreuer kennen gelernt. Als neuer Oberarzt in Mannheim war er anscheinend verzweifelt auf der Suche nach einem Doktoranden, denn er fragte mich, ob ich nicht meine Dissertation bei ihm schreiben wollte. Ich hatte mir bis dato noch überhaupt keine Gedanken darüber gemacht, hörte mir aber seine Vorschläge trotzdem an. Seine Argumente überzeugten mich und ich nahm gleich das erste

Thema an, was sich später als absoluter Glücksgriff herausstellte. Nicht nur das Thema der Arbeit **Risikofaktoren der Prognose bullöser Autoimmundermatosen**, eine retrospektive Studie über alle Patienten, die in den letzten zehn Jahren in Mannheim mit einer blasenbildenden Dermatose behandelt wurden, sondern auch die Tatsache, dass es sich hierbei um eine Studie handeln sollte, an der verschiedene Kliniken in ganz Deutschland mitarbeiten, erschien mir interessant. In diesem Rahmen kam ich sogar zu Aufenthalten z.B. in München, was ein echter Spaßfaktor war. Auch mein erster Eindruck von meinem Doktorvater, der auf Anhieb sehr sympathisch schien, hat mich nicht getäuscht, auch wenn sich sein Versprechen, in spätestens einem Jahr fertig zu sein als nicht realisierbar erwies, was meine Begeisterung jedoch nicht mindern konnte.

Meine erste Aufgabe war es, einen Fragebogen zu konzipieren, um anschließend die alten Krankenakten der Patienten zu wälzen – eine doch sehr mühsame Arbeit (v.a. im verstaubten Archiv die ganzen Akten zu finden). Der erste Teil des Fragebogens konnte mit Hilfe der Akten ausgefüllt werden. Hierbei handelte es sich hauptsächlich um genaue Informationen hinsichtlich der Vorgeschichte der Dermatose, einer Erfassung der Begleiterkrankungen sowie Medikamentenanamnese. Ein weiterer Kernpunkt war die Diagnosestellung mittels klinischer, histologischer und immmunhistochemischer Untersuchungen, sodass wir unsichere beziehungsweise Fehldiagnosen von der Studie ausschließen konnten. Im zweiten Teil der Erhebung, dem so genannten Follow-up, wurde das Ganze dann interessanter, denn die Patienten wurden jetzt angeschrieben und ich versuchte in einem Gespräch eine spezifische soziale Anamnese sowie genaue Informationen über den aktuellen Hautzustand zu erhalten. Hier musste ich nun die zweite Hürde nehmen, denn, da ein Großteil der Patienten bereits verstorben war, dauerte es Monate, bis ich die nötigen Todesdaten in Erfahrung gebracht hatte.

Anschließend kam der eigentlich „spannendste" Teil. Tausende von Daten warteten darauf, in den Computer eingegeben zu werden. Als dieses Werk schließlich vollbracht war, wurde es dann wirklich interessant – sollte ein Ergebnis herauskommen oder war das Ergebnis, dass nichts dabei raus kommt? Bei der Auswertung erwies sich mein Doktorvater als der beste der Welt – hörte ich doch immer von allen Seiten, dass der zuständige Betreuer einer Dissertation nie Zeit hatte, ständig neue Dinge untersucht haben wollte beziehungsweise die Doktorarbeit durch neue Fragestellungen immer noch erweiterte. In meinem Fall war es glücklicherweise nicht so, denn mit der ersten Datenerfassung war alle Vorarbeit abgeschlossen. Fortan stand mir mein Doktorvater zu jeder Tageszeit hilfreich zur Verfügung. Ob ich jetzt morgens um sieben oder abends um 22 Uhr vor dem SAS saß und meinen Computer am liebsten an die Wand geschmissen hätte (SAS ist nicht immer angenehm für einen Medizinstudenten) – ihn konnte ich immer anrufen. Es gab sogar Situationen, in denen wir zusammen vor dem Computer saßen, voller Spannung auswerteten, und diverse Gläser Wein dabei tranken – war irgendwie kurzweilig. Tatsächlich kam am Ende dabei raus, dass es verschiedene Risikofaktoren hinsichtlich der Genese und Prognose der blasenbildenden Dermatosen gibt, die wir dann in einer amerikanischen Fachzeitschrift für Dermatologie veröffentlichten – fand ich irgendwie cool, dass es weltweit viele Dermatologen geben wird, die einen Artikel von mir lesen sollten. Anstrengend war natürlich anschließend das Ausformulieren der Dissertation. Es dauerte immerhin sechs Monate, bis schließlich die endgültige Version stand. Einen Großteil dieser Zeit nahm die Literaturrecherche in Anspruch. Glücklicherweise hatte ich mich vorab immer wieder in der Medline nach neuen Veröffentlichungen über blasenbildende Dermatosen informiert. Mein Doktorvater stellte mir einerseits immer wieder Kopien von interessanten Veröffentlichungen zur Verfügung, andererseits hat er bereitwillig meine Arbeit korrekturgelesen und mir sehr hilfreiche Tipps gegeben. Als das Werk schließlich vollbracht war, dauerte es noch ein paar Monate, bis sich Erst- und Zweitkorrektor über die Benotung einig waren, wobei diese für mich nur eine untergeordnete Rolle spielte. Denn aus meiner eigenen Erfahrung und Erzählungen von anderen Doktoranden kann ich nur sagen, dass es später nicht mehr so relevant ist, welche Note es für eine Dissertation gab. Eine gute Note ist lediglich eine schöne Bestätigung für einen selbst.

Rückblickend muss ich sagen, dass eine solche Art einer Dissertation für mich perfekt war. Bei einer retrospektiven Studie ist man nicht abhängig von Dingen, die in der Zukunft passieren, sondern alles ist vorausschaubar und es hängt von einem selbst ab, mit welchem Engagement man dahinter steht. Wer sich Mühe gibt, wird sich wundern, wie schnell die Zeit vergeht. Ich hatte natürlich auch sehr viel Glück mit meinem Doktorvater, war im Gegenzug aber auch immer sofort zur Stelle. um die Aufgaben zu erfüllen, die er mir stellte. Eine Hand wäscht die andere. Insgesamt gesehen lief alles weitgehend problemlos und für kleine Schwierigkeiten gab es immer eine Lösung, auch wenn es manchmal etwas Zeit gekostet hat. Aus meiner Erfahrung kann ich jedem, der daran interessiert ist, in relativ kurzer Zeit eine Dissertation zu schreiben, nur den Tipp geben, Augen und Ohren nach einer solch retrospektiven Arbeit offen zu halten. Dies soll aber niemanden davon abhalten, eine wissenschaftliche Dissertation zu schreiben, denn bei ganz schwierigen Bewerbungen kann sie eventuell hilfreich sein.

Entscheidend ist sicherlich, einen Doktorvater zu finden, der einem sympathisch ist und der hilft, wenn man nicht mehr weiter weiß, eben einen der selbst an den Ergebnissen interessiert ist und Spaß daran hat, wissenschaftlich zu arbeiten. Wenn man glaubt, so jemanden gefunden zu haben, der noch nicht mal die Arroganz eines manchen Oberarztes oder Chefarztes aufweist, kann man guten Gewissens eine Doktorarbeit bei ihm anfangen. Dann spielt es bei einem interessanten Thema auch keine Rolle, ob die Arbeit ein, zwei oder drei Jahre dauert oder ob man jeden Tag zwei oder zehn Stunden daran sitzt. Die Belohnung gibt's am Schluss: Dr. med....

Experimentelle Arbeit in der Nephrologie (Paul Brinkkötter, Mannheim)

Im Rahmen meiner Doktorarbeit beschäftigte ich mich mit der Rolle von Heparansulfatproteoglykanen/Agrin bei der Entstehung der Diabetischen Nephropathie. Es handelte sich hierbei um eine experimentelle Arbeit, die ausschließlich im Labor stattfand. Die Entscheidung für dieses Thema fiel nach einer zweimonatigen Suche zu Beginn des 1. klinischen Semesters. In dieser Zeit habe ich eine Vielzahl von Gesprächen mit Professoren und Oberärzten der verschiedensten Fachrichtungen geführt. Letztendlich haben mein Interesse an einer experimentellen Arbeit im Labor und der persönliche Eindruck, den mein jetziger Doktorvater bei mir hinterließ, den Ausschlag gegeben.

Die Einarbeitung in mein Thema erfolgte recht zügig. Anhand von mehreren Artikeln aus diversen Fachzeitschriften konnte ich mich gut in mein Arbeitsgebiet einlesen. Gleichzeitig begannen die Versuche. Wöchentlich stattfindende Besprechungen meiner Arbeitsgruppe mit meinem Doktorvater begleiteten meine Laborarbeit, die sich über insgesamt zwei Jahre erstreckte.

Die eigentliche Literatursuche für meine Promotionsarbeit begann mit einem klinikinternen Vortrag über meine Arbeit nach ungefähr einem Jahr. Neben den bekannten Recherchemöglichkeiten über das Internet (PubMed) nutzte ich vor allem die Universitätsbibliothek. So konnte ich mir ein gutes Literaturverzeichnis der wichtigsten Veröffentlichungen zu meinem Arbeitsthema zusammenstellen.

Insgesamt gestaltete sich die Zeit meiner Arbeit sehr abwechslungsreich. Zu Anfang, als Versuchsabläufe nicht so liefen, wie geplant, ließ leider auch meine Betreuung zu wünschen übrig. Jedoch entwickelte sich über die zweijährige Zusammenarbeit zu meinem Doktorvater und meinem Betreuer ein gutes Verhältnis. Mit der Zeit gestalteten sich meine Versuche und die Ergebnisse dann auch erfolgreicher; methodische Schwierigkeiten konnten nach einiger Zeit immer überwunden werden.

Ein entscheidender Vorteil experimenteller Laborarbeiten liegt in der Möglichkeit, Versuche selbst zu planen. Man ist einfach sein eigener Herr. So war es mir möglich, neben meiner Laborarbeit Vorlesungen zu besuchen und die nötigen Scheine zu erlangen. Eine ähnliche Arbeit würde ich jedem weiter empfehlen, der Interesse an Laborarbeit hat, sich aber von Misserfolgen nicht zu schnell abschrecken lässt. Ein gewisses Durchhaltevermögen ist unabdingbar, auch wenn der Gegenwind von Zeit zu Zeit unüberwindbar scheint.

Bei der Suche nach der richtigen Doktorarbeit sollten aber nicht nur Eindrücke und Gespräche mit den Verantwortlichen entscheiden, sondern vielmehr auch die Empfehlungen von anderen Doktoranden. So kann man sich einen viel besseren Eindruck über das Arbeitsklima und den Ablauf vor Ort verschaffen. Letztendlich stehen einem mit einer experimentellen Arbeit alle Türen offen; sei es für eine universitäre, eine wissenschaftliche oder eine klinische Laufbahn.

Experimentelle Arbeit in der Transfusionsmedizin (Anke Böhler, Mannheim)

Meine Doktorarbeit schreibe ich im Bereich der Transfusionsmedizin. Es handelt sich dabei um eine Laborarbeit, in der ein standardisiertes Testverfahren zum Nachweis irregulärer erythrozytärer Antikörper mit einem neuen Verfahren verglichen wird, um dessen Marktreife zu beweisen. Im Rahmen der Studie sollen 3000 Patientenseren untersucht werden.

Das Labor mit den dort arbeitenden Ärzten und MTAs ist mir seit meiner Tätigkeit als studentische Hilfskraft im Nachtdienst während des Studiums bekannt. Nachdem ich bereits zuvor viel Zeit in zwei arbeitsintensive Doktorarbeiten fehlinvestiert hatte, war ich, als mir einer der dortigen Ärzte dieses Thema vorschlug, überzeugt, diesmal eine „sichere“ Arbeit gefunden zu haben, die nicht im Sande verlaufen würde. Aus der Erfahrung der beiden gescheiterten Doktorarbeiten heraus hatte ich gelernt, dass selbstständiges, von äußeren Faktoren (Anwesenheit von Patienten oder auch Ärzten bei direkten Messungen an Patienten, Notwendigkeit der Nutzung in der täglichen klinischen Routine belegter Räumlichkeiten…) völlig unabhängiges Arbeiten für die zeitliche Absehbarkeit einer Studie unheimlich wichtig waren. Ich sah es als großen Vorteil an, zu jeder Zeit das Labor nutzen zu können. Dort hatte ich einen festen Arbeitsplatz, an dem mir alle notwendigen Untersuchungsmaterialien und Laborutensilien zur Verfügung standen. Bei auftretenden technischen Problemen standen mir sowohl die MTAs als auch der Betreuer nach kurzfristiger Anfrage mit gutem Rat zur Seite.

Ein Hauptproblem war in meinen Augen zunächst die große Anzahl der zu untersuchenden Blutproben. Durch tägliche transfusionsmedizinische Untersuchungen von Patientenseren aus der Universitätsklinik Mannheim sowie häufige Abklärungsanfragen an das Referenzlabor durch externe Krankenhäuser waren wir nach Überschlagen der Zahlen aus vergangenen Monaten jedoch sicher, innerhalb kurzer Zeit genügend Untersuchungsmaterial zusammen zu haben. Von großem Vorteil war die gut sortierte hauseigene Bibliothek, zu der ich ebenfalls jederzeit Zugang hatte und mich so mit interessanten Artikeln sowie aktuellen Veröffentlichungen via „PubMed" eindecken konnte. Zu Beginn der Arbeit war ich daher der Meinung, sie zügig vorantreiben zu können.

Einen Aspekt, den ich nicht beachtet hatte, war die Abhängigkeit vom Lieferanten der Materialien, die aufgrund der Erprobungsphase noch nicht in Massenproduktion hergestellt wurden. Wegen Produktionsschwierigkeiten kam es häufig zu ausgeprägten Verzögerungen. Zugesicherte Lieferungen wurden wiederholt mit zwei bis sechzehn Tagen Verspätung zugestellt, manchmal konnte keine Aussage zur neuerlichen Verfügbarkeit gemacht werden. Dies zog die Untersuchungen um einige Monate in die Länge. Vorbereitungen, die in Erwartung einer zugesagten Lieferung gemacht wurden, mussten verworfen werden.

Durch diese Lieferschwierigkeiten und durch die bereits vorausgegangene Zeitinvestition für zwei andere Doktorarbeiten war mein Zeitplan in Bezug auf die Fertigstellung der Arbeit vor dem zweiten Staatsexamen durcheinander geraten. Nach Publikation der Daten auf einem transfusionsmedizinischen Kongress trat das Zusammenschreiben der Dissertation aufgrund der Examensvorbereitung in den Hintergrund. Auch im PJ fiel es mir schwer, mich nach langen Arbeitstagen wieder am Computer für die Arbeit zu motivieren. Nach dem Umzug nach Norddeutschland im Rahmen der ÄIP-Zeit lag die Arbeit dann völlig brach.

Momentan bin ich dabei, die Dissertation nach dreijähriger Pause fertig zu stellen. Das ist nicht leicht, da ich mich in das ehemals sehr vertraute Thema wieder einlesen und einzelne Ergebnisse und Dokumentationen aufgrund komplizierter Arbeitsvorgänge wieder nachvollziehen muss. Die im Rahmen der Veröffentlichung zusammen mit meinem Betreuer erhobenen Daten umfassen nur einen Ausschnitt der erhaltenen aussagekräftigen Ergebnisse. Um diese optimal zu verwerten, habe ich – mit dem Wissen um die tolle Betreuung in der medizinischen Statistik – daher auch ein Umschreiben der erhobenen Daten in ein anderes statistisches Programm in Kauf genommen.

Auf der Seite des klinischen Betreuers hat sich in drei Jahren einiges geändert. Dieser hat sich beruflich weiterentwickelt und damit jetzt weniger Zeit. Seine Möglichkeiten in Bezug auf Nachfragen/Hilfestellungen sind heute deutlich begrenzt.

Zusammenfassend freue ich mich sehr, dass ich mittlerweile auf der Zielgeraden dieses Doktorarbeitsmarathons angekommen bin und durchgehalten habe. Rückblickend war diese Art von Laborarbeit für mich sicherlich genau das Richtige. Die Studie war gut überschaubar, die Ergebnisse konnten innerhalb eines gewissen Rahmens nicht zu großen (unangenehmen) Überraschungen führen. Flexibilität in Bezug auf die Arbeitszeitgestaltung, die Nutzung der Bibliothek waren jederzeit vorhanden.

Was mir an dieser Arbeit beinahe das Genick gebrochen hätte, war der Faktor Zeit: Obwohl bereits in den Anfängen Stimmen da waren, die davor gewarnt haben, vor dem Zusammenschreiben der Arbeit andere Prioritäten zu setzen, habe ich mich in den einzelnen Lebenssituationen doch für eben diese anderen Prioritäten entschieden. Dadurch zog sich die Arbeit wie ein klebriges Kaugummi in die Länge – und jeder weiß, klebrige Kaugummis sind lästig! Man will sie loswerden. Meine Tipps: 1. Fangt frühzeitig an, Euch eine Arbeit zu suchen, die von möglichst wenig äußeren Faktoren abhängig ist. 2. Nehmt nicht das erstbeste Angebot, sondern hört Euch verschiedene Meinungen an, insbesondere die ehemaliger Doktoranden. 3. Versucht die Arbeit bis zum II. Staatsexamen fertig zu haben.

Tierexperimentelle Arbeit in der Neurologie (Marc Stroick, Mannheim)

Thema: Tierexperimentelle Arbeit mit dem Ziel, den Einfluss von Cholesterinsenkern auf das Amyloid Peptid, das die Alzheimer-Krankheit verursacht, zu untersuchen.

Die Fachrichtung Neurologie finde ich seit einem guten klinischen Praktikum sehr interessant. Zu meiner Doktorarbeit bin ich über eine Kommilitonin gekommen, die frisch dort angefangen hat und mir erzählt hat, dass noch jemand gesucht wird. Daraufhin bin ich bei dem Oberarzt vorbeigegangen, der sofort für mich Zeit hatte. Gleich im ersten Gespräch hat er mir eine grobe Übersicht über das Thema gegeben und von sich aus erzählt, dass seine Doktorarbeit schlecht betreut gewesen ist und vier Jahre gedauert hat. Das wollte er bei seinen Doktoranden anders machen. Er war mir nicht nur deswegen von Anfang an sympathisch. Als nächstes habe ich mich mit einem anderen Doktoranden von ihm getroffen. Der Doktorand hat dann ein eher realistisches Bild von der Arbeitsgruppe geschildert, von der unklaren Dauer der Doktorarbeit bis hin zu sich plötzlich ändernden Auswerte-Parametern. Trotzdem wollte ich es versuchen. Voraussetzung, die Doktorarbeit anzunehmen war für mich, dass ich schnell anfangen konnte. Die Genehmigung für den Tierversuch hatte mein Doktorvater, nur den Tierkurs musste ich noch machen.

Dann erlebte ich auch gleich im ersten Monat die Überraschung, dass sich die Methode meiner Doktorarbeit wandelte, sodass ich mich erst einmal um eine neue Methode kümmern musste. Ich habe aber durch viel Probieren, Diskussionen mit Kommilitonen und am meisten von MTAs gelernt. Schließlich hatte ich ein funktionierendes Modell, mit dem ich Liquor am lebenden Tier über einen längeren Zeitraum gewinnen konnte. Der weitere Ablauf gestaltete sich so, dass mein Doktorvater die Ideen hatte, welche Substanzen zu testen sich lohnen. Ich musste mich dann um die Durchführung kümmern, das heißt Dosierung, zeitlicher Ablauf, Tieranzahl, Bestellen der Substanzen usw. Dazu musste ich über die Medline Literatur besorgen, ob und wie die Substanzen bei Tieren schon eingesetzt wurden. Die Vermessung der von mir gewonnenen Proben wurde mir von verschiedenen Kooperations-Laboren abgenommen. Erst die Auswertung der Messergebnisse am PC wurde wieder von mir gemacht. Die Tierexperimente haben sich etwa über 18 Monate gezogen, geplant waren zwölf Monate. Allerdings habe ich dann eine HIWI-Stelle bekommen. Die Messung der Proben hat, da ich von anderen abhängig war, wieder mindestens zwölf Monate gedauert (ist im Moment immer noch nicht ganz fertig). Während der Tierexperimente hat sich herausgestellt, dass ein Nebenzweig meiner Versuche sehr gute Ergebnisse bringt, die mich sehr interessiert haben, und eher in Richtung Therapie von Alzheimer geht. Den eigentlichen Teil, der die Rolle der Immunreaktion bei Alzheimer genauer untersuchen sollte, bekam dann ein zweiter Doktorand, der so ein Großteil meiner Versuche übernehmen konnte. Dadurch bin ich aber schon an zwei Projekten beteiligt. Im Rahmen meines HIWI-Vertrages habe ich dann teilweise noch Proben von anderen Doktoranden vermessen und organisiere jetzt noch eine klinische Studie mit, die auf meine Tierversuche zurückgeht.

Aus dem Verlauf sieht man einige Vor- und Nachteile: Nachteil war die Trennung von Tierversuch und Auswertung der Proben in anderen Laboren. Es hat zu lange gedauert, bis angefangen wurde, meine Proben zu messen. Dadurch waren in der Zeit schon Proben auf Halde produziert, und Methodenfehler bei den Tierversuchen wurden zu spät bemerkt. Kein Nachteil, aber am Anfang schwierig ist das Umgehen mit Tierversuchen. Ich konnte das vor mir dadurch rechtfertigen, dass ich von meiner Doktorarbeit und ihrem Sinn überzeugt gewesen bin, trotzdem sind für meine Arbeit (und die meines Nachfolgers) 240 Meerschweinchen gestorben. Vorteile: Ich bin an vielen Projekten beteiligt, die sehr interessant sind und auf eine Veröffentlichung hinauslaufen. Ich habe sehr viel selbstständig gearbeitet und organisiert. Ich denke, dass ich eine gute Aussicht habe, in der Uniklinik übernommen zu werden.

Eine solche Doktorarbeit würde ich dann empfehlen, wenn man vielleicht mal in der Uniklinik bleiben und forschen möchte. Man bekommt dadurch die ersten Kontakte und die ersten Einblicke. Wenn man eine solche Arbeit neu anfängt, sollte man sich als erstes einen Überblick verschaffen: Wie geht die Methode, die Messung, die Auswertung? Dadurch kann man von Anfang an mitreden, da Doktorväter meistens mehrere Projekte betreuen und man so besser auf das eigene Projekt aufpassen kann.

Tierexperimentelle Arbeit in der Anästhesiologie und Intensivmedizin (Charalambos Tsagogiorgas, Mannheim)

Thema: Erfassung und Bestimmung der hämodynamischen und kardiopulmonalen Auswirkungen der Totalen Flüssigkeitsbeatmung im Kleintiermodell

Schon immer war ich fasziniert davon, wie viel Phantasie der Mensch aufbringt, um seinen Gedanken und Ideen Substanz zu verleihen. Umso erfreuter war ich, bei der Suche meines Doktorarbeitthemas Menschen zu treffen, die bereits mit der Realisierung ihrer Visionen begonnen hatten. Meinen Doktorvater lernte ich über eine intensivmedizinische POL-Gruppe kennen, die mein Interesse für verschiedene schwerwiegende Krankheitsbilder und ihre Therapiemöglichkeiten erwachen ließ. Seine Arbeitsgruppe „Pulmonale Insuffizienz" erörterte Themen zur Extrakorporalen Membranoxygenierung (ECMO) und der Totalen Flüssigkeitsbeatmung. Mein Interesse wuchs: Ist es wirklich möglich, mit einer Flüssigkeit zu atmen?

Die Zweifel konnten vielleicht entkräftigt und die Neugier befriedigt werden; auf der Kehrseite stand jedoch die ethisch-moralische Komponente. War ich denn fähig und bereit, mit Tieren zu experimentieren? Diese Hauptfrage beschäftigte mich eine lange Zeit und es sollte sich jeder, der eine tierexperimentelle Arbeit schreiben möchte, bewusst damit auseinander setzen. Aber bis zu den ersten Versuchen sollte es noch ein halbes Jahr dauern, da erst der Versuchsaufbau optimiert werden, Software geschrieben, das Beatmungssystem verfeinert werden musste. Jeden Tag wurde beraten, beschlossen, Material besorgt, geschraubt, improvisiert, verworfen und verbessert. Wir arbeiteten als Team in einer Gruppe. Ich empfand dies als sehr angenehm und äußerst produktiv, da ich davor mit Laborarbeit immer etwas Düsteres und Einsames verband. Unser Projektleiter hatte sehr viel Geduld mit uns Doktoranden und lehrte uns nach und nach die manuellen und kognitiven Fertigkeiten, aber auch den Respekt, den man zum Arbeiten mit Tieren benötigt. Respekt vor dem Leben: Diese Intention halte ich für wichtiger als Ruhm, Ehre und Karriere, die man natürlich auch ernten kann, wenn man tierexperimentell arbeitet.

Um später bei den Tierversuchen auch ohne Aufsicht arbeiten zu dürfen, besuchte ich einen zertifizierten Kurs zum Erlernen von Grundlagen, die man beim Arbeiten mit Tieren beachten muss.

Die Versuche selbst waren nie Routine oder langweilig. Ich lernte währenddessen praktische Fähigkeiten in Narkoseführung, Beatmung und in chirurgischen Präparationen, ausserdem physiologische und pathophysiologische Abläufe sowie Komplikationen, wie sie in jedem OP tagtäglich auftreten. Spannend hierbei waren die Versuche mit der Flüssigkeitsbeatmung an Kaninchen, vor allem jene, bei denen ich am offenen Thorax Messsonden an und ins Herz legen musste, um direkt Drucke und Herzzeitvolumina zu bestimmen.

Meine Erfahrung mit dem tierexperimentellen Arbeiten war eine innere wie äußere Problem- und Konfliktbewältigung. Wir erlitten an einem Tag herbe Rückschläge, um am nächsten nach Diskussion und mit Teamwork wieder Fortschritte zu machen.

Das praktische Arbeiten fiel mir persönlich leichter als das Auswerten der Versuche. Dies geschah teilweise manuell, teilweise über eine spezielle Software. Die Recherche im Internet gestaltete sich am Anfang schwierig, da ich darin noch Neuling war. Schon zu Beginn war ich erstaunt über die Vielfalt der Veröffentlichungen zum Thema der Flüssigkeitsbeatmung; schwierig fand ich zu erkennen welche Studien für mich Relevanz hatten, wurde aber glücklicherweise durch meinen Betreuer und meinen Doktorvater darin unterstützt.

Heute sehe ich eine tierexperimentelle Arbeit immer noch als Herausforderung an sich selbst. Man sollte sich sicher sein, dass man mit Tieren arbeiten und Zeit investieren möchte, denn in den wenigsten Fällen ist man in einem Jahr damit fertig. Am Anfang ist man begeistert von der Idee, doch sollte man sich auch fragen, wie man diese umsetzt. Man braucht viel Geduld und Nerven, denn nicht immer läuft alles nach Plan. Man lernt tiefes Durchatmen oder auch mal die Luft anhalten. Hilfreich ist immer ein gutes Verhältnis zum Betreuer und Doktorvater. Ohne ihre Aufmunterung und Motivation, ohne unseren Teamgeist hätten wir dieses Projekt nicht zu Ende gebracht, geschweige denn weitere Studien angeschlossen. Im Grunde bin ich froh, diese Erfahrung gemacht zu haben, denn ich erlebte diese sehr intensiv, vorwiegend positiv und machte mir nicht zuletzt Gedanken über das Leben an sich.

Literaturarbeit im Fach „Medizinische Ethik“ (Dagmar Schmitz, Heidelberg)

Thema: Biologische Grenzen der Moral? Historische Entwicklung, philosophische Positionsbestimmung und heuristische Leistungsfähigkeit einer Evolutionären Ethik in der Medizin.

Biologische Grenzen der Moral? – Gibt es sie überhaupt? Was hat diese Frage mit Medizin oder Medizinischer Ethik zu tun? Und noch viel wichtiger: Kann diese Frage Grundlage einer medizinischen Dissertation sein? Alles das konnte ich am Anfang meiner Doktorarbeit noch nicht sicher beantworten. Den betreuenden Dozenten hatte ich mir im Gegensatz zum Thema der Arbeit selbst ausgesucht, das Thema wurde von ihm vorgeschlagen. Meine Wahl fiel auf das Fach „Medizinische Ethik", weil ich mir hier vorstellen konnte, über mehrere Jahre Spaß an einer Beschäftigung zu haben, die sich im günstigen Fall in Richtung wissenschaftlicher Arbeit entwickeln sollte. Mit Ausnahme einiger Seminare in Philosophie hatte ich keine Vorkenntnisse. Die Fragestellung fand ich aber schon im Vorgespräch besonders reizvoll.

Insgesamt erstreckte sich die Arbeit an der Dissertation über fast vier Jahre, die sich grob in drei Phasen einteilen lassen: Die erste, längste und für mein Empfinden schwierigste Phase war die Zeit zwischen der Vergabe des Themas und den ersten getippten Kapiteln. Ich musste mir erst das nötige Grundwissen, dann die einschlägigen Arbeiten zu dem Thema anlesen. Die Gefahr des Verzettelns gerade im Bereich von „Geschichte, Theorie und Ethik der Medizin" ist sehr groß. Ein Ende der Arbeit schien lange nicht absehbar. Ein vernünftiges Konzept musste erstellt und immer wieder revidiert werden. Dann folgte Kapitel auf Kapitel – die produktive und angenehmste Phase sowie das Zusammenstellen und Korrigieren zum Abschluss.

Sehr geschätzt habe ich die große Freiheit, die das Fachgebiet „Geschichte, Theorie und Ethik der Medizin" den eigenen Ideen und Interessen lässt. Trotz der Themenvorgabe war es möglich, eigenen Vorlieben wie zum Beispiel philosophisch-theoretischen Aspekten vor den klinisch-praktischen den Vorzug geben zu können. Man ist nicht an Labor, Geräte, Tiere oder Akten, sondern höchstens an die Bibliothek und den eigenen Computer gebunden und kann sich die Zeit frei einteilen. Die Kehrseite der großen Freiheit ist das Fehlen von vorgegebenen Strukturen, von Zeitplänen und auch zeitlicher Begrenzung der Sammelphase. Es liegen nicht irgendwann Ergebnisse vor, die dann „nur" noch „zusammengeschrieben" und bewertet werden müssten.

Eine Arbeit aus diesem Fach würde ich demjenigen empfehlen, der lieber liest als pipettiert, dessen Metier vielleicht eher das geisteswissenschaftliche als das naturwissenschaftliche ist, aber nicht unbedingt dem, der mit gut planbarem und überschaubarem Aufwand in einer bestimmten Zeit zum „Dr. med." kommen will. Im Vergleich zu kleinen epidemiologischen oder experimentellen Arbeiten, die schnell ein paar „harte" Zahlenwerte einbringen, wirken zwei oder drei eigene Ideen in der Geschichte, Theorie und Ethik für sich genommen recht mager. Wichtigste Erfolgsgarantie war in meinem Fall neben der wirklich guten Betreuung sicherlich, dass ich selbst die Fragestellung interessant und spannend fand. Spezifische Vorkenntnisse erleichtern sicher Einiges, sind aber keinesfalls unbedingt notwendig.

Literaturarbeit im Fach „Geschichte der Medizin" (Maren Pötschat, Heidelberg)

Thema: Psychosomatische Erkrankungen und ihre Präsentation in der Deutschen Medizinischen Wochenschrift im Zeitraum von 1900 bis 1920.

Wie kommt eine Zahnmedizinerin dazu, eine Disseration zu diesem Thema zu wählen? Es begann alles in meinem zweiten Semester mit einem Aushang am „Schwarzen Brett" für ein Proseminar zur Einführung in die Medizinhistorik – ein obligatorisches Seminar für Bewerber um eine medizinhistorische Dissertation. Mein Interesse war geweckt, denn in der Schule waren Latein, Deutsch und Geschichte meine Lieblingsfächer gewesen, und in meinem sehr praktisch und naturwissenschaftlich orientierten Studium wurde diesen Neigungen nur wenig Raum gegeben. Das Seminar war genau das Richtige für mich. Neben Anatomie-Testaten und Physik-Versuchen fand ich im Stöbern in der medizinhistorischen Bibliothek einen geeigneten Ausgleich und hatte viel Freude am Erstellen eines Referates über die Wandlung von der „Melancholey" zur heutigen Depression. Am Ende des Kurses stand für mich fest, dass ich in diesem Institut meine Dissertation schreiben und eine psychische Erkrankung im Wandel der Zeit untersuchen wollte.

Nach dem Physikum war es soweit. Ich suchte meinen ehemaligen Dozenten auf, der mich schon im Seminar zuverlässig betreut hatte, und sprach mit ihm über meine Wünsche und Vorstellungen. Nach kurzer Zeit hatten wir das vage Thema „Psychosomatik" festgelegt und mein Professor riet mir dazu, eine ganz bestimmte Quelle diesbezüglich zu untersuchen: die Deutsche Medizinische Wochenschrift. Dieser Vorschlag erwies sich als sehr vorteilhaft – die Quelle war nämlich im Institut vorhanden und musste nicht per Fernleihe oder durch Reisen beschafft werden. Manche Quellen können nämlich nicht von ihrem Standort ausgeliehen werden und es gab Kommilitonen, die zum Quellenstudium quer durch Deutschland oder sogar in die USA reisen mussten. Der Beginn des Untersuchungszeitraumes mit dem Jahr 1900 war schnell gefunden – hatte doch Sigmund Freud im November 1899 seine bekannteste Schrift „Die Traumdeutung" veröffentlicht, mit der die Psychoanalyse ihren theoretischen Anfang nahm.

Die Phase des Quellenstudiums und das folgende Archivieren im Computer war eine sehr überschaubare und gut mit dem Studium zu vereinbarende Tätigkeit. Zuerst mussten alle Bände der Deutschen Medizinischen Wochenschrift nach passenden Schlagwörtern durchforstet und die entprechenden Texte kopiert werden – kein „leichtes" Unterfangen, denn jedes Buch war gebunden, sehr großformatig und wog circa drei Kilogramm. Als nächstes mussten die bunt zusammen gewürfelten Texte gelesen, auf ihre Brauchbarkeit geprüft und nach Themen geordnet werden. Im Folgenden wurden die jeweils verwendbaren Stellen markiert und in den Computer eingegeben. Diese Phase dauerte annähernd zwei Jahre, denn neben meiner Dissertation absolvierte ich noch den klinischen Abschnitt meines Studiums der Zahnmedizin und legte mein Staatsxamen ab. Im Computer befanden sich nun bereits 200 Seiten Text und ich glaubte, das „Zusammenschreiben" sei jetzt ein Leichtes. Deshalb begann ich ganztägig als Zahnärztin zu arbeiten.

Dieses Vorgehen empfehle ich nicht weiter! Jetzt begann nämlich die eigentliche „geistige" Leistung an der Arbeit, und die musste abends, am Wochenende und in den wenigen kostbaren Urlaubstagen erledigt werden. Es war nicht einfach, einen zusammenhängenden literarischen Text in so kleinen Abschnitten zu bearbeiten! Denn immer wieder musste ich den „roten Faden" neu suchen und die Gedankengänge erneut nachvollziehen. Die Texte wurden nun in einen sinnvollen Zusammenhang gebracht, teilweise ergänzten, teilweise widersprachen sie sich. Langsam kristallisierte sich eine Struktur heraus, ich hatte Antworten und Zusammenhänge gefunden, Anschauungen, die damals wichtig und diskussionswürdig waren, Lehrmeinungen und Fallbeispiele. Durch das Arbeiten mit den Texten fand ich heraus, welches die Grundfragen waren, die mich beim Thema „Psychosomatik" interessierten: Was verstand man um 1900 darunter? Was hielt man für die Ursachen psychosomatischer Erkrankungen? Welche diagnostischen Möglichkeiten und welche Therapiemöglichkeiten gab es? Ich begann die Texte auf diese Fragen hin zu lesen, erstellte Tabellen und Grafiken und konnte nun meiner Dissertation ihre inhaltliche Linie geben.

Dieser zweite wichtige Teil dauerte noch einmal zwei Jahre. Es gab so viele Kleinigkeiten, die beachtet werden mussten und die viel Zeit kosteten – die Fußnoten und das Literaturverzeichnis, passende Überschriften finden und immer wieder kürzen. Die Schwierigkeit bei einer medizinhistorischen Arbeit besteht darin, dass man nie einen „fertigen" Abschnitt in Händen hält, den man wie bei einer experimentellen Arbeit ablegen kann, sondern man hat die ganze Zeit über ein in sich bewegliches Produkt, das immer wieder umgeschrieben werden muss. Jede historische Dissertation ist ein eigenständiges Werk. Es handelt sich also bei dieser Art Arbeit in keinem Fall um eine kurze und planbare Dissertation. Der Aufwand ist am Anfang nicht überschaubar, denn jedes Thema entpuppt sich mit seinen Vorzügen und Schwierigkeiten erst nach und nach. Andererseits ist man aber auch sehr frei in der Arbeitseinteilung, da man die meiste Arbeitszeit am heimischen Computer verbringt, und man hat keine unberechenbaren Experimente, sondern konkrete Quellen vor sich. Wenn man dazu noch ein entsprechendes historisches Interesse mitbringt, kann die Arbeit mit den Quellen und der natürlich notwendigen Sekundärliteratur sehr viel Spaß machen.

Literaturarbeit im Fach „Klinische Ökonomik" (Bernhard Gehr, München)

Thema der Doktorarbeit: Der DORE Bias („decline of reported effectiveness"-Bias) – Eine longitudinale Metaanalyse von randomisierten kontrollierten Studien.

Ich konnte zeigen, dass die Stärke der Wirksamkeit medizinischer Therapien im Lauf der Zeit in der Literatur nicht notwendigerweise als konstant beschrieben wird, sondern auch abnehmen kann. Dies liegt vor allem daran, dass neue Therapien meist an besonders kranken Patienten erprobt werden und, sobald sie sich etabliert haben, auch immer gesündere Patienten damit behandelt werden. Bei gesünderen Patienten kann jedoch nicht mehr ein so großer therapeutischer Effekt erzielt werden. Dadurch nimmt die berichtete Wirksamkeit im Lauf der Zeit ab („decline of reported effectiveness"). Der DORE-Bias ist z. B. wichtig bei der kritischen Bewertung von Meta-Analysen, die ja auf einer Vielzahl randomisierter kntrollierter Studien basieren.

Im Ergebnis sieht meine Doktorarbeit sehr einfach aus. Dahinter steckt jedoch ein jahrelanger Kreislauf von Ideen, Datensammlung, Statistik, Ideen ... Bis die Essenz des Problems herausdestilliert war und wir das Ganze schließlich zur Veröffentlichung einreichen konnten, verstrichen fast drei Jahre.

Die ursprüngliche Fragestellung war folgende: Wie kann es sein, dass viele klinisch tätige Ärzte den Eindruck haben, dass in der Medizin mehr Fortschritt berichtet wird als tatsächlich stattfindet? Wirken Arzneimittel besser, solange sie neu sind? Mit anderen Worten: Schneidet ein Arzneimittel in Studien besser ab, wenn es neu ist und mit älteren Arzneimitteln verglichen wird, als wenn es selbst Jahre später als Kontrolltherapie eingesetzt wird? Eine frühere Doktorandin hatte versucht, konkrete Beispiele für diesen postulierten „Sägezahn-Effekt" im Bereich der Onkologie zu finden, und war an dem Problem gescheitert. Auch ich suchte anfänglich nach derartigen Ketten aufeinander folgender Studien, zwar in anderen Bereichen der Medizin, aber ebenso erfolglos.

Nach einigen Monaten der Suche kristallisierte sich heraus, welches Phänomen dem „Sägezahn-Effekt" zugrunde liegen musste: Die

Abnahme der in Studien berichteten Wirksamkeit medizinischer Therapien im Lauf der Zeit. Ich schränkte die Suche auf vier Arzneimittel ein und untersuchte, ob und wie sich deren berichtete Wirksamkeit im Lauf der Zeit veränderte. Außerdem untersuchte ich, ob die etwaige Veränderung durch die Studiengröße, den Ausgangswert des Zielparameters oder die Behandlungsgruppe (experimentelle oder Vergleichstherapie) vermittelt wurde.

Die dabei angewendeten statistischen Methoden wurden immer weiter verbessert (an dieser Stelle nochmals herzlichen Dank an die Biomathematik in Mannheim!), und alles für den Gedankenfluss nicht unbedingt Notwendige wurde aus der Arbeit eliminiert. Dieser Prozess erwies sich als außerordentlich langwierig. Ich ließ die Arbeit immer wieder einige Monate liegen; danach hatte ich oft die besten Einfälle.

Nachdem der englische Artikel fertig gestellt war, übersetzte ich diesen ins Deutsche, um diese Version als Dissertation einzureichen. Diese Reihenfolge ist dann empfehlenswert, wenn sowieso eine englische Publikation geplant ist, denn (1.) ist die englische Sprache präziser im Ausdruck und zwingt somit zu mehr Logik und geistiger Klarheit und (2.) überlegt man sich bei der Erstellung einer Artikels wirklich jeden Satz und jedes Wort mehr als genau.

Anhang

Weiterführende Literatur

1. Backhaus K, Erichson B, Plinke W, Weiber R: Multivariate Analysemethoden, 10. Auflage. Springer-Verlag Berlin, Heidelberg, New York, 2003
2. Bär S: Forschen auf Deutsch. Der Machiavelli für Forscher – und solche, die es werden wollen. Verlag Harri Deutsch, Frankfurt am Main, 2002
3. Bauer A (Hrsg.): Theorie der Medizin. Dialoge zwischen Grundlagenfächern und Klinik. Ambrosius Barth-Verlag, Heidelberg, Leipzig, 1995
4. Ebel HF, Bliefert C: Schreiben und Publizieren in den Naturwissenschaften, 4. Auflage. VCH Verlagsgesellschaft, Weinheim, 1998
5. Fletcher RH, Fletcher SW, Wagner EH: Klinische Epidemiologie. Grundlagen und Anwendung. Ullstein Medical Verlagsgesellschaft, Wiesbaden, 1999
6. Graf A, Ortseifen C: Statistische und grafische Datenanalyse mit SAS. Spektrum Akademischer Verlag, Heidelberg, Berlin, Oxford, 1995
7. Janssen J, Laatz W: Statistische Datenanalyse mit SPSS für Windows. 4. Auflage. Springer-Verlag, Berlin, Heidelberg, New York, 2002
8. Korff F: Internet für Mediziner, 3. Auflage. Springer-Verlag, Berlin, Heidelberg, New York, 1999
9. Monka M, Voß W: Statistik am PC. Lösungen mit Excel. 3. Auflage. Carl Hanser Verlag, München, Wien, 2002
10. Neugebauer E, Mutschler W, Claes L: Von der Idee zur Publikation. Eine praktische Anleitung für die erfolgreiche Wissenschaft und Forschung. Thieme Verlag, Stuttgart, 2004
11. Reiners L: Stilfibel. Der sichere Weg zu gutem Deutsch. Verlag C. H. Beck, München, 2001
12. Rupp H, Klinger G: Medizin Online. Historie – Onlinedienste – Internet – Recherche – Technik – Grundlagen. ClinCom-Verlag, Mönchengladbach, 1999
13. Schneider W: Deutsch für Profis. Wege zu gutem Stil. Mosaik-Verlag bei Goldmann, München, 1999
14. Schumacher M, Schulgen G: Methodik klinischer Studien. Methodische Grundlagen der Planung, Durchführung und Auswertung. Springer-Verlag, Heidelberg, New York, 2002
15. Seiwert L: Das neue 1x1 des Zeitmanagement. 24. Auflage. Gräfe und Unzer-Verlag, München, 2002
16. Weiß C: Basiswissen Medizinische Statistik, Springer-Verlag, 2. Auflage. Berlin, Heidelberg, New York, 2001

Nützliche Internet-Adressen

Angebote und Informationen zu Doktorarbeiten

www.doktorandenboerse.info
www.medidiss.de

Literaturdienste

DIMDI-Institut: www.dimdi.de
PubMed-Suchdienst: www.ncbi.nlm.nih.gov/PubMed
Pub-Crawler: www.gen.tcd.ie/pubcrawler
Cochrane-Collaboration: www.cochrane.de/deutsch
Regensburger Liste: www.bibliothek.uni-regensburg.de/ezeit
Institute for Scientific Information: www.isinet.com
Deutsche Zentralbibliothek Köln: www.zbmed.de
Deutsche Bibliothek Frankfurt am Main: www.ddb.de
Karlsruher Virtueller Katalog: www.ubka.uni-karlsruhe.de/kvk.html
Bibliotheks-Service-Zentrum Baden-Württemberg: www.bsz-bw.de
Dokumentlieferdienst: www.subito-doc.de

Software

Adobe Acrobat Reader: www.adobe.de
Literaturverwaltungssysteme: www.adeptscience.com
SAS Statistiksoftware: www.sas.de
SPSS Statistiksoftware: www.spss.de

Suchmaschinen

Altavista: www.altavista.com
Crawler: www.crawler.de
Google: www.google.de

Verlage

Duden-Verlag: www.duden.de
Thieme-Verlag: www.thieme.de

Sonstige Informationen

zu klinischen Studien: www.bundesaertzekammer.de
zu Tierexperimenten: bundesrecht.juris.de/bundesrecht/tierschg
Axel W. Bauer's Internet Surfboard:
www.med.uni-hd.de/igm/g47/bauersrf.htm
Abt. für Medizinische Statistik des Universitätsklinikums Mannheim:
www.ma.uni-heidelberg.de/inst/biom/

A

α-Fehler 97, 103, 150
Abbildungen **148**, 167
Abbildungslegende 149
Abbruch der Doktorarbeit 70, 173
Abbruchkriterien einer Studie 73, 145
Abduktion **41**, 42, 44, 58
Abkürzungen 163
Abkürzungsverzeichnis 143
Ablehnen einer Arbeit 29
Abneigungen des Doktoranden 13
Abstract eines Papers 122, 127
Albert, Hans 39
Alternativhypothese 96, 104
Alternativmerkmale 86, 99
Analysemethoden, komplexe 100
Anästhesiologie und Intensivmedizin, Beispielarbeit 214
Anhang, tabellarischer 146
Ansprüche des Doktoranden 9, 13
Approbation 5
Approbationsordnung 7, 57
Arbeit
- Fragen vor Beginn 27
- Typen 9, 13, **17**
Arbeitsklima 24, 176
Arbeitsmethoden 3
Arbeitsplatz für Doktoranden 27
Aristoteles 40
Arzneimittelgesetz 65
Arzneimittelprüfung, Phasen 65
ätiologischer Faktor 63
Ausland 7, 21
Auslandsaufenthalt 6
Ausschlusskriterien 73, 145

B

β-Fehler 97, 103, 150
Bacon, Francis 56
Balkendiagramm 87, 92
Bayes, Thomas 47 f
Bayes-Analyse 48
Bayes-Theorem 48
Befragung 61, 63
Beginn der Promotion 9
Begründung, rationale 35
Behandlungsgleichheit 72
Benutzerausweis für die Bibliothek 117, 126
Beobachtungsgleichheit 72, 74
Berners-Lee, Tim 130
Berufsfelderkundung 3
Berufstätigkeit 84
- und Doktorarbeit 10, 182
- Industrie 4
Bestimmtheitsmaß 94, 101
Betreuer 15, **21 f**, 29, 156, 171, 176
- Literaturtipps 113
- Promotion im Ausland 22
- Promotion in der Industrie 21
- uninteressierte 174
- Verlassen der Universität 26, 177
- zitieren 128
Betreuung, Probleme 172, 174
Betrug 52
Bewerbungen 3, 180
Bewertung 8, 13, 26, **188**
- epidemiologische Arbeit 18
- experimentelle Arbeit 19
- Kriterien 8
- Literaturarbeit 20
- prospektive Arbeit 18
- retrospektive Arbeit 17
Bias 72, **74**
Bibliothek 115, 159
- Benutzerausweis 117
- im Internet 116
Binomialtest 99
Biomathematik 57, 105
Biomathematiker 84
Biometrie s. Biomathematik
Biometriker s. Biomathematiker
- Zusammenarbeit 105
Biostatistik s. Biomathematik
- Beratung 27, 74, **106**
Biostatistiker s.Biomathematiker
Blockbildung 72, 75
Blockvarianzanalyse 100
Blöcke 72
Boole-Algebra 125
Bootstrap-Modell 47, 49
Box-and-Whisker-Plot 91
Browser 130, 135

C

CAS-Registrierung 145
CC = Current Contents 123
Chemikalien 145
Chi²-Test **99**
- Anpassungstest 100
- Homogenitätstest 99
Chi²-Test, Unabhängigkeitstest 99
Chi²-Vierfeldertest 109
Cochrane-Library 126
Computer 5 f, **158**, 158, 163

Confounder 95
Cross-Over-Studie 68, 100
cum laude 8
Current Contents 123, 126

D

Danksagung 156
Darstellung, grafische 87
Daten
- Analyse 57, 83, 106
- Erhebung 71, 74, 98, 108
- Qualität 17, 61
- Sicherung 160
- zensierte 69
Datenbank im Internet 125
Dauer der Arbeit 26
Deduktion 40, 44
Dekan 141
Dekanat 7, 15
Deklaration von Helsinki 57, 65, 76
Dermatologie, Beispielarbeit 195, 206
Deutsche Bibliothek in Frankfurt 121
Deutsche Forschungsgemeinschaft 28
Deutsche Zentralbibliothek 120
Deutsches Institut für Dokumentation und Information 119, 124, **125**
Dezile 90
Diagnosestudie 18, 62, **67**
Diagramme 148
DIMDI = Deutsches Institut für Dokumentation und Information 119, 124, **125**, 125
Diskussion
- Dissertation 140, 149
- Paper 122
Diskussionsforum 133
Disputation 180, **187**
Dissertation 220
- Bewertung 188
- Diskussion 149
- Einleitung 143
- Ergebnisteil 147
- gebundene Exemplare 185
- Gestaltung 165
- Gliederung 139
- Inhaltsverzeichnis 142
- Kurzfassung 185
- Material und Methoden 144
- Prämierung 192
- Suche in Bibliotheken 121
- Titel 142
- Titelblatt 141
- Veröffentlichung 180, 191
- Vervielfältigung 186
- Zitierweise 154
- Zusammenfassung 152
Doktorand **21**, 23, 52, 174
- Förderung 28
- konkurrierende 29, 176
- Seminar 30
- Status 173
- Stipendium 16
Doktorandenforum 15
Doktorarbeit 220
- Beispiele 195
- epidemiologische 18, 206
- experimentelle 9, 19, 172, 209 f
- klinisch-prospektive 17 ,200, 202, 204
- klinisch-retrospektive 17, 195 f, 198
- Literaturarbeit, Beispiel 215, 217, 219
- retrospektive 17
- retrospektiv-prospektive, Beispiel 199
- statistische 17
- theoretische 20
- tierexperimentelle 19
- zu zweit 7, 144, 177
Doktortitel 167, 171, 187, 190 f
- Bedeutung 3
- Erwartungshaltung der Patienten 4
Doktorvater 7, **21 f**, 30, 45, 140, 156, 163, 186, 188, 192
- Nennung in der Dissertation 141
- Verantwortung 173
- Verlassen der Universität 177 f
- zitieren 128
Dokumentation 62
Dokumentlieferdienst 119, 121
doppelblind 65
Double-Dummy-Technik 66
Drop-Outs 64, 69
Drucker 159
Dummy-Codierung 101

E

EBM (Evidence-Based Medicine) 50
EC-Nummer 145
einfachblind 66
Einflussgrößen 60, 71, 75, 86, 92, 101, 107
Einleitung
- Dissertation 140, 143
- Paper 122
Einschlusskriterien 73, 145
Einzelfall
- negativer 49
- positiver 47, 49
Einzelfallbeschreibung 20
E-journals 118, 126
E-learning 116
electronic document delivery 119
E-Mail 131
englische Sprache 14, 127, 191

Entscheidung
- bei einem statistischen Test 96
- für ein Thema 29
- für eine Hypothese 57
- in der medizinischen Praxis 83

epidemiologische Arbeit 18
- Beispiel 206

Erfassungsfehler 74
Ergebnis
- nichtsignifikantes 103 f, 150
- signifikantes 97, 102 f, 150
- Darstellung 147

Ergebnisteil
- Dissertation 140, 147
- Paper 122

Erkenntnisgewinn 3
Erstautor 8, 154, 191
Ethik der Medizin20
- Beispielarbeit 215

Ethikkommission 27, 65, 73, **76**
Evidence 47
Evidence-Based Medicine 50, 126
Excel 109, 159
Experiment 36, 41, **44**
experimentelle Arbeit 9, 19, 172
- Beispiel 209 f
- Fragen vor Beginn 27

Extraordinarius 7, 21
extrapolieren 94

F

Facharztausbildung 3
Fachbücher 113
Fachgebiet 19 f
- der Dissertation 13, 15

Fachliteratur 113
Fachschaft 7, 15, 23, 106, 173
Fachzeitschriften 113
Faktendatenbank 116
Fallibilismus 39
Fall-Kontroll-Studie 61, 63, 144
- Unterschied zur Diagnosestudie 68

Falsifikatoren einer Hypothese 45
Fehler
- α-Fehler 97, 103, 150
- 1. Art 97
- 2. Art 97
- β-Fehler 97, 103
- systematischer 72, **74**
- zufälliger 74, **75**

Fehlinterpretationen, häufige 94
Feldexperiment 44
Fernleihe 120
Fisher's exact Test 100
Forschung
- Geschichte 55
- medizinische 55

Fortbildung 28
Fotos 148
Fragebogen 61
Fragen, vor Beginn der Arbeit 25
Fragestellung 3, **25**, 29, 70, 104, 106 f, 144, 171
- der Arbeit 143

Freihandbereich 115, 117
Freitext, Suche 124
Fremdsprachenkenntnisse 14, 113
Friedmantest 101

G

Galen aus Pergamon 55
Gegenbeispiel 41
Geräte 145
Geschichte der Medizin
- Beispielarbeit 217
- Literaturrecherche 20, 55, 124, 139

Gespräch
- mit Betreuer 25, 171
- mit Biomathematiker 106

Gestaltung der Arbeit 165
Gliederung der Arbeit 139
Glymour, Clark 47
Good Clinical Practice 65, 76
Grafiken 87, 148
- im Ergebnisteil 147

Grafiksoftware 6, 30, 159 f
Grundgesamtheit **85**, 102
Gruppen, Vergleich 71
Gutachten 175, 185, 189
Gutachter 189

H

Habilitation 3, 5, 13
- des Betreuers 22, 174
- des Doktorvaters 21
- Suche in Bibliotheken 121
- Zitierweise 154

Handbücher 113
- Zitierweise 153

Hardware 158
- Beschreibung 145

Harvard-System 155
Häufigkeiten
- absolute 87
- Klassenhäufigkeiten 87
- relative 87, 99

Häufigkeitspolygon 88
Hempel, Carl G. 47
Henle, Jakob 51
Hilfskraft, wissenschaftliche 15, 28
Hippokrates 55
Histogramm 88
HNO, Beispielarbeit 198
HTML = Hyper Text Markup Language 131

Hyperlink 130
Hypothese 36, 41, 51, 61 f, 70, 72, 152
– Alternativhypothese 96
– Bestätigung 47
– Bildung 42
– Entscheidung für 57
– Falsifikatoren 45
– Lieblingshypothese 51
– nichtbestätigte 26
– Nullhypothese 96
– Prüfung 44

I

Immatrikulation 7, 21
Impact Factor 127, 191
Index Medicus 123
Induktion **40**, 42, 48
Industrie, Promotionsmöglichkeit 16, 21
Informationsbias 63
Inhaltsverzeichnis 142, 166
Innere Medizin, Beispielarbeit 202
Institute for Scientific Information 123
insufficienter 8
Intensivmedizin, Beispielarbeit 214
Intention-to-treat-Analyse 66
Interessengebiet 9
Internet 15, **129**
– Anschluss 27
– Literaturrecherche 124
– Zugangsmöglichkeiten 134
Interpretation von Testergebnissen **103**, 147, **150**, 150
Intersubjektivität 39
Intervallskala 86
Interventionsstudie 60
Interview 61
Inzidenz 62 f
Irrtumswahrscheinlichkeit 96, 102
ISI = Institute for Scientific Information 123

J

Jenner, Edward 56
Journal 113
– e-journals 118
Journal Citation Reports 126

K

Kaplan-Meier-Methode 69
Karlsruher Virtueller Katalog 121
Karriere 192
– akademische 3, 13, 22
Kasuistik 20
Kataloge 117 f
Kenngrößen, statistische 89, 146, 147
Klassenbildung 87
Klassenhäufigkeiten 87
Klinische Ökonomik, Beispielarbeit 219
Klinische Pharmakologie, Beispielarbeit 204
klinisch-prospektive Arbeit 17
– Beispiel 200, 202, 204
klinisch-retrospektive Arbeit 17
– Beispiel 195 f, 198
Kohortenstudie 62, 64, 69
Kommunikation, Betreuer und Doktorand 26
Konfidenzintervall 102
Konflikte 6
Kongress 6, 28, 175, 191
– Berichte 113
Konklusion 40, 150, **152**
Konkurrenz 176
– mit Kommilitonen 21, 29
Kontakte 6, 15, 214
Kontrolle 63
Koreferent 185 f, 189
Korrelation, scheinbare 95
Korrelationskoeffizient 93
– nach Pearson 93, 98
– nach Spearman 94
Krankenakten 17
Kreativität 42, 49
Kreisdiagramm 87
Kruskal-Wallis-Test 101
Kurzfassung 185

L

Laborexperiment 44
Lagemaß 89
Längsschnittstudie 60
Lebenslauf 156
Legende 149
Lehrbücher 113
Lehrbuchsammlung 115
Lesesaal 115
Lieblingshypothese 51
lineare Regression 92
Literatur 113
– Bestellmöglichkeiten 116
– Einstieg ins Promotionsthema 26
– Vergleich mit eigenen Ergebnissen 151
– Zitierweise im Text 155
Literaturarbeit 20, 83
– Beispiel 215, 217, 219
Literaturdatenbank 128
– persönliche 128
Literaturrecherche 6, 116, 123, 135
– online 124
Literaturstudium 113, 179

Literaturverwaltungsprogramm 30, 128, 160
Literaturverzeichnis **153**, 167
logische Schlüsse 40
Logistik 70
logistische Regressionsanalyse 101
Logrank-Test 100
Louis, Pierre Charles Alexandre 56

M

Macintosh-Rechner 158
magna cum laude 8
matched-pairs-Technik 72
Material und Methoden
- Dissertation 140, 144
- Paper 122, 127

Max-Planck-Institut 21
McNemar-Test 100
Median 89, 92
Medizin
- akademische 39
- alternative 39, 45, 52

Medizininformatik 139
Medizinische Ethik, Beispielarbeit 215
Medizinische Informatik 20
Medizinische Psychologie 38
Medizinstudium 4, 179
Medline 124
Merkblatt für Doktoranden 30
Merkmale **85**, 85, 108
- Charakterisierung 89
- diskrete 86
- qualitative 86, 99
- quantitative 86
- stetige 86, 90
- Zusammenhang 92

Merkmalsverteilung 89
MeSH-Katalog 123
Messgeräte 70, 74
Methoden
- Beschreibung 146
- der medizinischen Wissenschaft 38
- selbst entwickelte 146, 171

Methodendisziplin 39
Mitarbeiter 3, 6, 24, 30, 172
- unkooperative 175

Mittelwert 89 f
- Genauigkeit 103
- Standardfehler 91

Modus 90
Molekularbiologie 19
Monographie 115, 121
- Katalog 117
- Suche 117
- Zitierweise 153

Motto der Arbeit 142
Münchhausen-Prinzip 47, 49
multiple Regression 101
multivariate Verfahren 101
mündliche Prüfung 180, **187**
Mundpropaganda 15
Muttersprache 7

N

National Center for Biotechnical Information 119, **126**
National Library of Medicine 123 f
Naturwissenschaft 55
NCBI = National Center for Biotechnical Information 119, **126**
Nephrologie, Beispielarbeit 209
Neurologie, Beispielarbeit 212
Newsgroup 133
nichtsignifikant 104
NLM = National Library of Medicine 123 f
Nominalskala 86
Nonsens-Korrelation 95
Note 8, 13, 189
Nullhypothese 96, 103 f, 150

O

Odds Ratio 63
Oldmedline 124
Online-Dienst 135
Online-Recherche 124
Ordinalskala 86, 90, 99
Originalität 42, 49

P

Pädiatrie, Beispielarbeit 196, 199
Paper 113
- Lesen 122
- Schreiben 191
- Suche 118
- Zitierweise 153

Paradox 48
Patienten 144
Patientenakten 17, 61
PC 109, **158**, 158
PDF = Portable Document Format 131
PDF-Datei 131
Pearson-Korrelationskoeffizient 93, 98
Peirce, Charles S. 42
Perzentile 90
Pharmakologie 19
- Beispielarbeit 204

Phasen
- medizinische Studie 57
- zur Prüfung eines Arzneimittels 65

Physiologie 19
Placebo 65 f
Plausibilität 36
Popper, Karl R. 39
Portable Document Format 131
Praktisches Jahr 7, 9, 180, 182

Prämierung 192
Prämisse 40
Prävalenz 67
Probanden 144
probeweise Mitarbeit 27
Probleme 171
- mit anderen Doktoranden 176
- mit dem Betreuer 174
- mit den Mitarbeitern 175
Prognosestudie 64
Promotion 220
- Beginn der 9
- Voraussetzungen 7
- zu zweit 7, 144, 177
- Zulassung zur 7, 185
Promotionsausschuss 21, 37, 152, 185, 189
Promotionsbüro 15, 176
Promotionskonferenz 7, 186, 189
Promotionsordnung 7, 30, 177, 180, **185**
Promotionsrichtlinien 140, 162, 165
Promotionsurkunde 190
Promotionsverfahren 185
prospektiv 60
prospektive Arbeit 17
Provider 135
Prüfer 188
Prüfgröße 96, **97**
Prüfung, mündliche 180, **187**
PubCrawler 126
Publikation 28
Publikationsbias 103
PubMed-Datenbank 124, 126
Punktwolke 92
p-Wert 97, 103, 150

Q

Quartile 90 f
Quartilsabstand 90
Querschnittsstudie 60

R

Radiologie, Beispielarbeit 200
Randomisierung 65, 68, 71
Rangsummentest 99, 101
Recall-Bias 63
Rechenzentrum 110, 135, 159
Recherche
- klassische 123
- online 124
Rechtschreibung 162, 175
Reference Manager 128
Referent 141
Regensburger Liste 119
Regression
- lineare 92
- logistische 101
- multiple 101
Regressionsgerade 93
Reisen 18, 22, 178
retrospektiv 60
retrospektive Arbeit 17
retrospektiv-prospektive Arbeit, Beispiel 199
Review 123
Richtlinien für die medizinische Forschung am Menschen 56
Rigorosum 180, **187**
Risiken 171
Risiko, relatives 63 f
Risikofaktor 18, **64**
Risikostudie 64
rite 8
ROC-Kurve 67

S

Sammelwerke, Zitierweise 153
Säulendiagramm 87
Scanner 159
Schätzwert 102
Schichten 71, 75
Schlagwort, Suche 124
Schlussfolgerung 152
Schreiben der Arbeit 139, 140
Schreibhemmung 139
Schreibstil 163
Schrift, Gestaltung der Arbeit 165
Schwachpunkte einer Methode 151
Schwellenwert 67
Science Citation Index 123
Scisearch 125
Seitenzahlen 143, 167
Selbstkritik 39, 51
Selektion 75
Selektionsbias 71
Semesterferien 19, 21, 179
Semmelweis, Ignaz Philipp 56, 58
Sensitivität 67, 102
Sicherungskopie 160
signifikant 97
Silbentrennung 162
Simultan-Recherche 125
SI-System = Système International d‹Unités 163
Skalen 86
- Intervallskala 86
- Nominalskala 86
- Ordinalskala 86
- Verhältnisskala 86
Skalenniveau 108
Software **159**
- Beschreibung 145
Spannweite 90
Spearman-Korrelationskoeffizient 94
Spezifität 67
Sprache der Dissertation 7
Sprachtools 134
Stabdiagramm 87
Standardabweichung 90
Standardfehler des Mittelwerts 91
Standardtherapie 65

Statistik 83
- deskriptive 84, **85**, 108
- induktive 84, 96
- in Material und Methoden 146
Statistiksoftware 6, 30, 101, 103, 107, **109**, 159
- in Material und Methoden 146
statistische Arbeit 17
Stellenanzeigen 16
Stichproben 70, 74, **85**, 92, 151
- homogene 75, 90
- repräsentative 85
- unverbundene **85**, 98, 100 f
- verbundene 72, **85**, 96, 98, 100
Stichprobenumfang 75, 101, 103, 109
Stil 163
Stipendium 16, 28
Stratifizierung 75
Streuung von Messwerten 89
Streuungsmaße 90
Strukturgleichheit 65, 71, 74
Studie
- beobachtende 60, 62, 64, 67
- doppelblinde 65
- einfachblinde 66
- empirische 36, 41
- epidemiologische 18, 60, **64**, 206
- experimentelle 44, 60, 171, 209 f
- Finanzierung 28
- historische 62
- klinisch kontrollierte 69
- klinische 60, 73
- kontrollierte klinische 44, 60, **64**, 72
- longitudinale 60, 64, 100
- medizinische 57, 60
- multizentrische 68
- offene 66
- Phasen 57
- prospektive 9, 17, **61**, 64, 67, 108, 145, 200, 202, 204
- retrospektive 9, 17 f, **61**, 63, 107, 144, 195 f, 198
- retrospektiv-prospektive, Beispiel 199
- tierexperimentelle 78, 145
- transversale 60
- Typen 60
Studienbeschreibung 145
Studiendesign 71, 106
Studienprotokoll **72**, 145
Suchmaschinen 133
Südwestdeutscher Bibliotheksverbund 121
summa cum laude 8, 189

T

Tabellen **148**, 167
- Nummerierung 149
Tabellenkalkultionsprogramm 109, 159
Taschenrechner 109
Test
- diagnostischer 67, 102
- statistischer 96, **98**, 103
Testergebnis
- Darstellung 147
- Interpretation **103**, **150**
- nichtsignifikantes 104, 150
- signifikantes 97, 102, 150
Textverarbeitungsprogramm 6, 30, 159, 163 f
Thema
- Auswahl 37
- Bedeutung für Note 9
- der Arbeit 9, 143
- eigene Vorlieben 13
Themensuche 9, **13**, **15**
Themenvorschlag, eigener 15
Therapiestudie 17, 62, 66, 145
Thesaurus 164
Tierexperimente 19, 83
tierexperimentelle Arbeit, Beispiel 212, 214
Tiermodell 74, 78
Tierschutzgesetz 78
Tierversuche 19, **77**
- Approbationsverlust 78
- Ausnahmegenehmigung 78
- Beispielarbeit 212, 214
- formale Vorraussetzungen 77
- Fragen vor Beginn 27
- Umgang mit 213
- Versuchstiere 145
Tierversuchsbeauftragter 77
Titel der Arbeit 142
Titelblatt 141
Transfusionsmedizin, Beispielarbeit 210
Trugschluss 51
t-Test 98, 100

U

Überlebenswahrscheinlichkeiten 100
Überlebenszeitstudie 64, **69**
Überzeugung des Wissenschaftlers 35
Universität 7, 21, 7, 21
Untersuchungsmethoden 55
Unveröffentlichte Befunde, Zitierweise 154
Urlaubssemester 19, 21, 28

Ursache-Wirkungs-Zusammenhang 38
USA 22
U-Test 99, 101

V

Variabilität 75, 90
Varianz 90
Varianzanalyse 100
Variationskoeffizient 90
Vergleich
- von Ergebnissen 150
- mehrerer Gruppen 71
Vergleichsgruppe 65, 71
Verhältnisskala 86
Veröffentlichung der Doktorarbeit 8, 28, 180, 191
Versuchsfehler 74
Versuchsplanung 57, 70
Versuchstiere 145
Vertrauensbereich 102
Vervielfältigung der Arbeit 186
Vierfeldertest 99
Virchow, R. 42
Virtueller Katalog, Universitätsbibliothek Karlsruhe 121
Voraussetzungen, formale 7
Vorhersagewert
- negativer 67
- positiver 67
Vorlieben des Doktoranden 13
Vorurteil, gegenüber Betreuer 23
Vorzeichentest 99

W

Wash-Out-Periode 68
Web of Science 126
Welch-Test 98
Widmung 142
Wilcoxon-Rangsummentest 99
Winword 159
Wissen
- gesichertes 35
- wissenschaftliches 35
Wissenschaft 35
- Gegenstand 37
- Methoden 38
- Verfahren 40
Wissenschaftler
- Einstellung 39
- Selbstkritik 51
Wissenschaftlichkeit 39
Wissenschaftstheorie 40
WWW = World Wide Web 130

Z

Zahlen, Schreibweise 163
Zeiteinteilung 13
Zeiten, Verwendung 164
Zeitmanagement 181
Zeitplanung 9, 13, 26, 30, **179**
Zeitschriften
- Artikel 113
- Katalog 118
Zeitschriftentitel
- Suche 118, 120
- Zitierweise 153
Zeitschriftenverzeichnis 116
Zentralbibliothek, deutsche 120
zensierte Daten 69
Zielgröße 60, 86, 93, 107
Zielsetzung der Arbeit 143
Zitierweise
- Richtlinien 153
- im Text 155
Zulassung zur Promotion 7, 185
Zusammenfassung 152
- Dissertation 140
Zusammenhang
- gegensinniger 93
- gleichsinniger 93
- monotoner 94
Zusammenhang zwischen mehreren Merkmalen 100
Zusammenhang
- zwischen zwei Merkmalen 92, 99
Zweitgutachten 185
Zweitgutachter 189

www.gesundheit.allianz.de